高等职业教育宠物类专业系列教材

宠物解剖生理

主　编◎薛琳琳　付云超
副主编◎丁玉玲　张淑娟　张　磊
主　审◎计　红

图书在版编目(CIP)数据

宠物解剖生理/薛琳琳,付云超主编. —北京:北京师范大学出版社,2024.4

ISBN 978-7-303-29688-0

Ⅰ. ①宠… Ⅱ. ①薛… ②付… Ⅲ. ①宠物－动物解剖学－生理学－教材 Ⅳ. ①Q954.5

中国版本图书馆 CIP 数据核字(2024)第 007597 号

图书意见反馈 **gaozhifk@bnupg.com 010-58805079**

营销中心电话 010-58807651

出版发行:北京师范大学出版社 www.bnup.com

北京市西城区新街口外大街 12-3 号

邮政编码:100088

印 刷:北京虎彩文化传播有限公司

经 销:全国新华书店

开 本:787 mm×1092 mm 1/16

印 张:14

字 数:320 千字

版 次:2024 年 4 月第 1 版

印 次:2024 年 4 月第 1 次印刷

定 价:45.00 元

策划编辑:周光明 责任编辑:周光明

美术编辑:焦 丽 装帧设计:焦 丽

责任校对:段立超 责任印制:马 洁 赵 龙

编审委员会

主　编　薛琳琳（黑龙江职业学院）

付云超（黑龙江职业学院）

副主编　丁玉玲（黑龙江职业学院）

张淑娟（黑龙江职业学院）

张　磊（黑龙江农业工程职业学院）

参　编　储立春（北京市华都峪口禽业有限责任公司）

胡海燕（杜尔伯特蒙古族自治县畜牧技术服务中心）

白彩霞（黑龙江职业学院）

主　审　计　红（黑龙江八一农垦大学）

前 言

宠物解剖生理是现代高等职业技术教育宠物类专业学生必修的一门重要专业基础课。为了适应宠物养殖、美容、护理和宠物医疗行业的发展需求，满足宠物养护与驯导、宠物医疗技术等专业课程教学和人才培养的岗位工作需要，我们组织学校骨干教师和企业一线人员共同编写了《宠物解剖生理》教材。

本教材以习近平新时代中国特色社会主义思想为指导，全面贯彻党的二十大精神，以《职业院校教材管理办法》为规范，以培养爱党、爱国、爱农的新时代社会主义建设接班人为目标，大力弘扬科学家精神。本教材本着"以职业能力培养为核心，以工作过程为导向"的设计理念，采用工作手册式编写模式，由校企共同设计教材模块和教学内容，精心编写而成。

本教材具有以下特点：

1. 与"1＋X"宠物护理与美容、宠物医师职业技能等级证书标准对接设计课程内容，提高学生应用能力。

2. 以小动物为主线设计教材结构，详细讲解犬、猫的解剖结构、生理特征，鸟、鱼、鼠、兔等其他宠物仅讲解不同的解剖生理特征。

3. 坚持以应用为本，注重理论知识的系统完整、学科结构与逻辑体系的严谨，每个单元都为学生设计了学习任务单、任务资讯单、案例单、工作任务单、材料设备清单、作业单和学习反馈单，明确学生学习任务，有利于更好地将理论知识与实践训练结合起来。

4. 教材内容的表达以学生的认知习惯进行呈现，力图做到语言精练、结构紧凑、图文并茂、重点突出、通俗易懂，便于学生的自主学习和深入理解。

本教材分为四个学习模块共 10 个项目，具体编写分工：模块一宠物有机体的基本结构、模块二犬的解剖生理特征中的项目一由薛琳琳编写；模块二犬的解剖生理特征中的项目二由丁玉玲编写；模块二犬的解剖生理特征中的项目三、项目四，模块三猫的解剖生理特征由付云超编写；模块四其他宠物的解剖生理特征由张淑娟编写；储立春和胡海燕负责企业调研和图片采集工作。本书的相关在线课程由张磊和白彩霞提供。全书由薛琳琳负责统稿和校对，计红审定。

本教材引用了同行专家的研究成果或有关资源，在此表示诚挚的谢意，因无法与专家联系，如有看到，请专家联系作者。本教材在编写过程中，力求在编写内容、结构及体系上有所突破和创新，以达到强化技能、推进教学改革的目的。但因编者水平有限，书中不足之处在所难免，恳切希望广大师生和读者多提宝贵意见，以便今后加以改进。

编　者

前言

目 录

模块一

宠物有机体的基本结构

项目　基本组织的识别

学习任务单

<table>
<tr><td>项目</td><td>基本组织的识别</td><td>学　时</td><td>10</td></tr>
<tr><td colspan="4">布置任务</td></tr>
<tr><td>学习目标</td><td colspan="3">1. 知识目标
(1)掌握细胞的结构和功能；
(2)了解细胞的生命现象；
(3)熟知四种基本组织的分类、形态、结构特点。
2. 技能目标
(1)能识别细胞器；
(2)能区辨四种基本组织的结构；
(3)能正确使用显微镜。
3. 素养目标
(1)培养学生独立分析问题、解决实际问题和继续学习的能力；
(2)具有组织管理、协调关系、团队合作的能力；
(3)培养学生吃苦耐劳、善待宠物、敬畏生命的工匠精神。</td></tr>
<tr><td>任务描述</td><td colspan="3">在组织胚胎实训室，利用显微镜观察各类组织切片，区辨四种基本组织的分类、形态、结构特点。
具体任务如下。
区辨四种基本组织的结构。</td></tr>
<tr><td>提供资料</td><td colspan="3">1. 韩行敏．宠物解剖生理．北京：中国轻工业出版社，2012
2. 霍军，曲强．宠物解剖生理．北京：化学工业出版社，2020
3. 李静．宠物解剖生理．北京：中国农业出版社，2007
4. 白彩霞．动物解剖生理．北京：北京师范大学出版社，2021
5. 张平，白彩霞．动物解剖生理．北京：中国化工出版社，2017
6. 范作良．家畜解剖学．北京：中国农业出版社，2001
7. 范作良．家畜生理学．北京：中国农业出版社，2001
8. 黑龙江农业工程职业学院教师张磊负责的宠物解剖生理在线课网址：</td></tr>
</table>

提供资料	9. 黑龙江职业学院教师白彩霞负责的动物解剖生理在线精品课网址：
对学生要求	1. 能根据学习任务单、资讯引导，查阅相关资料，在课前以小组合作的方式完成任务资讯问题。 2. 以小组为单位完成学习任务，体现团队合作精神。 3. 严格遵守实训室和实习牧场规章制度，避免安全隐患。 4. 对各种组织的结构特点进行对比学习。 5. 严格遵守操作规程，做好自身防护，防止疾病传播。

任务资讯单

项目	基本组织的识别
资讯方式	通过资讯引导、观看视频，到本课程及相关课程的精品课网站、图书馆查询，向指导教师咨询。
资讯问题	1. 细胞的主要结构和功能是什么？ 2. 主要细胞器的结构和功能？ 3. 被覆上皮的分类、结构和分布如何？ 4. 疏松结缔组织的组成成分有哪些，有什么功能？ 5. 骨骼肌、平滑肌和心肌有哪些区别？ 6. 软骨组织的结构和分类是怎样的？ 7. 腺上皮和腺体的概念？ 8. 神经元的分类和功能是什么？ 9. 如何理解器官、系统和有机体？ 10. 什么是神经调节和体液调节，有什么区别？
资讯引导	所有资讯问题可以到以下资源中查询。 1. 韩行敏主编的《宠物解剖生理》。 2. 李静主编的《宠物物解剖生理》。 3. 霍军，曲强主编的《宠物解剖生理》。 4. 白彩霞主编的《动物解剖生理》。 5. 宠物解剖生理在线课网址： 6. 动物解剖生理在线精品课网址： 7. 本模块工作任务单中的必备知识。

案例单

项目	基本组织的识别	学时 10
序号	案例内容	相关知识技能点
1.1	某主人的狗一直喜欢住在比较阴冷潮湿的地方。前几天带出去遛的时候，遛着遛着狗就直接躺在路边了，后腿关节处还特别红肿，嘴上一直哼哼唧唧的，摸起来还有点凹凸不平的。碰它的时候就一直躲闪，随后出现精神沉郁、体温39℃和厌食、跛行。送到宠物医院，经过诊断是因为长期生活在阴冷潮湿的地方导致出现了风湿疾病。一般表现有关节红肿、疼痛肿胀、凹凸不平、跛行时轻时重、反复发作、关节僵硬，过了一段时间关节软骨头进一步遭侵蚀，关节周围组织破坏加重而导致韧带断裂、关节畸形，甚至出现关节粘连等明显症状。	此案例涉及与本单元内容相关的知识点和技能点为：关节、骨等结缔组织的结构特点。

工作任务单

项目	基本组织的识别

任务　四种基本组织的识别

任务描述：掌握各种组织的形态结构，进一步熟悉显微镜的使用方法与注意事项，提高显微镜下识别各种组织结构的能力。

准备工作：在组织胚胎实训室准备生物显微镜、上皮组织切片、结缔组织切片、肌组织切片、神经组织切片、擦镜纸等。

实施步骤如下。

1. 上皮组织的识别

使用生物显微镜对小肠、气管、食管横断面切片进行观察，识别上皮组织的形态结构。

2. 结缔组织的识别

使用生物显微镜对小肠、淋巴结、血涂片切片进行观察，识别结缔组织的形态结构。

3. 肌组织的识别

使用生物显微镜对平滑肌分离装片、小肠、心肌切片进行观察，识别肌组织的形态结构。

4. 神经的识别

使用生物显微镜对脊髓横切面切片进行观察，识别神经组织的形态结构。

5. 通过互联网、在线开放课学习相关内容。

必备知识

第一部分 细胞

细胞是动物有机体形态结构、生理功能和生长发育的最基本单位。构成高等动物的细胞都是真核细胞，其数量可以达到几十万亿[(4～6)×10^{13}]个。

细胞形态多种多样(如图 1-1)，如接受刺激和传导冲动的细胞常呈星形或具有长突起；能运动的细胞通常形状不规则并可具有鞭毛或纤毛；白细胞多呈球形；处于边界位置的细胞常呈扁平形；排列紧密的细胞多呈多边形；有极性的细胞多呈立方形或柱形；起舒缩作用的细胞多呈长梭形或长圆柱形。

生物个体的大小并不取决于细胞体积的差异，而是由于细胞数量不同所致。

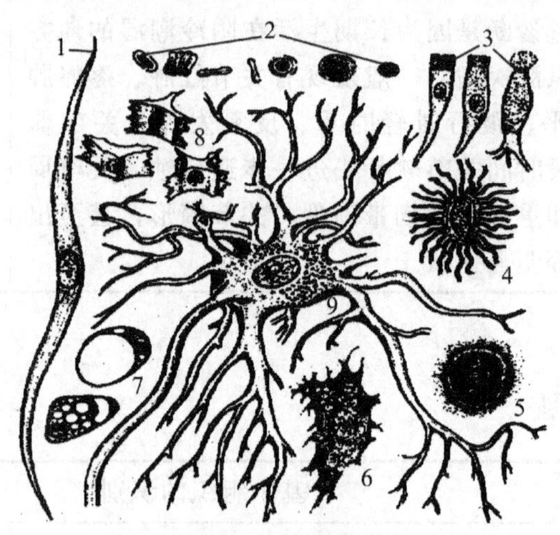

图 1-1 细胞形态图

1. 平滑肌细胞；2. 血细胞；3. 上皮细胞；4. 骨细胞；5. 软骨细胞；6. 成纤维细胞；7. 脂肪细胞；8. 腱细胞；9. 神经细胞

(马仲华，家畜解剖及组织胚胎学，第三版，2002)

细胞的大小相差悬殊，鸟类的卵黄特别大，鸡的卵黄直径 2～3cm，鸵鸟的卵黄直径可达 10cm；哺乳动物神经细胞的突起可延伸 1m 以上；多数动物细胞直径为 10～30μm。

构成细胞的成分分为有机物和无机物两种。有机物主要是蛋白质、糖类、脂类和核酸。蛋白质是结构大分子，结构复杂，形态多样，功能各异；糖类是动物能量的主要来源；脂类主要参与构成机体的细胞膜和储存能量；核酸是信息大分子，存储和传递着大量的控制各种生命活动的信息。无机物除了有水和 Na^+、K^+、Ca^{2+}、Mg^{2+}、Cl^- 等简单的离子外，也有像羟磷灰石[$Ca_{10}(PO_4)_6(OH)_2$]那样比较复杂的物质。

一、细胞的结构

(一)细胞膜

细胞膜是包围在细胞质表面一层连续的界膜，也称原生质膜或质膜。细胞膜不仅为细胞的生命提供稳定的内环境，而且还能完成细胞的物质交换、代谢活动、信息传递和细胞识别等功能。细胞膜厚 7～10nm，电镜下清晰可见。细胞膜主要由蛋白质和脂类构成，还有少量多糖和微量的核酸等。细胞膜的基本结构是在脂质双分子层中，镶嵌着可移动的球形蛋白质，即“脂质双层镶嵌球蛋白”结构(如图 1-2)。

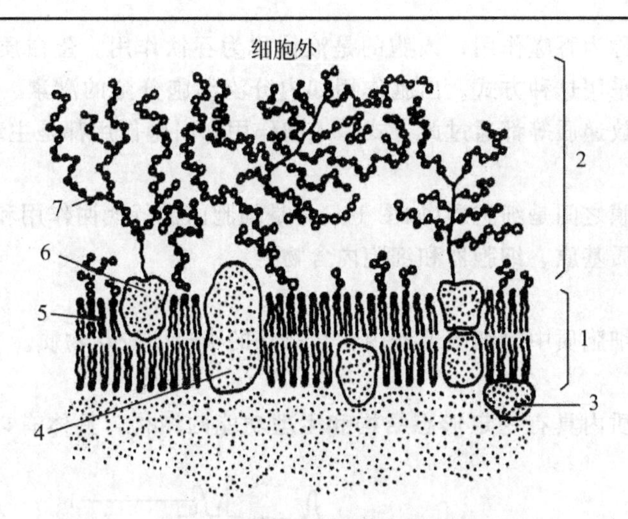

图 1-2　细胞膜液态镶嵌模式图

1. 脂质双层；2. 糖衣；3. 内在蛋白；4. 嵌入蛋白；5. 糖脂；6. 糖蛋白；7. 糖链

（马仲华，家畜解剖及组织胚胎学，第三版，2002）

常见的物质转运形式有以下几种。

1. 单纯扩散

单纯扩散也称简单扩散，氧气、二氧化碳及脂溶性小分子是以此方式通过细胞膜的。特点是：不消耗能量；顺浓度梯度转运。

2. 易化扩散

易化扩散也称帮助扩散，是非脂溶性小分子物质，借膜蛋白的帮助，由高浓度一侧向低浓度一侧转运。葡萄糖、氨基酸、K^+、$N_a{}^+$、Ca^{2+}有时是以此方式出入细胞膜的。特点是：不需要消耗能量；顺浓度梯度转运；需要膜蛋白参与。

3. 主动转运

主动转运指某些物质逆着浓度差由低浓度向高浓度的物质转运过程，需要细胞膜上的载体蛋白(钠泵、钙泵等)帮助，使 Na^+、K^+进行转运。

4. 入胞作用和出胞作用

入胞作用和出胞作用是指大分子的物质团块出入细胞膜的过程(如图 1-3)。

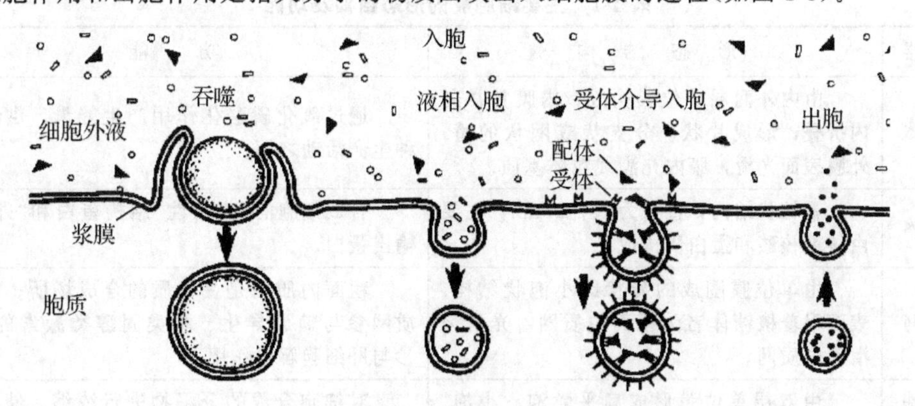

图 1-3　大分子物质跨膜转运示意图

入胞的是固体称为吞噬作用；入胞的是液体称为吞饮作用。蛋白质、细菌、病毒、异物等进入细胞时均采用这种方式。出胞作用如内分泌细胞分泌的激素、外分泌细胞分泌的酶原、神经末梢释放递质等都通过此方式。入胞作用和出胞作用都是主动转运过程。

(二)细胞质

细胞核与细胞膜之间是细胞质(如图 1-4)，是细胞内进行代谢作用和执行各种功能活动的场所，包括细胞质基质、细胞器和细胞内含物。

1. 细胞质基质

细胞质基质是细胞质中除细胞器和内含物以外的半透明胶状物质。

2. 细胞器

细胞器是细胞质内具有一定形态结构和生理功能的结构，具体有以下几种，如表 1-1 所示。

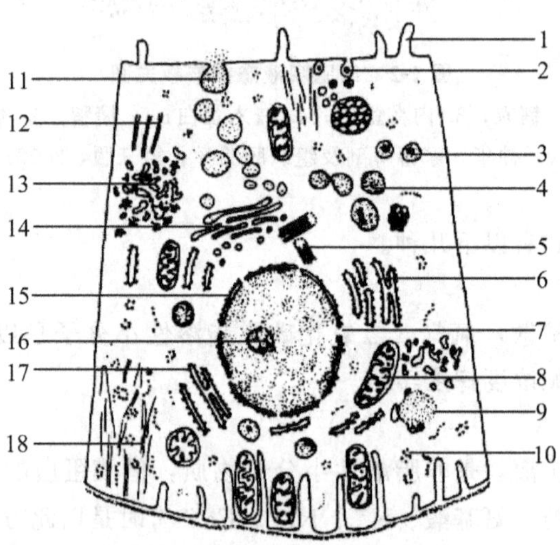

图 1-4 细胞质的结构模式图

1. 微绒毛；2. 入胞作用；3. 过氧化物酶体；4. 溶酶体；5. 中心体；6. 粗面内质网；7. 核孔；8. 线粒体；9. 脂肪滴；10. 游离核糖体；11. 出胞作用；12. 微管；13. 滑面内质网；14. 高尔基复合体；15. 核膜；16. 核仁；17. 膜旁核糖体；18. 微丝

(韩行敏，宠物解剖生理，2012)

表 1-1 主要细胞器的形态结构及功能

细胞器	形态结构	功能
线粒体	由内外两层单位膜构成，内膜常常向内折叠，形成片状、分支状或网状的嵴；外膜表面光滑，膜内充满线粒体基质。	通过氧化磷酸化作用产生能量，供细胞各种生命活动之用。
核糖体	颗粒状结构，直径为15～25nm，主要由核糖核酸和蛋白质构成。	合成细胞的“内销性”结构蛋白和“外销性”输出蛋白。
内质网	由单位膜围成的囊状或小泡状结构，表面附着核糖体者为粗面内质网，光滑为滑面内质网。	粗面内质网是蛋白质的合成场所；滑面内质网参与糖原异生、脂类固醇类激素的合成，参与肝细胞解毒作用。
高尔基复合体	由双层单位膜形成扁平囊泡、小泡、大泡。	对细胞合成的分泌物进行浓缩、储存、分离、加工、输出。

续表

细胞器	形 态 结 构	功 能
溶酶体	由单位膜围成的小体，直径 0.25～0.8μm，内含高浓度的多种消化酶。	消化细胞入胞作用而来的异物及细胞内衰老的细胞器。
过氧化体	由单位膜构成的圆形或卵圆形小泡。	与细胞内物质的氧化以及过氧化氢的形成有关。
中心体	由成对圆筒状小体构成。	参与细胞分裂。
微丝	为直径 18～25nm 的细丝。	参与细胞有丝分裂、参与细胞运动、有支持和参与物质运输等功能。

(三)细胞核

细胞核是细胞的重要组成部分，细胞核是细胞遗传和代谢活动的控制中心，贮存许多遗传信息。哺乳动物除成熟的红细胞外其他细胞均有核，多数细胞只有一个细胞核，少数也有两个或多个核。如肝细胞、心肌细胞偶有两核，骨骼肌细胞则有几百个核。细胞核一般呈球形；扁平和柱状细胞的核呈椭圆形；细长呈纤维状的细胞，核为杆状；白细胞的核为分叶状。

细胞由核膜、核基质、核仁和染色质构成(如图 1-5)。

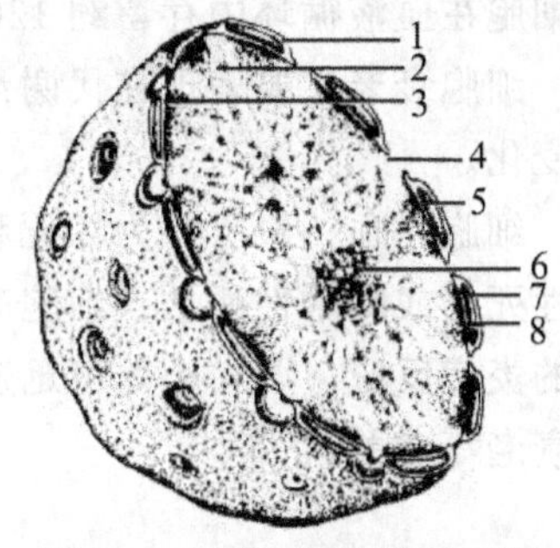

图 1-5 电镜下细胞核模式图

1. 核膜；2. 常染色质；3. 异染色质；4. 核孔；5. 核周隙；6. 核仁；7. 核膜外层；8. 核膜内层

(张平，动物解剖生理，第一版，2017)

1. 核膜

核膜是双层单位膜的结构，上有许多散在的孔，称核孔。核孔是细胞核与细胞质之间进行物质交换的通道。

2. 核基质

核基质为胶状物质，含有水、可溶性物质，如 RNA、糖蛋白、各种酶和无机盐。

3. 核仁

核仁为一种圆形致密小体，一般细胞有 1～2 个，也有 3～5 个的，个别细胞无核仁，参与蛋白质合成。

4. 染色质

染色质呈长纤维状，由脱氧核糖核酸(DNA)和蛋白质构成，所以称为染色质丝。各种动物的染色体具有特定的数目和形态，如狗和猫 78 条、猪 38 条、牛 60 条、马 64 条、驴 62 条、绵羊 54 条、山羊 60 条、鸡 78 条、鸭 80 条。

染色体中的 DNA 贮存着大量的遗传信息，控制着细胞的生长、代谢、分化和繁殖，也决定着子代细胞的遗传性状，是遗传物质的基础。

二、细胞间质

细胞间质是由细胞产生的，由两种纤维和基质成分组成；纤维有三种：胶原纤维、弹性纤维和网状纤维。基质，含有透明质酸、氨基酸、无机盐等。细胞间质有的呈液态如血浆；有的呈半固态，如软骨；有的是固态，如骨。细胞间质对细胞有营养、支持和保护等重要作用。

三、细胞的生命活动

细胞数量的增加靠细胞分裂，而细胞种类的增加则靠细胞分化。

(一)细胞分裂

细胞分裂是细胞一分为二的增殖过程。细胞通过分裂产生新细胞，促进机体的生长发育，补充衰老死亡的细胞。

(二)细胞分化

细胞分化是指在细胞分裂的过程中，细胞的化学组成、结构和功能发生变化的过程。细胞分化使细胞的种类增加，正常情况下，细胞的一边分裂一边分化。有的细胞已丧失再分化为其他细胞的能力，如神经元；有的细胞仍保持分化为其他细胞的能力，如造血干细胞等。

(三)细胞的衰老和死亡

高度分化的细胞，如神经元和肌纤维在出生后停止分裂，其寿命可与个体寿命相等。红细胞在血液循环中存留约 120d，中性粒细胞在正常情况下仅活 8d。

细胞衰老主要表现在代谢活动降低、生理功能减弱；同时，细胞形态结构也发生相应的变化。

细胞死亡一般可分为坏死和凋亡两种。细胞的坏死主要是致病因素引起的，也称非程序性死亡或酶融性死亡。细胞凋亡是有严格程序控制的，因此也称程序性死亡，不引起周围的炎症反应，凋亡小体可迅速被吞噬。细胞的不同死亡方式与动物的发育、炎症、肿瘤及衰老等有关。

第二部分 组织

组织为构成动物体内各器官的基本结构。它是由来源相同、形态结构和机能相似的细胞群和细胞间质构成。动物体内基本组织分为上皮组织、结缔组织、肌肉组织和神经组织四类。

一、上皮组织

上皮组织简称上皮，在体内分布很广，主要覆盖在体表(皮肤的表皮)、内脏器官的外表面和腔性器官的内表面，因此，也是一种边界组织。此外，上皮组织还分布在腺体和感觉器官内。上皮组织的功能主要是保护作用，分布在不同器官内的上皮，还具有吸收、分泌、感觉、排泄和生殖等功能。

上皮组织在形态结构上的特点是：上皮组织内细胞多，间质少，排列紧密，呈层状分布；具有明显的极性，朝向管腔或体表的一端称游离面，相对的另一端称基底面；上皮组织内无血管、淋巴管，营养由结缔组织经基膜渗透而来；上皮组织内有神经末梢分布。

上皮组织根据功能和形态结构不同可分为：被覆上皮、腺上皮和特殊上皮。

(一)被覆上皮

被覆上皮为上皮组织中分布最广的一类，根据细胞的排列层数和形态可分为：单层上皮和复层上皮。

常见被覆上皮的分布和功能如表 1-2 所示。

表 1-2 常见被覆上皮的分布和功能

细胞层数	上皮分类	分布	功能
单层	扁平上皮	内衬心血管及淋巴管的腔面(内皮)，被覆在胸膜、腹膜、心包膜或某些脏器表面(间皮)	润滑

续表

细胞层数	上皮分类	分布	功能
单层	立方上皮	甲状腺、肾小管等处	分泌和吸收
	柱状上皮	内衬胃的有腺部、肠黏膜、子宫内膜及输卵管黏膜	保护、吸收和分泌
	假复层柱状纤毛上皮	内衬呼吸道黏膜	保护和分泌
复层	复层扁平上皮	皮肤、口腔、食管、胃的无腺部、肛门、尿道外口和角膜等腔面	保护
	变移上皮	肾盏、肾盂、输尿管、膀胱的腔面	保护

被覆上皮
- 单层上皮
  - 单层扁平上皮
  - 单层立方上皮
  - 单层柱状上皮
  - 假复层柱状纤毛上皮
- 复层上皮
  - 复层扁平上皮
  - 变移上皮
  - 复层柱状上皮

1. 单层上皮

单层上皮由一层上皮细胞构成，每一细胞都与基膜相连。根据细胞的形态分为以下四类。

(1)单层扁平上皮，由一层扁平细胞构成。细胞从侧面看呈扁平形，从正面看呈不规则的多边形，边缘锯齿状。核扁圆，位于细胞中央(如图 1-6)。

(2)单层立方上皮，由一层立方细胞紧密排列而成。细胞呈六面形矮柱状，其长、宽、高几乎相等，侧面观呈正方形。核大而圆，位于细胞中央(如图 1-7)。

(3)单层柱状上皮，由一层柱状细胞紧密排列而成。细胞呈多面形高柱状，柱状细胞之间夹有杯状细胞。细胞核为卵圆形，偏于细胞基底部。

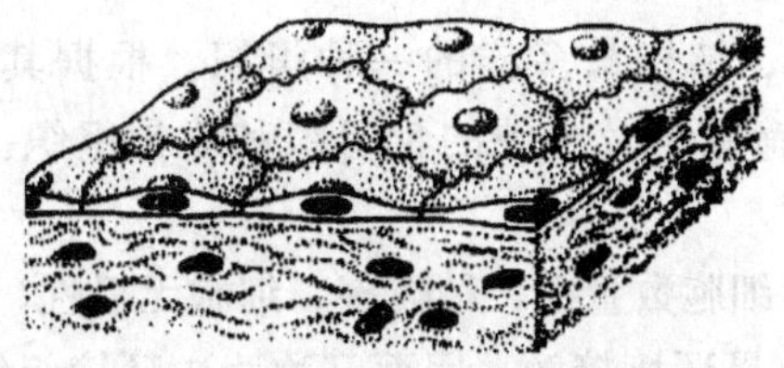

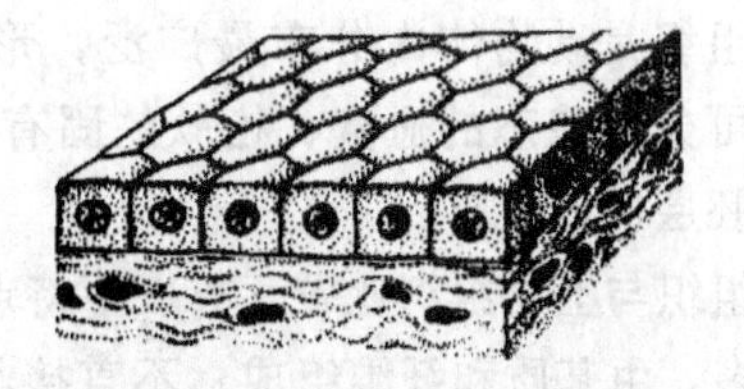

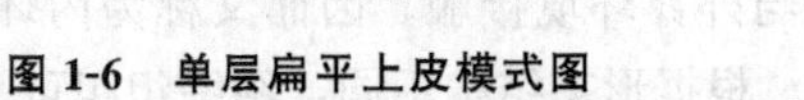

图 1-6　单层扁平上皮模式图　　图 1-7　单层立方上皮模式图

(马仲华，家畜解剖及组织胚胎学，第三版，2002)

(4)假复层柱状纤毛上皮，由一层高矮和形状不同的细胞构成，主要是高柱状纤毛细胞，其次是梭形细胞、杯状细胞和锥形细胞。细胞互相夹杂排列在同一基膜上，由于细胞高矮不同，只有高柱状细胞才能达到上皮游离面，且胞核不在同一水平面上，看来像复层，实际是单层，故称假复层柱状纤毛上皮。

2. 复层上皮

复层上皮由多层细胞构成，仅基底层细胞与基膜接触。根据细胞的形态分为以下三类。

(1)复层扁平上皮，是最常见的一种上皮，结构较复杂，细胞层数较多。最深层细胞呈矮柱状或立方形；中间层细胞较大，呈多角形；表层细胞逐渐变为扁平呈鳞片状。

(2)变移上皮，分布于泌尿系统的肾盂、肾盏、输尿管和膀胱等处，特点是上皮细胞的层数和形状随器官的功能状态而改变。如膀胱上皮，当器官收缩时上皮变厚，细胞变高，细胞层数增多可达5～6层；膀胱扩张时，上皮变薄，细胞变扁，细胞层数减少至2～3层(如图1-8)。

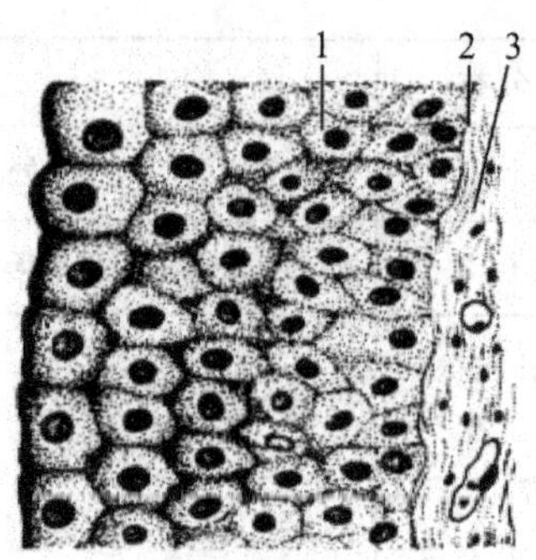

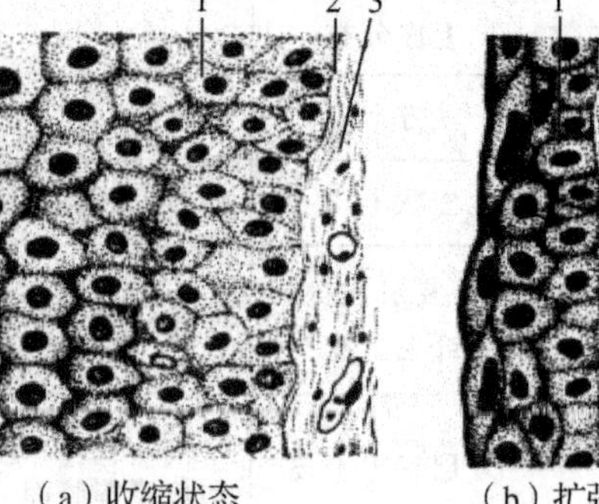

(a)收缩状态　(b)扩张状态

图1-8　变移上皮

1. 变移上皮；2. 基膜；3. 结缔组织

(韩行敏，宠物解剖生理，2012)

(3)复层柱状上皮，家畜很少见，仅局限于个别部位，如眼睑结膜处，此种上皮的表层细胞呈柱状，中间层为多角形细胞，基底层为矮柱状细胞。

(二)腺上皮和腺体

以分泌为主的上皮称腺上皮，其细胞多数聚集成团状、索状、泡状或管状，也有单个分散存在的。以腺上皮为主要成分构成的器官称腺或者腺体。

腺体有外分泌腺和内分泌腺之分。外分泌腺亦称为有管腺，如汗腺、唾液腺等；内分泌腺亦称为无管腺，如甲状腺、肾上腺和脑垂体等。腺体的分泌物，对机体的物质代谢、生长发育和繁殖等方面起着极其重要的作用。

(三)特殊上皮

一些特殊上皮具有感觉和生殖等功能。感觉上皮又称神经上皮，是具有特殊感觉功能的特化上皮。上皮游离端往往有纤毛，另一端与感觉神经纤维相连。特殊上皮主要分布在舌、鼻、眼、耳等感觉器官内，具有味觉、嗅觉、视觉、听觉等功能。生殖上皮主要在睾丸、卵巢等器官内，具有生殖功能。

二、结缔组织

结缔组织是动物体内分布最广泛，形式、结构最多样的一种组织。根据其形态不同，结缔组织可分为液态的血液、松软的固有结缔组织及坚硬的骨组织和软骨组织。结缔组织起源于中胚层的间充质。

结缔组织与上皮组织比较，有以下特点：细胞数量少，种类多，细胞无极性(无游离面)；细胞间质多，由基质和纤维组成；不直接与外界环境接触，因而又称为内环境组织。结缔组织主要起连接、支持、营养和保护等作用。根据形态结构不同，结缔组织可分为以下几种。

(一)疏松结缔组织

疏松结缔组织结构疏松、类似蜂窝，又称蜂窝组织。它是一种白色带黏性的疏松柔软组织，形态不固定，具有一定的弹性和韧性。疏松结缔组织广泛分布在皮下和各器官内，起连接、支持、保护、营养和创伤修复等功能。疏松结缔组织由细胞、纤维和基质三种成分组成。细胞和纤维含量少，纤维排列松散，基质含量较多。疏松结缔组织的结构模式如

图 1-9 所示。

1. 细胞

疏松结缔组织的细胞主要有成纤维细胞、组织细胞、肥大细胞、浆细胞、脂肪细胞和淋巴细胞等。

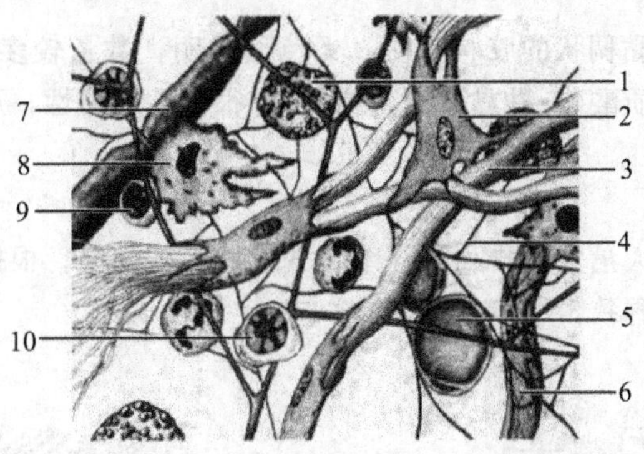

图 1-9 疏松结缔组织的结构模式图

1. 肥大细胞；2. 成纤维细胞；3. 胶原纤维；4. 弹性纤维；5. 脂肪细胞；
6. 毛细血管；7. 神经纤维；8. 巨噬细胞；9. 淋巴细胞；10. 浆细胞

（韩行敏，宠物解剖生理，2012）

(1)成纤维细胞，是最基本的细胞成分，数量最多，常与纤维靠近，细胞呈扁平不规则形，有星形或梭形，具有突起，核大，呈卵圆形，染色质少，有1～2个核仁，胞质呈弱嗜碱性，细胞轮廓不清。成纤维细胞具有形成纤维和基质的功能，在机体生长发育时期和创伤修复过程中，表现尤为明显。

(2)脂肪细胞，体积较大，常将核挤向一侧。HE 染色的切片上，脂滴被溶解，使细胞呈空泡状。脂肪细胞能合成和储存脂肪。

(3)组织细胞，细胞较小，核也较小，染色较深，不显核仁，细胞质染色较深，细胞轮廓清晰。组织细胞具有多种功能，当机体局部受到细菌感染时，能做变形运动，游走到发炎部位，大量吞噬细菌和坏死物质，故又称为巨噬细胞。

(4)肥大细胞，大都沿血管附近分布，呈球形或卵圆形，胞质内充满颗粒，颗粒内含有肝素、组织胺等。肥大细胞有参与抗凝血、增加毛细血管通透性和促使血管扩张等作用。

(5)浆细胞，多见于淋巴组织、胃肠道、呼吸道和输卵管等固有膜内，来源于B淋巴细胞。浆细胞呈球形、卵圆形或梨形，大小不一，核位于细胞一端，呈车轮状。浆细胞能合成和分泌免疫球蛋白即抗体，参与体液免疫。

2. 纤维

纤维是细胞间质中的有形成分，分为三种：胶原纤维、弹性纤维和网状纤维。前两种含量多，后一种含量少。

(1)胶原纤维，数量最多，分布最广，纤维粗细不同、白色，又称为白纤维。其化学成分为胶原蛋白，加热或用弱酸处理，可溶解成胶冻状；易被酸性胃液消化，不被碱性胰液消化；纤维呈波浪状，能弯曲，质地坚韧不易拉断。

(2)弹性纤维，数量少，单根存在，颜色发黄，又称黄纤维。其化学成分为弹性蛋白，加热煮沸或弱酸弱碱处理，不溶解；易被胰液消化，不易被胃液消化。纤维有很大的弹性，对某些器官的特定功能是非常有利的。

(3)网状纤维，数量很少，主要分布在疏松结缔组织与其他组织交界处，如上皮组织下的基膜中，脂肪组织、血管、神经及平滑肌的周围。银染法可染成棕黑色，故又称为嗜银纤维。

3. 基质

基质是一种无定形黏稠状的胶状物质，无色而透明，数量较多，充满于纤维和细胞之间。其主要成分是透明质酸(一种黏多糖蛋白)，有很强的黏滞性，可阻止进入体内的细菌、异物的扩散。

(二)致密结缔组织

致密结缔组织是由大量紧密排列的纤维和少量的细胞构成。根据纤维排列方向的不同，又分为不规则和规则两种致密结缔组织(如图 1-10、图 1-11)。

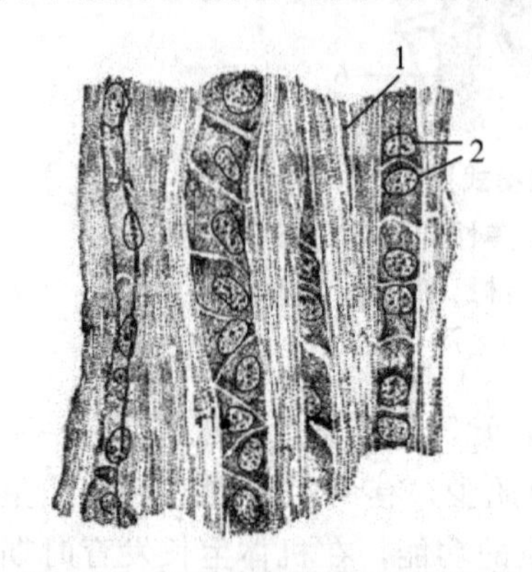

图 1-10　规则致密结缔组织(肌腱)

1. 胶原纤维；2. 腱细胞

(范作良，家畜解剖，2001)

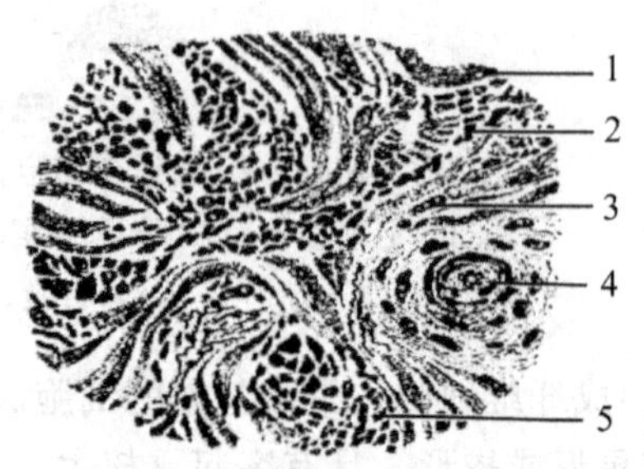

图 1-11　不规则致密结缔组织

1. 胶原纤维(纵切)；2. 弹性纤维；

3. 成纤维细胞核；4. 血管；5. 胶原纤维

(马仲华，家畜解剖及组织胚胎学，第二版，1990)

不规则致密结缔组织以胶原纤维为主，纤维排列方向不规则，相互交织，构成坚固的纤维膜，如真皮、骨膜、软骨膜和巩膜等。规则致密结缔组织有的以胶原纤维为主，如肌腱；有的以弹性纤维为主，如项韧带。肌腱有很强的韧性，抗牵引力强，项韧带则有很大的弹性。

(三)脂肪组织

脂肪组织是由大量脂肪细胞聚集而成，细胞表面包绕着致密而纤细的网状纤维，基质含量极少。脂肪细胞呈球形或圆形，整个细胞被一个大滴脂肪所占。细胞质和细胞核被挤到细胞的边缘，呈一个指环状。

脂肪组织主要分布在皮下、肠系膜、腹膜、网膜以及心脏、肾等器官的周围。其主要功能是储存脂肪并参与能量代谢，是体内最大的能量库；此外脂肪组织还有支持、保护和维持体温、缓冲等作用。

(四)网状组织

网状组织由网状细胞、网状纤维和基质构成。网状细胞为星形多突起，细胞突起互相连接成网，胞核大而染色浅，核仁明显，胞质丰富。网状纤维含量多，纤维有分支，互相交织成网，紧贴在网状细胞的表面，纤维的形态、特点和化学性质与疏松结缔组织中的网状纤维完全相同，网孔内充满淋巴液和组织液。网状组织分布在淋巴结、脾、胸腺和骨髓等组织器官中，构成他们的支架。

（五）软骨组织

软骨组织坚韧而有弹性，具有支持和保护作用，构成耳、鼻、喉、气管和支气管等器官的支架，以及大部分骨的关节软骨。

1. 透明软骨

透明软骨基质中含有较细的胶原纤维，排列散乱（如图 1-12）。透明软骨分布最广，主要分布在成年动物的骨的关节面、肋软骨、鼻中隔软骨、喉、气管和支气管等处。

2. 弹性软骨

弹性纤维交织成密网（如图 1-13），分布在耳郭、会厌和咽鼓管等处，新鲜时略呈黄色，不透明，具有弹性。

3. 纤维软骨

纤维软骨基质中含有大量的粗大的胶原纤维束，基质极少（如图 1-14）。

纤维软骨比较少见，只在椎间盘、半月板和耻骨联合等处。它是软骨组织和致密结缔组织之间的一种过渡类型，新鲜时，呈不透明的乳白色，具有很大的抗压能力。

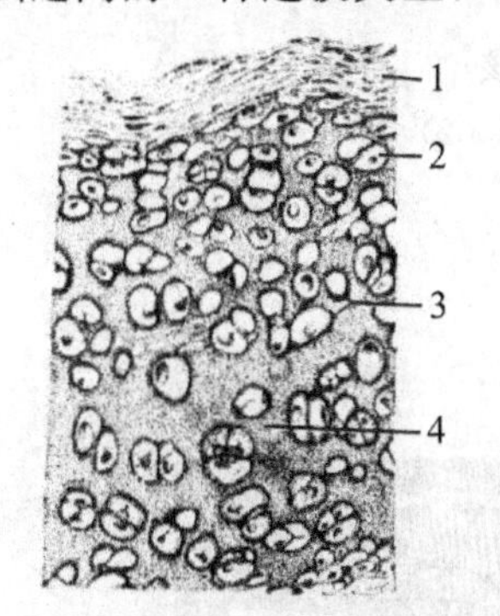

图 1-12　透明软骨

1. 软骨膜；2. 软骨细胞；3. 软骨细胞膜；4. 基质

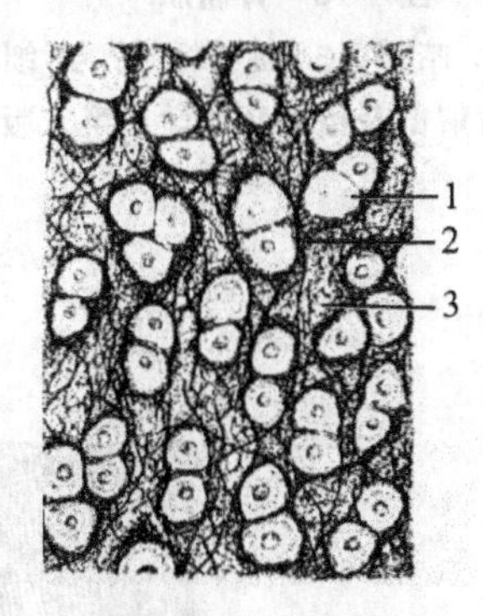

图 1-13　弹性软骨

1. 软骨细胞；2. 弹性纤维；3. 基质

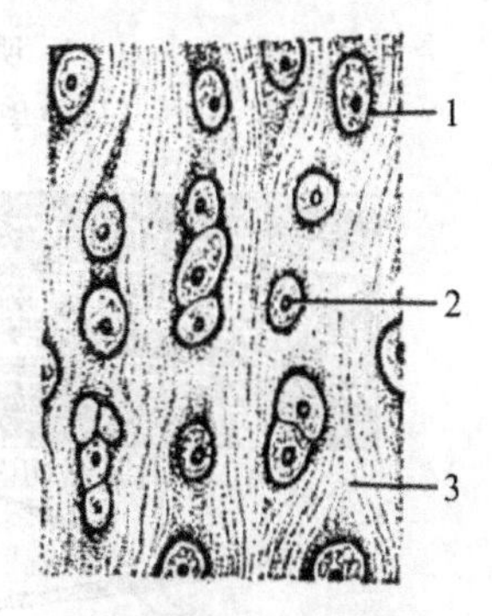

图 1-14　纤维软骨

1. 软骨囊；2. 软骨细胞；3. 胶原纤维束

（马仲华，家畜解剖及组织胚胎学，第二版，1990）

（六）骨组织

骨组织是动物体内，除牙齿的釉质外，最坚硬的组织。

1. 骨间质

骨间质是一种钙化的细胞间质，又称骨基质，由有机物和无机物共同组成。骨基质中的有机物占成年骨重的 35％，无机成分占 65％。

(1)有机物主要成分为纤维和无定型基质，是骨细胞分泌形成的，其中 95％是纤维，无定型基质只有 5％，呈凝胶状。无定型基质为黏多糖蛋白，称骨黏蛋白。

(2)无机物主要是钙盐，又称为骨盐，其化学成分主要是羟基磷灰石，此外还有少量的 Mg^{2+}，Na^{+}、F^{-} 和 CO_3^{2-} 等。动物体内 90％的钙以骨盐的形式贮存在骨内。

骨中有机物决定骨的韧性，无机物决定骨的硬度。这两种不同性质的物质结合在一起，构成了骨的坚韧性。

2. 骨细胞

骨组织的细胞有骨原细胞、成骨细胞、骨细胞及破骨细胞四种。骨原细胞、成骨细胞、骨细胞与骨基质生成有关，破骨细胞与骨基质的溶解有关，它们存在于骨膜内与骨质表面。

（七）血液和淋巴

血液和淋巴都是液态的结缔组织，详见循环系统。

三、肌肉组织

肌肉组织由肌细胞构成，肌细胞间有少量结缔组织及丰富的血管、淋巴管和神经等。肌细胞呈细长纤维状，故称肌纤维；其细胞膜称肌膜；细胞质称肌浆。肌细胞内还有肌原纤维，它是肌细胞收缩的形态基础。肌组织按其结构和功能分为骨骼肌、平滑肌和心肌三种(如图 1-15、图 1-16、图 1-17)。

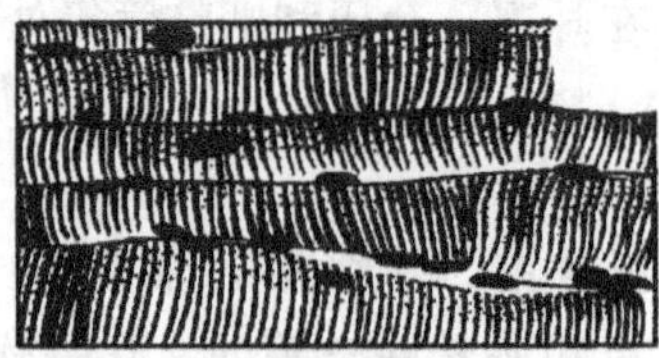

（a）骨骼肌纵切面　（b）骨骼肌纤维构成模式图

图 1-15　骨骼肌

1. 明带；2. 暗带；3. 肌原纤维；4. 细胞核

（马仲华，家畜解剖及组织胚胎学，第三版，2002）

（a）平滑肌纵切面

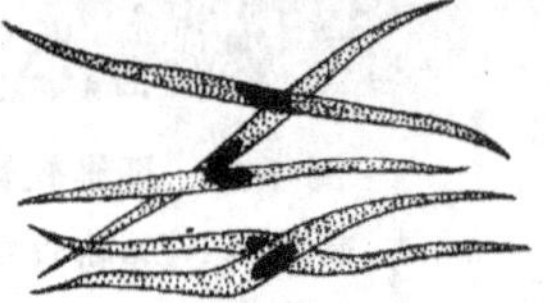

（b）分离平滑肌图

图 1-16　平滑肌

（马仲华，家畜解剖及组织胚胎学，第三版，2002）

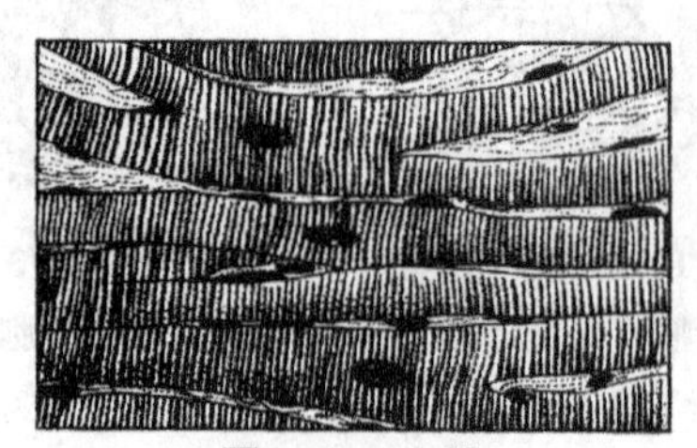

图 1-17　心肌

（马仲华，家畜解剖及组织胚胎学，第三版，2002）

表 1-3 为三种肌纤维的比较。

表 1-3　三种肌纤维比较

肌纤维	形态	胞核	横纹	分布	机能特点
骨骼肌	长圆柱状	椭圆形，可达几百个核，位于肌纤维边缘。	有	主要在骨骼上	受意识支配，随意性，作用迅速，易疲劳。
平滑肌	长梭形	椭圆形，一个核，位于细胞中央。	无	胃肠道、呼吸道、泌尿生殖道以及血管和淋巴管的管壁内	不随意，作用缓慢、持久，不易疲劳。
心肌	短柱状，有分支彼此吻合，两个心肌纤维的连接处称闰盘。	椭圆形，一个核，偶见两个，位于细胞中央。	有横纹，但不明显	心脏	不受意识支配，不随意，有自动节律性。

四、神经组织

神经系统由神经组织构成，神经组织由神经细胞和神经胶质细胞构成。

(1)神经细胞为高度分化的细胞，是神经系统的结构和功能的单位，故又称神经元。神经元具有较长的突起，有接受刺激、传导冲动和支配调节器官活动的作用。

(2)神经胶质细胞在结构和功能上与神经细胞不同，是神经系统的辅助成分，起支持、营养和保护作用。

神经组织在体内分布广泛，构成脑、脊髓和外周神经等。

(一)神经元

神经元是神经系统结构和功能的基本单位，能感受刺激和传导冲动。另外，有的神经元具有内分泌功能。

1. 神经元的结构

神经元由细胞体和突起两部分构成。

(1)细胞体，又称胞体、核周体，大小不等，形态呈圆形、梨形、梭形、锥形和多角形。细胞体的作用是对信息进行分析综合。

①细胞膜：为单位膜，能够接受刺激，产生及传导神经冲动。

②细胞核：较大，通常呈圆形，位于胞体中央，一个，染色质多，着色浅，核仁大而明显。

③细胞质：细胞质除了具有线粒体、高尔基复合体、溶酶体等细胞器外，还有丰富的尼氏体和神经原纤维。

神经元胞体主要存在脑、脊髓和神经节内。

(2)突起

①树突：为胞体伸出的树枝状突起，有一个或多个。树突接受由感受器或其他神经元传来的冲动，把冲动传给胞体，分枝越多，接受冲动的面积越大。

②轴突：为胞体伸出的一根细长的突起，又叫轴索，一般只有一个。轴突的作用是能把细胞体发出的冲动传向另一个神经元，或者传至某一器官或组织。

2. 神经元的类型

神经元的种类很多，现主要按突起数目及神经元功能进行分类。

(1)按突起数目分为三种(如图 1-18)

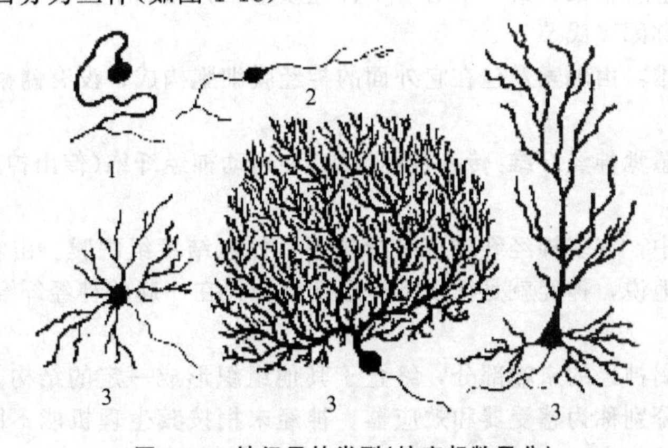

图 1-18　神经元的类型(按突起数目分)

1. 假单极神经元；2. 双极神经元；3. 多级神经元

(马仲华，家畜解剖及组织胚胎学，第三版，2002)

①假单极神经元：从胞体发出一个突起，但在离胞体不远处又分为两支。一支伸向外周器官称为外周突，另一支进入中枢称为中枢突，见于脑和脊神经节的感觉神经元。

②双极神经元：从胞体发出一个轴突和一个树突，见于嗅觉细胞和视网膜中的双极细胞。

③多极神经元：从胞体上发出两个以上的突起，一个轴突，其余为树突。分布最广，如大脑皮质中的锥体细胞、脊髓腹角运动神经元和交感神经节细胞。

(2)按功能分为三种

①感觉神经元：又称传入神经元，能感受各种刺激，如脊神经节细胞。

②联络神经元：又称中间神经元，起联络作用，如脑、脊髓内的神经细胞。

③运动神经元：又称传出神经元，支配效应器活动，如脊髓腹角的神经元(如图 1-19)。

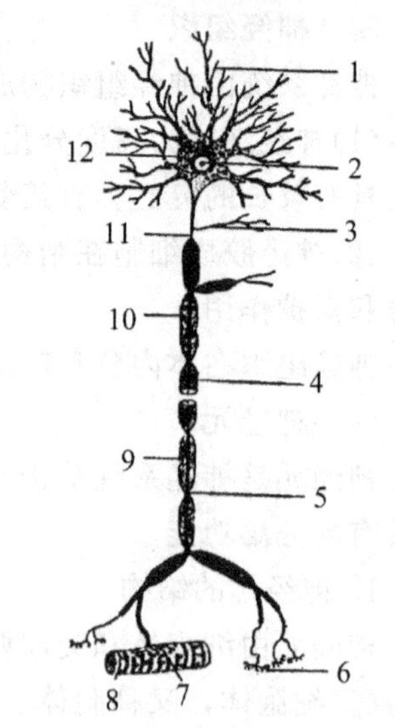

图 1-19 运动神经元模式图

1. 树突；2. 神经细胞核；3. 侧支；4. 雪旺氏鞘；5. 朗飞氏结；6. 神经末梢；7. 运动终板；8. 肌纤维；9. 雪旺氏细胞核；10. 髓鞘；11. 轴突；12. 尼氏小体

(范作良，家畜解剖，2001)

(3)按神经元释放的神经递质分为两种

释放胆碱的叫胆碱能神经元，释放肾上腺素的叫肾上腺素能神经元。

3. 神经纤维

神经纤维由轴突(轴索)及包在它外面的神经膜细胞(雪旺氏细胞)或少突胶质细胞构成，其主要功能是传导神经冲动。神经冲动的传导是在轴膜上进行的，一般有髓神经纤维传导冲动的速度快，无髓神经纤维传导速度较慢。少突胶质细胞、神经膜细胞是神经胶质细胞的一种。

(1)根据有无髓鞘分

神经纤维分为有髓神经纤维和无髓神经纤维。髓鞘是直接包在轴突外面的鞘状结构，主要成分是脂蛋白。

①有髓神经纤维：大多数脑、脊神经为有髓神经纤维。纤维中央为轴突，表面包绕髓鞘。髓鞘呈节段性包绕轴索，每一节有一个神经膜细胞，相邻节段间有一无髓鞘的狭窄处，称神经纤维节，又称郎飞氏节。

②无髓神经纤维：由轴索及包在它外面的神经膜细胞构成，没有髓鞘和神经纤维节。

(2)根据功能分

神经纤维分为感觉神经纤维(传入神经纤维)和运动神经纤维(传出神经纤维)。

4. 神经

外周神经系统中，许多神经纤维束平行排列，外包结缔组织膜。由它们构成的索状结构即为神经。简要地说，神经就是很多条神经纤维聚集在一起的神经纤维传导束。

5. 神经末梢

神经末梢是外周神经的末端部分，终止于其他组织形成一定的结构。在组织、器官内构成一些特殊结构分别称为感受器和效应器。神经末梢按其生理机能不同，分为感觉神经末梢和运动神经末梢两类。

6. 突触

神经元之间或神经元与效应器之间的功能性(传递信息)接触点，称突触。神经元之间的接触有不同的方式，有轴树突触、轴体突触和轴轴突触等。其中轴树突触、轴体突触最常见。电镜观察发现，突触处有膜相隔，前一个神经元末梢的轴膜称突触前膜，后一个神经元的树突或胞体膜称突触后膜，两膜之间的裂隙称为突触间隙。突触前膜与突触后膜之间有宽约 15～30nm 的突触间隙（如图 1-20）。在靠近突触前膜的轴浆内有很多突触小泡和线粒体。突触小泡内含有高浓度的化学递质，如乙酰胆碱、去甲肾上腺素等。当神经冲动传到轴突末梢时，突触小泡即释放神经介质，经扩散作用从突触前膜进入突触间隙中，并作用于后膜，后膜上有多种能与化学递质结合的特异性受体，引起后膜电位发生变化，于是出现生理效应。

图 1-20　突触超微结构模式图

1. 突触前膜；2. 突触后膜；3. 突触小泡；4. 线粒体

（马仲华，家畜解剖及组织胚胎学，第三版，2002）

神经冲动有一定的传导方向。树突接受刺激，并把冲动传至胞体，轴突把冲动自胞体传出至另一神经元。这种定向传导即取决于突触有定向特点。

（二）神经胶质细胞

神经胶质细胞数量多（如图 1-21），为神经元的 10～50 倍，它们与相邻的细胞不形成突触结构。神经胶质细胞无感受刺激和传导冲动的功能，对神经细胞起支持、保护、营养和绝缘的作用。

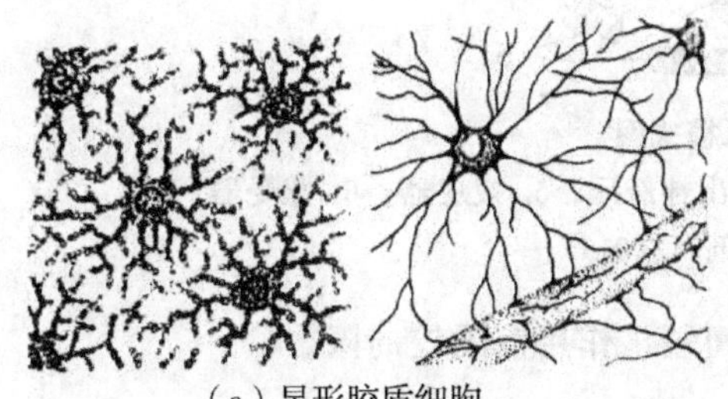

（a）星形胶质细胞

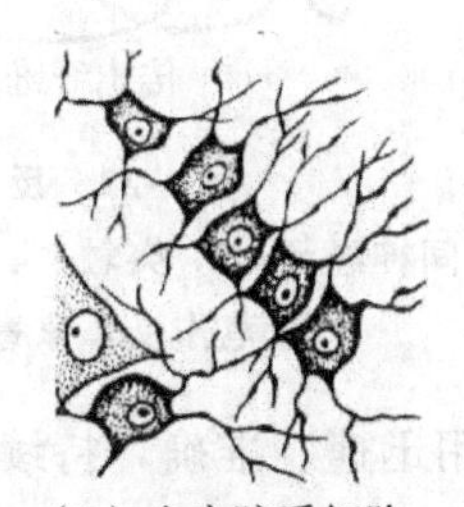

（b）少突胶质细胞

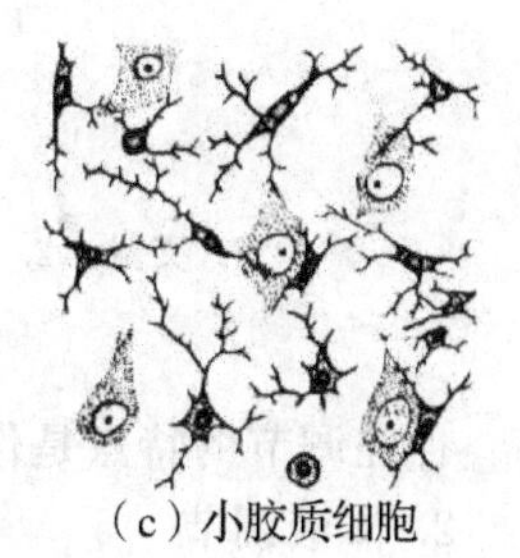

（c）小胶质细胞

图 1-21　胶质细胞类型

（马仲华，家畜解剖及组织胚胎学，第三版，2002）

五、器官、系统和有机体调节

（一）器官

器官是几种不同组织按一定规律结合在一起，形成具有一定形态和机能的结构。器官可分为两大类。

（1）中空性器官：内部有较大的腔体，如食管、胃、肠、气管等。结构上分层，内表面是上皮，周围是结缔组织和肌肉组织。

（2）实质性器官：内部没有大的空腔，如肝脏、肺脏、肾和肌肉等。结构上分实质和间质两部分。实质是代表该器官的功能部位，如脑实质部分是神经组织、肝的实质是肝细胞等。间质是指该器官内部的一些辅助部分，多为一些结缔组织、血管、淋巴管和神经。

（二）系统

系统由几种功能上密切相关的器官联合在一起，共同完成体内某一方面的生理机能，这些器官构成一个系统。

动物体由十大系统组成：运动系统、被皮系统、消化系统、呼吸系统、泌尿系统、生殖系统、血液循环系统、淋巴循环系统、神经系统和内分泌系统。其中消化系统、呼吸系统、泌尿系统、生殖系统合称为内脏，构成内脏的器官称为脏器。

(三)有机体调节

器官和系统构成完整的有机体。有机体内各个器官、系统都不独立存在，而是相互关联的，协调统一才能保证有机体的完整性。同时有机体与外界环境之间也要经常保持动态平衡。这些主要靠机体的神经调节和体液调节来实现。从整个机体调节来看，神经调节占主要地位。

1. 神经调节

神经调节是指神经系统对各个器官和系统活动所进行的调节。神经调节的基本方式是反射。反射是指机体在神经系统参与下，对内、外刺激所发生的适应性反应。例如，饲料进入口腔，就引起唾液分泌；蚊虫叮咬皮肤，则引起皮肤颤抖或尾巴摆动来驱赶蚊子等。完成反射活动必备的结构是反射弧，它包括五个部分，即感受器、传入神经纤维、神经中枢、传出神经纤维和效应器(如图 1-22)，任何一个发生异常或缺失，反射活动都不会发生。

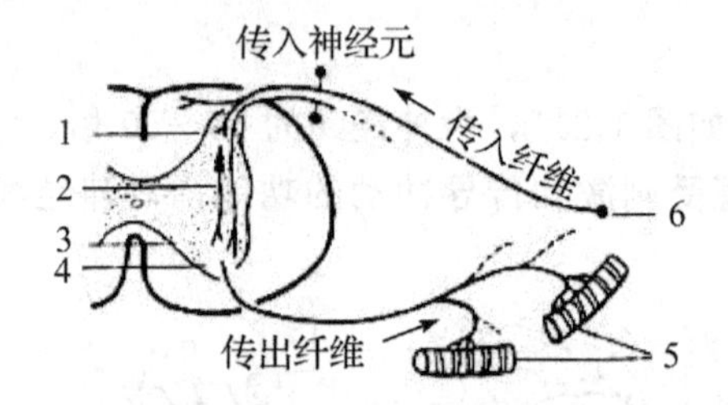

图 1-22　反射弧模式图

1. 突触；2. 中间神经元；3. 突触；4. 传出神经元；5. 效应器；6. 感受器

(范作良，家畜解剖，2001)

神经调节的特点是作用迅速、准确，持续时间短，作用范围较局限。

2. 体液调节

体液调节是体液因素通过血液循环输送到全身或某些特定的器官，有选择地调节其机能活动的过程称为体液调节。体液因素主要是内分泌腺和具有分泌功能的特殊细胞或组织所分泌的激素。此外，组织本身的代谢产物，如二氧化碳、乳酸等也参与局部的体液调节，如组织产生的二氧化碳可通过血中浓度的变化使呼吸运动增强或减弱。

体液调节的特点是作用缓慢，持续时间长，作用范围较广泛。

3. 自身调节

许多组织细胞自身也能对周围环境的变化发生适应性反应，这种反应是组织、细胞本身的生理特性，并不依赖外来的神经或体液的作用，所以称自身调节。例如，血管壁的平滑肌在受到牵拉刺激时，会发生收缩性反应。

拓展视频：

材料设备清单

项目	基本组织的识别				学时	10	
项目	序号	名称	作用	数量	型号	使用前	使用后
所用设备	1	投影仪	观看视频图片	1个			
	2	显微镜	组织构造观察	40台			
所用材料	3	四种组织切片	区辨四种组织	各40张			

作业单

项目	基本组织的识别				
作业完成方式	课余时间独立完成。				
作业题1	细胞的主要结构和功能是什么？				
作业解答					
作业题2	被覆上皮的分类、结构和分布如何？				
作业解答					
作业题3	疏松结缔组织的组成成分有哪些，有什么功能？				
作业解答					
作业题4	骨骼肌、平滑肌和心肌有哪些区别？				
作业解答					
作业题5	软骨组织的结构和分类是怎样的？				
作业解答					
作业评价	班级		第　组	组长签字	
	学号		姓名		
	教师签字		教师评分	日期	
	评语：				

学习反馈单

项目	基本组织的识别				
评价内容	评价方式及标准				
知识目标达成度	作业评量及规准				
	A(90分以上)	B(80—89分)	C(70—79分)	D(60—69分)	E(60分以下)
	内容完整，阐述具体，答案正确，书写清晰。	内容较完整，阐述较具体，答案基本正确，书写较清晰。	内容欠完整，阐述欠具体，答案大部分正确，书写不清晰。	内容不太完整，阐述不太具体，答案部分正确，书写较凌乱。	内容不完整，阐述不具体，答案基本不太正确，书写凌乱。
技能目标达成度	实作评量及规准				
	A(90分以上)	B(80—89分)	C(70—79分)	D(60—69分)	E(60分以下)
	解剖操作规范；能正确辨别四种组织结构，操作规范。	解剖操作基本规范；基本能正确辨别四种组织结构，操作规范，速度较快。	解剖操作不太规范；能正确辨别四种组织大部分结构，操作较规范，速度一般。	解剖操作规范度差；仅能正确识别个别组织的形态构造，操作欠规范，速度较慢。	解剖操作不规范；不能正确识别四种组织的形态构造，操作不规范，速度很慢。
素养目标达成度	表现评量及规准				
	A(90分以上)	B(80—89分)	C(70—79分)	D(60—69分)	E(60分以下)
	积极参与线上、线下各项活动，态度认真。分析、解决问题能力强，具备善待宠物和生物安全意识。	积极参与线上、线下各项活动，态度较认真。分析、解决问题能力较强，具备一定的善待宠物和生物安全意识。	能参与线上、线下各项活动，态度一般。分析、解决问题能力一般，善待宠物和生物安全意识一般。	能参与线上、线下部分活动，态度一般。分析、解决问题能力较差，善待宠物和生物安全意识较差。	线上、线下各项活动参与度低，态度一般。分析、解决问题能力差，善待宠物和生物安全意识差。
反馈及改进					
针对学习目标达成情况，提出改进建议和意见。					

模块二

犬的解剖生理特征

项目一　体壁

学习任务单

<table>
<tr><td>项目一</td><td>体壁</td><td>学　时</td><td>12</td></tr>
<tr><td colspan="4">布置任务</td></tr>
<tr><td>学习目标</td><td colspan="3">1. 知识目标
(1)掌握皮肤的结构和功能；
(2)掌握皮肤衍生物的结构和功能；
(3)掌握犬全身各部骨的组成和主要结构；
(4)掌握犬全身主要肌肉的结构和功能。
2. 技能目标
(1)能在活体犬指出主要器官组织的体表投影位置；
(2)能辨别犬的造型修剪、体尺测量部位：耆甲、荐骨、体长、管围、飞节；
(3)能识别犬全身主要的骨性和肌性标志；
(4)能识别皮肤的结构和功能。
3. 素养目标
(1)培养学生独立分析问题、解决实际问题和继续学习的能力；
(2)具有组织管理、协调关系、团队合作的能力；
(3)培养学生吃苦耐劳、善待宠物、敬畏生命的工匠精神。</td></tr>
<tr><td>任务描述</td><td colspan="3">在解剖实训室利用犬全身整体骨骼标本、单块骨标本和模型，犬全身肌肉标本、模型和多媒体课件，掌握犬全身骨骼和肌肉的组成、形态、结构特征、分布和作用。
具体任务如下。
犬全身主要骨骼和肌肉的识别。</td></tr>
<tr><td>提供资料</td><td colspan="3">1. 韩行敏．宠物解剖生理．北京：中国轻工业出版社，2012
2. 霍军，曲强．宠物解剖生理．北京：化学工业出版社，2020
3. 李静．宠物解剖生理．北京：中国农业出版社，2007
4. 白彩霞．动物解剖生理．北京：北京师范大学出版社，2021
5. 张平，白彩霞．动物解剖生理．北京：中国化工出版社，2017
6. 范作良．家畜解剖学．北京：中国农业出版社，2001</td></tr>
</table>

提供资料	7. 范作良．家畜生理学．北京：中国农业出版社，2001 8. 黑龙江农业工程职业学院教师张磊负责的宠物解剖生理在线课网址： 9. 黑龙江职业学院教师白彩霞负责的动物解剖生理在线精品课网址：
对学生要求	1. 能根据学习任务单、资讯引导，查阅相关资料，在课前以小组合作的方式完成任务资讯问题。 2. 以小组为单位完成学习任务，体现团队合作精神。 3. 严格遵守实训室规章制度，避免安全隐患。 4. 对犬全身主要骨骼和肌肉进行研究学习。 5. 严格遵守操作规程，做好自身防护，防止疾病传播。

任务资讯单

项目一	体壁
资讯方式	通过资讯引导、观看视频，到本课程及相关课程的精品课网站、图书馆查询，向指导教师咨询。
资讯问题	1. 骨分几类？各类骨的形态特点如何？ 2. 试述骨的构造及全身骨划分。 3. 椎骨由哪几部分构成？各部椎骨有何主要形态特点？ 4. 简述胸廓和骨盆的构成及形态特点。 5. 试述关节和关节辅助器官的结构。 6. 依次说出犬的前、后肢关节的名称及运动形式。 7. 胸壁肌包括哪些肌肉？各位于何处，功能意义如何？ 8. 腹壁肌肉分哪几层？各层位置关系及肌纤维走向如何？ 9. 以犬为例，指出其前、后肢的肌肉有哪些，各位于何处，有何作用。 10. 以犬为例，简述皮肤的结构和功能。
资讯引导	所有资讯问题可以到以下资源中查询。 1. 韩行敏主编的《宠物解剖生理》。 2. 李静主编的《宠物物解剖生理》。 3. 霍军，曲强主编的《宠物解剖生理》。 4. 白彩霞主编的《动物解剖生理》。

<table>
<tr><td>资讯引导</td><td>5. 宠物解剖生理在线课网址：
6. 动物解剖生理在线精品课网址：
7. 本模块工作任务单中的必备知识。</td></tr>
</table>

案例单

项目一	体壁	学时	12
序号	案例内容	相关知识技能点	
1.1	一主人家里的八哥狗 5 岁，平时比较调皮，最近发现狗总是喜欢趴地上，没什么精神，右后腿走路一瘸一拐，后腿很无力还有些颤抖，不爱吃食，表面没有伤口，狗经常去舔红肿的地方。送到宠物医院经过 X 光片检查，发现右后腿跗关节扭伤。	此案例涉及与本单元内容相关的知识点和技能点为：腿部的骨头和跗关节。	

工作任务单

<table>
<tr><td>项目一</td><td>体壁</td></tr>
<tr><td colspan="2">

任务　犬全身主要骨骼和肌肉的识别

任务描述：在解剖实训室，利用犬全身整体骨骼标本、单块骨标本和模型，犬全身肌肉标本、模型和多媒体课件，掌握犬全身骨骼和肌肉的组成、形态、结构特征、分布和作用。

准备工作：在解剖实训室准备犬全身整体骨骼标本、单块骨标本、犬全身肌肉标本、模型、多媒体、一次性手套和实验服等。

实施步骤如下。

1. 皮肤的构造识别

(1)表皮

观察表皮由几层构成，说一说每一层的特点。

(2)真皮

观察真皮由几层构成，说一说每一层的特点，涉及临床实践的哪种注射方式。

(3)皮下组织

观察真皮的组构特点，说一说涉及临床实践的哪种注射方式。

2. 犬全身主要骨骼的识别

(1)头部骨骼

将头骨标本从颞下颌关节处分为两部分，分别观察颅骨和面骨，观察鼻旁窦的位置，
</td></tr>
</table>

掌握各骨主要结构特征。观察颞下颌关节的组成及运动形式。

(2)躯干骨骼

观察各段椎骨的构造特点，观察肋和胸骨的形态结构特征，掌握各段椎骨的数目特征。观察前后椎骨之间关节突的联结、椎体的联结、突起之间的联结、肋骨与椎骨之间的联结和肋与胸骨之间的联结，注意脊柱、胸廓和肋弓的结构特征。

(3)前肢、后肢骨骼

观察各骨的形态位置特征，熟练掌握自上而下的顺序。观察肩胛骨、臂骨、前臂部、腕骨、掌骨、指骨和籽骨，以及髋骨、股骨、小腿骨、跗骨、跖骨和趾骨的主要形态结构特征。观察肩关节、肘关节、腕关节和指关节，以及荐髂关节、髋关节、膝关节、跗关节和趾关节的结构。

3. 犬全身主要肌肉的识别

(1)头部肌

观察鼻唇提肌、咬肌、颊肌、口轮匝肌和眼轮匝肌、咬肌和二腹肌。

(2)躯干肌

观察背腰最长肌、髂肋肌、夹肌、胸头肌、胸骨甲状舌骨肌和肩胛舌肌骨的形态位置。观察肋间外肌、肋间内肌和膈肌的形态、位置和结构。观察腹外斜肌、腹内斜肌、腹直肌、腹横肌及腹股沟管的结构。

(3)前肢肌

观察斜方肌、菱形肌、背阔肌、臂头肌、肩胛横突肌、胸肌和腹侧锯肌的形态位置。观察冈上肌、冈下肌、三角肌、肩胛下肌、大圆肌和喙臂肌。

(4)后肢肌

观察臀肌、髂腰肌、股四头肌、阔筋膜张肌、缝匠肌、股薄肌、内收肌、半膜肌、半腱肌、臀股二头肌、趾浅屈肌和趾深屈肌的形态位置。

(5)全身肌沟

观察全身主要肌沟的构成。

4. 通过互联网、在线开放课学习相关内容。

必备知识

第一部分　被皮系统

被皮系统包括皮肤和皮肤的衍生物。皮肤覆盖于动物体表，直接与外界接触，有防止水分散发、保护体内组织、防止异物与环境因素对机体造成损伤的作用，是重要的保护器官。犬的皮肤衍生物主要有毛、爪、枕和皮肤腺。

一、皮肤

(一)皮肤构造

皮肤被覆于身体的表面，厚薄因动物种类、品种、年龄、性别和不同的身体部位而异。老龄宠物皮肤厚，幼龄的薄；雄性的厚，雌性的薄；四肢外侧部的较厚，腹部和四肢内侧部的较薄。皮肤由表皮、真皮和皮下组织构成(如图 2-1)。

1. 表皮

表皮位于皮肤的最表层，由角化的复层扁平上皮构成，表皮内无血管和淋巴管，但有丰富的神经末梢。表皮由外向内依次为角质层、透明层、颗粒层和生发层。

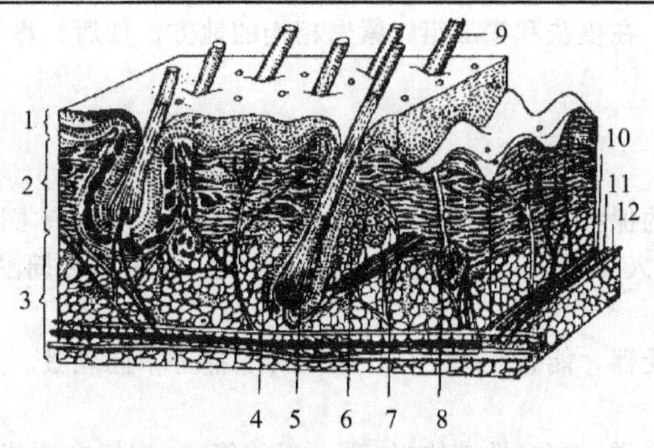

图 2-1 皮肤构造模式图

1. 表皮；2. 真皮；3. 皮下组织；4. 毛囊；5. 毛根；6. 皮脂腺；
7. 竖毛肌；8. 汗腺；9. 毛干；10. 神经；11. 静脉；12. 动脉

（马仲华，畜禽解剖及组织胚胎学，第三版，2002）

(1)角质层：为表皮的最外层，由多层角化的扁平细胞构成，细胞内充满角蛋白，染色呈嗜酸性。浅层细胞死亡后，脱落形成皮屑，以清除皮肤上的污垢和寄生异物，并对外界的物理、化学刺激具有一定的抵抗能力。

(2)透明层：是无毛皮肤特有的一层，由数层互相密接的无核扁平细胞构成。胞质内有由透明蛋白颗粒液化生成的角母素，故细胞界线不清，形成均质透明的一层。该层在鼻镜、乳头、肉食动物足垫等无毛区内明显，其他部位则薄或不存在。

(3)颗粒层：位于角质层的里面，由 1～4 层梭形细胞构成。此层细胞的特点是细胞核渐趋退化消失，胞质内出现透明角质蛋白颗粒。表皮薄的地方，颗粒层也薄。

(4)生发层：为表皮的最内层，与真皮连接，由数层形态不同的细胞组成。最深一层细胞呈矮柱状或立方体，分裂增生能力强，所增生的细胞不断地向表面推移，以补充表层脱落的细胞。生发层中还有星状的色素细胞，内含色素。色素决定皮肤及毛发的颜色，防止日光中的紫外线损伤深部组织。

2. 真皮

真皮位于表皮的深层，由致密结缔组织构成，坚韧而富有弹性，是皮肤最厚的一层。真皮构成表皮坚实的支架，皮革就是由真皮鞣制而成的。临床上的皮内注射就是将药液注射到真皮内。真皮可分为乳头层和网状层，两层互相移行，无明显的界线。

(1)乳头层：紧靠表皮，比较薄，由纤细的胶原纤维和弹性纤维交织而成，此层结缔组织向表皮形成许多乳头状突起伸入表皮的生发层内，这些乳头状突起称为真皮乳头。乳头层富含有毛细血管、淋巴管和感觉神经末梢，以供应表皮的营养和感受外界刺激。

(2)网状层：在深层，由较厚致密结缔组织构成，粗大的胶原纤维和弹性纤维交织排列成网状。网状层含有较大的血管、神经、淋巴管，并分布有汗腺、皮脂腺、毛囊等。

真皮是皮革制品加工的原料基础，皮革制品的质量与真皮层结构有密切关系。

3. 皮下组织

皮下组织位于皮肤的最深层，由疏松结缔组织构成，所以皮肤具有一定的活动性。皮下组织毛细血管丰富，皮下注射就是将药物注入皮下组织内。

皮下组织含有脂肪细胞较多的地方，有较大的活动性，特别是颈部，皮肤松弛成褶，具有很好的保护作用。部分皮下组织变成富有弹力纤维和脂肪的组织，构成一定形状的弹力结构，如指(趾)枕。在皮肤和深层组织紧密相连的地方，如唇、鼻等处，皮下组织很少，甚至没有。

(二)皮肤机能

1. 保护

皮肤是身体重要的保护器官，既能保护深层的软组织，防止有害因素(病原微生物、有害的物理化学因素)进入体内，又能防止体内水分蒸发，是机体和周围环境的屏障。

2. 感觉

皮肤是重要的感受器，能感受触、压、温、冷、痛等不同刺激。

3. 吸收

皮肤能吸收一些脂类、挥发性液体(如醚、酒精等)和溶解在这些液体中的物质，但不易吸收水和水溶性物质。只有在皮肤破损或有病变时，水和水溶性物质才会渗入。

4. 储存

皮肤是机体重要的储血库之一，最多可储存总血量的10%～30%，也贮存脂肪组织。

二、皮肤衍生物

(一)毛

1. 毛的形态和分布

毛是一种坚韧而有弹性的角质丝状结构，由表皮生发层演化而来，覆盖在皮肤表面。家畜的被毛遍布全身，有粗毛与细毛之分。毛在身体表面按一定方向排列，称毛流。犬的口唇附近的一些毛在根部富有神经末梢，称触毛，对于感知食物很重要。

2. 毛的结构

毛分毛干和毛根两部分，露在皮肤外面的称毛干，埋在真皮和皮下组织内的称毛根，毛根外面包有上皮组织和结缔组织构成的毛囊(如图2-2)。毛根的末端与毛囊紧密相连，并膨大形成毛球。毛球底部凹陷，并有结缔组织伸入，称毛乳头。毛乳头内有丰富的血管和神经，毛可以通过毛乳头而获得营养。

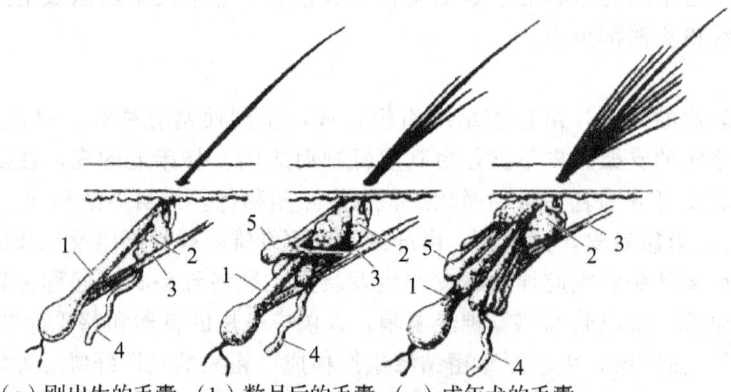

(a)刚出生的毛囊 (b)数月后的毛囊 (c)成年犬的毛囊

图2-2 犬毛囊的生后发育

1. 主毛囊；2. 皮脂腺；3. 竖毛肌；4. 汗腺的导管；5. 次级毛囊

(韩行敏，宠物解剖生理，2012)

3. 换毛

生长到一定时期就会衰老脱落，被新毛所代替，这个过程称为换毛。换毛的方式有持续性换毛和季节性换毛。持续性换毛不受时间和季节的限制；季节性换毛一般每年春秋两季各进行一次。犬类既有持续性换毛，又有季节性换毛，因而是一种混合方式的换毛。当毛长到一定时期，毛乳头的血管萎缩，血流停止，毛球的细胞停止增殖生长，并逐渐角化和萎缩，最后与毛乳头分离，毛根逐渐脱离毛囊向皮肤表面移动，最后旧毛被新毛推出而脱落。

（二）枕

掌（跖）枕是宠物的脚上的皮肤垫，称为枕。枕为皮肤加厚而无毛的部分，含有大量的神经末梢，感觉敏锐。按其所在部位的不同，枕分为腕（跗）枕、掌（跖）枕和指（趾）枕，枕由表皮、真皮和皮下组织构成。枕表皮厚而柔软，含有腺体；枕真皮有发达的乳头和丰富的血管和神经，而枕表皮角化、柔韧而有弹性；枕皮下组织发达，由胶原纤维、弹性纤维和脂肪组织组成，具有很好的减震作用。

（三）爪

犬科动物的爪是皮肤高度角化的衍生物，分为爪轴、爪冠、爪壁和爪底，都是由表皮、真皮和皮下组织构成。爪紧密附着在爪形的远指节骨外面，共同形成有力的进攻和防御武器，用以争斗和挖掘等（如图 2-3）。

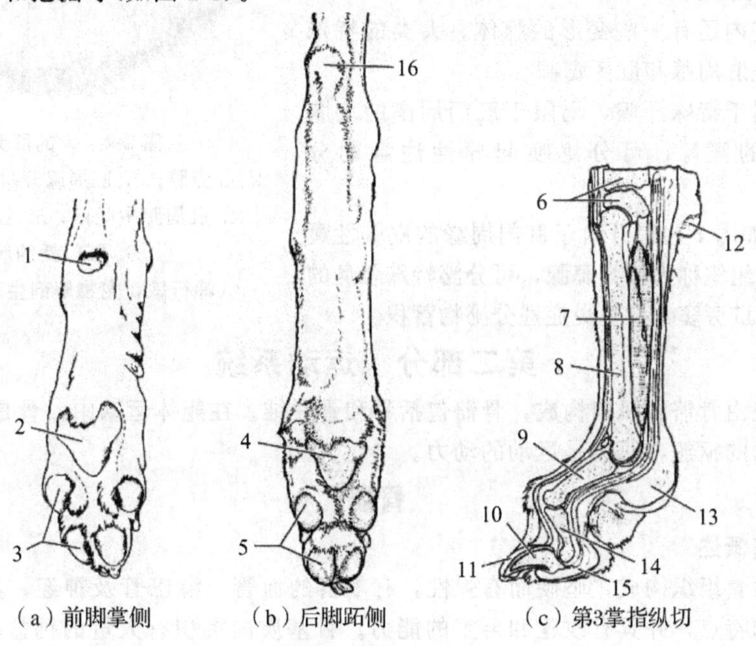

图 2-3 犬的枕和爪

1、12. 腕枕；2、13. 掌枕；3、15. 指枕；4. 跖枕；5. 趾枕；6. 腕骨；7. 骨间中肌；8. 掌骨；9. 近指节骨；10. 远指节骨；11. 爪；14. 中指节骨；16. 跟结节

（韩行敏，宠物解剖生理，2012）

（四）皮肤腺

皮肤腺位于真皮内，根据其结构和功能的不同，可分为汗腺、皮脂腺、乳腺和特殊皮肤腺。

1. 汗腺

汗腺位于皮肤的真皮和皮下组织，排泄管开口于皮肤表面（无毛皮肤）或毛囊。犬的汗腺不发达，特别是被毛密集的部位，汗腺更少。

2. 皮脂腺

皮脂腺分泌皮脂，有滋润皮肤和被毛的作用，使皮肤和被毛保持柔韧，防止干燥和水分的渗入。犬类的皮肤除少数部位，如爪、乳头及鼻镜的皮肤没有皮脂腺外，全身均有皮脂腺分布。

3. 乳腺

(1)乳腺的形态位置

乳腺属复管泡状腺，雌雄都有，但只有雌性动物才能发育并具有泌乳的能力。犬正常每侧有5个乳腺，也有4～6个不等。根据部位不同，犬乳腺从前向后1～5个分别称胸前(第1)、胸后(第2)、腹前(第3)、腹后(第4)及腹股沟(第5)乳腺，其中胸前乳腺常不明显。

(2)乳房的组织结构

乳房由皮肤、筋膜和实质构成。皮肤薄而柔软，长有稀疏的细毛。乳腺实质分成很多腺小叶，腺小叶由腺泡和导管构成。腺泡呈管状，其上皮为单层立方上皮。腺泡分泌乳汁，经输出管道排出。

4. 特殊皮肤腺

犬在被皮内还有一些变形的腺体。犬类的特殊皮肤腺主要是肛周腺和肛旁窦腺。

肛周腺属于特殊汗腺，局限于肛门周围的皮肤内，为特殊的汗腺，可分泌唤起异性注意的分泌物。

肛旁窦(如图2-4)是开口于肛门周缘的皮肤性囊状陷凹，其腺组织称为肛旁窦腺，可分泌特殊恶臭的分泌物。犬的肛旁窦常发生炎症性分泌物蓄积。

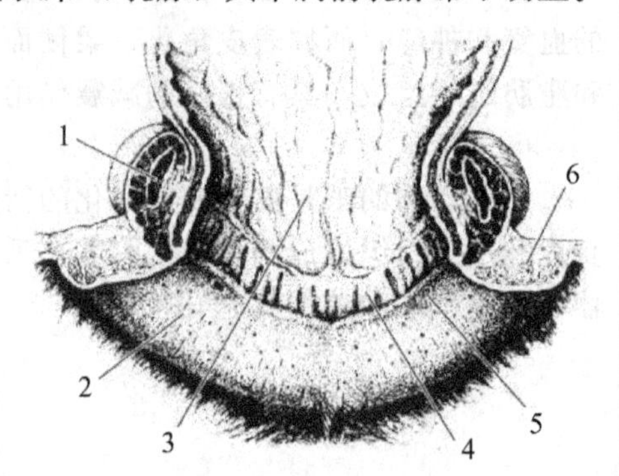

图2-4 犬的肛旁窦

1. 肛旁腺；2. 肛周腺开口；3. 黏膜区；4. 肛周腺中间区；5. 肛旁腺开口；6. 肛门括约肌

(韩行敏，宠物解剖生理，2012)

第二部分 运动系统

运动系统由骨骼和肌肉构成，骨骼包括骨和骨联结。在躯体运动中，骨是运动的杠杆，骨联结是运动的枢纽，肌肉是运动的动力。

骨骼

一、骨骼概述

骨主要由骨组织构成，坚硬而有弹性，有丰富的血管、淋巴管及神经，具备新陈代谢及生长发育的特点，并具有改建和再生的能力。骨基质内沉积有大量的钙盐和磷酸盐，是畜体的钙磷库，参与钙和磷的代谢。

1. 骨

(1)骨的类型

一般可分为长骨、短骨、扁骨和不规则骨四种类型(如图2-5)。

①长骨。长骨一般呈圆柱状，两端膨大称骨骺或骨端；中部较细，称骨体，骨体内部有骨髓腔，容纳骨髓。长骨主要分布于四肢的游离部，作用是支持体重和形成运动的杠杆，如臂骨和股骨等。

②短骨。短骨一般呈立方体，多成群地分布于四肢的长骨之间，既结构坚固又有一定灵活性。短骨除起支持作用外，还有分散压力和缓冲振动的作用，如腕骨和附骨。

③扁骨。扁骨一般呈板状，主要位于头部等处，起保护作用或供大量肌肉附着，如额骨等。

④不规则骨。形状不规则，一般构成机体中轴，具有支持、保护和供肌肉附着等作用，如椎骨。

(2)骨的构造

骨由骨膜、骨质、骨髓和血管及神经等构成(如图 2-6)。

①骨膜是被覆在骨表面的一层致密结缔组织膜。在腱和韧带附着的地方，骨膜显著增厚，腱和韧带的纤维束穿入骨膜，有的深入骨质中。

骨膜分深、浅两层。深层为成骨层，有成骨细胞，参与骨的生成和修复；浅层为纤维层，富有血管和神经，具有营养、保护作用。

②骨质是构成骨的基本成分，分为骨密质和骨松质两种。骨密质致密而坚硬，耐压性强，分布于长骨的骨体、骨骺和其他类型骨的表面；骨松质结构疏松，由许多骨板和骨针交织呈海绵状，分布于长骨骨骺和其他类型骨的内部。骨密质和骨松质在骨内的这种分布，既加强了骨的坚固性，又减轻了骨的重量，适于运动。

③骨髓位于长骨的骨髓腔和骨松质的间隙内，胎儿和幼龄动物全是红骨髓。红骨髓内含有不同发育阶段的各种血细胞和大量毛细血管，是重要的造血器官和中枢淋巴器官。随着动物年龄的增长，骨髓腔中的红骨髓逐渐被黄骨髓所代替，因此成年动物有红骨髓和黄骨髓两种。黄骨髓主要是脂肪组织，贮存营养。动物失血过多时，黄骨髓可转变成红骨髓，恢复造血功能。

(3)骨的化学成分和物理特性

骨是由有机质和无机质两种化学成分组成的。

有机质主要为骨胶原，决定骨的弹性和韧性。无机质主要成分为磷酸钙、碳酸钙和氟化钙等，决定骨的坚固性、硬度。

有机质和无机质的比例，随年龄和营养状况不同有很大的变化。成年动物有机质和无机

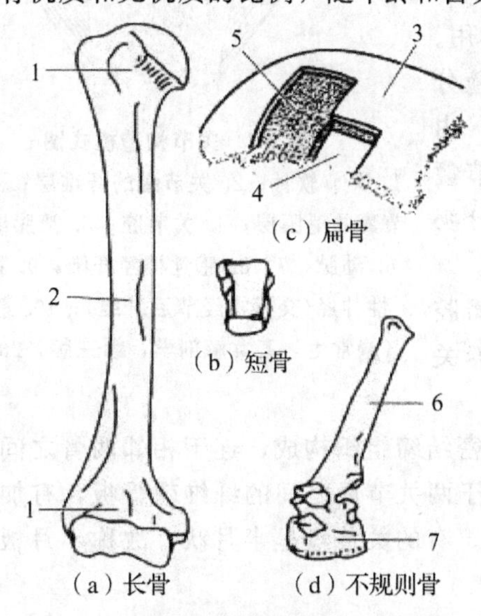

图 2-5　骨的类型

1. 骨端；2. 骨干；3. 外骨板；4. 内骨板；5. 板间层；6. 棘突；7. 椎体

(韩行敏，宠物解剖生理，2012)

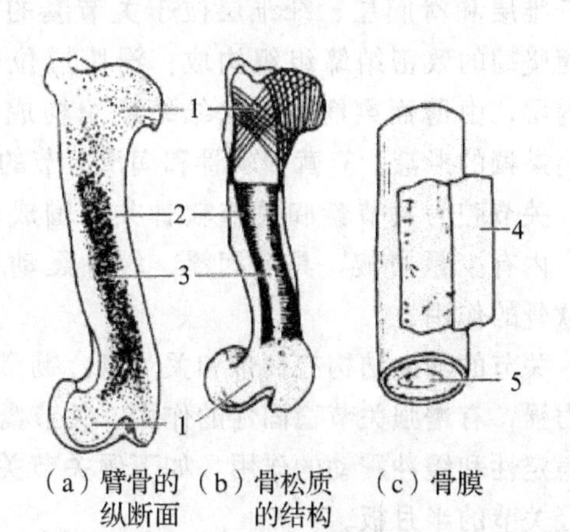

图 2-6　骨的构造

1. 骨松质；2. 骨密质；3. 骨髓腔；4. 骨膜；5. 骨髓

质的比例是1∶2；幼龄动物有机质多，骨柔韧富弹性，易形成佝偻病；老龄动物无机质多，骨质硬而脆，易发生骨折，且愈合较慢。

2. 骨联结

骨与骨之间的联结称为骨联结，根据骨联结的方式及其运动不同可分为两大类，即直接联结和间接联结。

(1)直接联结

直接联结由两骨之间借结缔组织直接相连，其间无腔隙，基本不能活动或仅有小范围活动。

纤维联结是借纤维结缔组织相连，牢固无活动性，如头骨缝间的缝韧带及桡骨和尺骨的韧带联合。

软骨联结是借软骨(透明软骨和纤维软骨)相连，基本不能运动。长骨骨体与骨骺之间的骺软骨就是透明软骨，老龄会骨性结合；而椎间盘则是纤维软骨，终生不骨化。

骨性结合常由软骨联结或纤维联结骨化而成，如髂骨、坐骨和耻骨之间的结合，完全不能运动。

(2)间接联结

间接联结又称关节，由两块或两块以上的骨构成。

①关节的基本构造。关节包括关节面、关节软骨、关节囊、关节腔、关节的辅助结构和关节的血管和神经(如图2-7)。

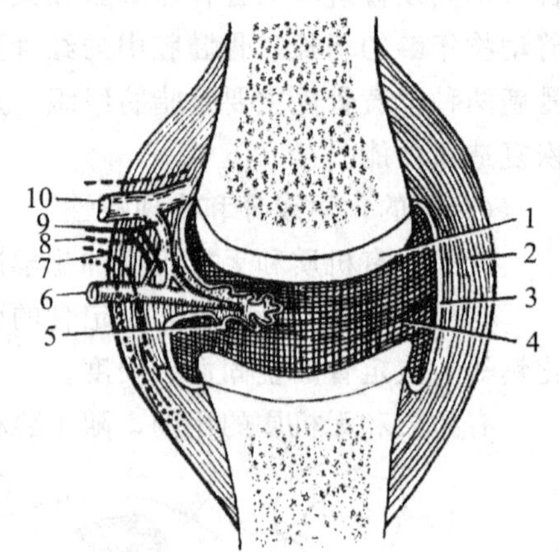

图2-7　关节构造模式图

1. 关节软骨；2. 关节囊的纤维层；3. 关节囊的滑膜层；4. 关节腔；5. 滑膜绒毛；6. 动脉；7，8. 感觉神经纤维；9. 植物性神经(交感神经节后纤维)；10. 静脉

(董常生，畜禽解剖学，第三版，2001)

关节面是骨与骨彼此相接触的光滑面，骨质致密光滑，形状彼此互相吻合，一般多为一凹一凸。

关节软骨是覆盖在关节面表面的一层透明软骨，光滑而有弹性和韧性，有减少摩擦和缓冲震动的作用。

关节囊是包在关节周围的结缔组织囊。囊壁分为纤维层和滑膜层。纤维层位于关节囊的外层，由厚而坚韧的致密结缔组织构成；滑膜层位于关节囊的内层，由薄而柔润的疏松结缔组织构成，能分泌透明黏稠的滑液，有营养软骨和润滑关节的作用。

关节腔为关节囊和关节软骨共同围成的密闭腔隙，内有少量滑液，具有润滑、缓冲震动和营养关节软骨的作用。

关节的辅助结构有韧带和关节盘。韧带由致密结缔组织构成，连于相邻两骨之间，抗拉力强，有增强关节稳固性的作用。关节盘是位于两关节面之间的纤维软骨板，有加强关节稳定性和缓冲震动的作用，如下颌关节关节盘。有的关节盘呈半月状，故称半月板，如股胫关节的半月板。

关节的血管主要来自附近的血管分支，在关节周围形成血管网，再分支到骨骺和关节囊。神经也来自附近神经的分支，分布于关节囊和韧带。

②关节的运动。关节在肌肉的作用下，可做各种运动，归纳起来有四种基本运动形式：伸屈、内收外展、旋转和滑动。

③关节的类型。按构成关节的骨的数目可分为单关节和复关节两种。单关节是由相邻的两骨构成，如前肢的肩关节；复关节是由两块以上的骨构成，或在两骨间夹有关节盘组成，如腕关节、膝关节等。

根据关节运动轴的数目，可分为单轴关节、双轴关节和多轴关节。单轴关节一般只做屈、伸运动；双轴关节除做屈、伸运动外，还可沿纵轴左右摆动，如环枕关节；多轴关节除能做屈和伸、内收和外展运动外，还可以做旋转运动，如肩关节和髋关节。

二、全身各部骨骼

机体全身的骨骼可按照所在部位分为头部骨骼、躯干骨骼、四肢骨骼和内脏骨四个部分(如图 2-8)。

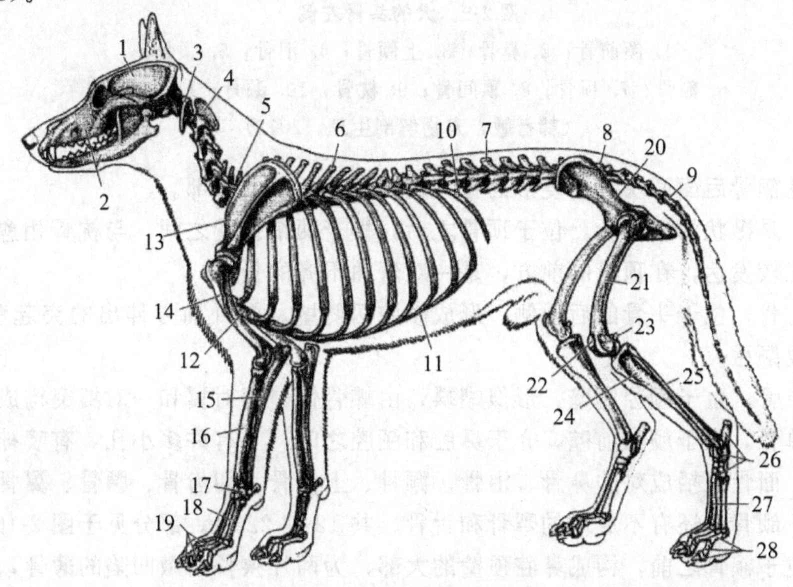

图 2-8　犬的全身骨骼

1. 颅骨；2. 面骨；3. 环椎；4. 枢椎；5. 第 7 颈椎；6. 胸椎；7. 腰椎；8. 荐骨；9. 尾椎；10. 第 13 肋；11. 肋弓；12. 胸骨；13. 肩胛骨；14. 臂骨；15. 尺骨；16. 桡骨；17. 腕骨；18. 掌骨；19. 指骨；20. 髋骨；21. 股骨；22. 膝盖骨；23. 腓肠肌籽骨；24. 胫骨；25. 腓骨；26. 跗骨；27. 跖骨；28. 趾骨

(韩行敏，宠物解剖生理，2012)

1. 头部骨骼

头骨主要由扁骨和不规则骨构成，绝大部分借纤维和软骨组织形成不动联结，以保护脑、眼球和耳，并构成消化系统和呼吸系统的起始部。头骨大部分成对，仅有少数为单骨。图 2-9 为犬的头骨左侧示意图。

(1)头骨的一般特征

①颅骨。颅骨包括成对的额骨、顶骨和颞骨，以及不成对的枕骨、顶间骨、蝶骨和筛骨，共 7 种 10 块。

枕骨：位于颅后部，构成颅腔后壁和底壁的一部分。枕骨后下方正中有枕骨大孔，是颅腔与椎管相通连的重要结构。另外，枕骨还在枕骨大孔的外下方左右各形成一个朝向后方的椭圆形关节面，称枕髁。枕髁与第 1 颈椎(环椎)的深凹关节面共同构成枕环关节。髁的外侧有颈静脉突。

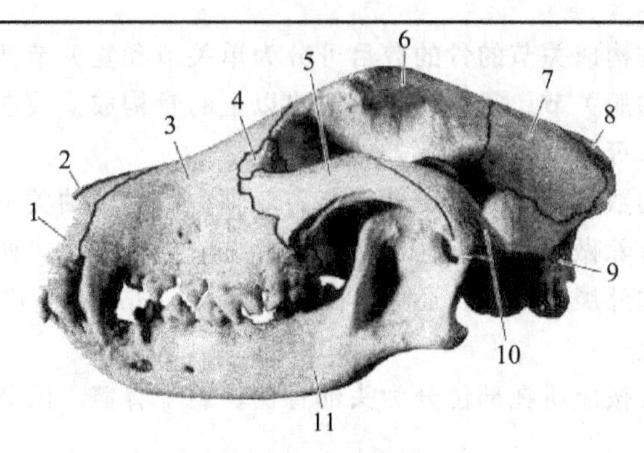

图 2-9　犬的头骨左侧

1. 颌前骨；2. 鼻骨；3. 上颌骨；4. 泪骨；5. 颧骨；
6. 额骨；7. 顶骨；8. 顶间骨；9. 枕骨；10. 颞骨；11. 下颌骨
（韩行敏，宠物解剖生理，2012）

顶骨：是额骨后面两块近于菱形的骨，构成颅腔顶壁的大部。

顶间骨：是锹状的扁平骨，位于顶骨之后，楔于两个顶骨之间，与枕骨相愈合。

额骨：比较发达，在顶骨的前方，是一对弯曲不齐的骨。

颞骨：对骨，位于头骨的后外侧，形成颅腔两侧壁，向外前方伸出的突起和面骨中的颧骨突起连成颧弓。

蝶骨：单骨，位于颅腔底壁，形似蝴蝶，由蝶骨体、两对翼和一对翼突构成。

筛骨：单骨，位于颅腔前壁，介于鼻腔和颅腔之间，上有许多小孔，有嗅神经通过。

②面骨。面骨包括成对的鼻骨、泪骨、颧骨、上颌骨、切齿骨、腭骨、翼骨、上甲骨、下鼻甲骨和下颌骨，还有不成对的犁骨和舌骨，共 12 种 22 块。部分见于图 2-10。

鼻骨：位于额骨之前，构成鼻腔顶壁的大部，为两片狭长而微凹陷的薄骨，前宽后窄，犬的鼻骨长短随犬的种类不同有很大差异。

泪骨：位于眼眶的前内侧，上颌骨的后上方，眼眶内有漏斗状的泪囊窝，囊内有通向鼻

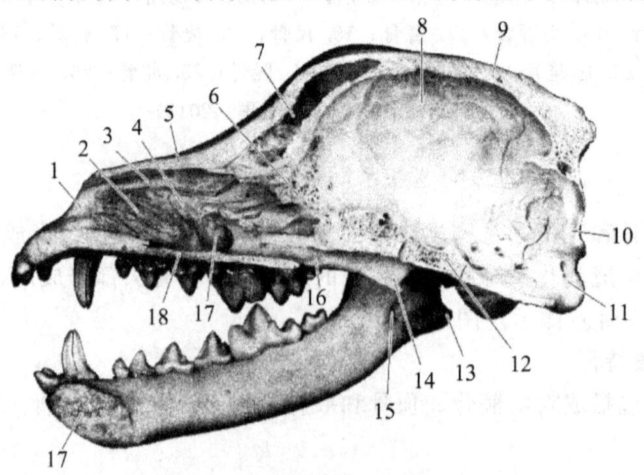

图 2-10　犬的头骨正中矢状面

1. 切齿骨；2. 下鼻甲；3. 上鼻甲；4. 中鼻甲；5. 鼻骨；6. 筛骨；7. 额窦；8. 颅腔；9. 顶骨；10. 枕骨；11. 枕骨大孔；12. 蝶骨；13. 角突；14. 犁骨；15. 下颌孔；16. 鼻后孔；17. 鼻上颌口；18. 上颌骨
（韩行敏，宠物解剖生理，2012）

腔的鼻泪管开口。

颧骨：位于泪骨的下方、上颌骨的后上方，呈不规则的三角形，发达的颞突占颧骨的大部分，与颞骨的同样突起(颧突)相结合成为颧弓。

上颌骨：两侧的上颌骨都呈不规则的三角形，构成鼻腔的侧壁、底壁和口腔的上壁，为上颌的主骨。

切齿骨：又称颌前骨，位于上颌骨的前方，构成鼻腔前部的骨质基础。

腭骨、翼骨和犁骨：腭骨位于鼻后孔两侧，构成鼻后孔侧壁及硬腭后部的骨性支架；翼骨位于鼻后孔的两旁，呈四边形，短而宽，构成为鼻咽道的两侧壁；犁骨位于鼻腔底面的正中。

鼻甲骨：位于鼻腔内，是 2 对卷曲的薄骨片，附着于鼻腔的两侧壁上。上、下鼻甲骨将每侧鼻腔分为上、中、下 3 个鼻道。

下颌骨(如图 2-11)：左右两下颌骨合成为 V 字形，组成口腔底部的外侧壁，是面骨中最大的骨。每侧下颌骨又分下颌体和下颌支。下颌体位于前方，呈水平位，较厚。下颌支位于后方，呈垂直位，其上端前方有一向后弯曲的突起，称为冠状突；后方也有一突起，称为下颌髁，与颞髁成关节。在下颌支的内侧有下颌孔。

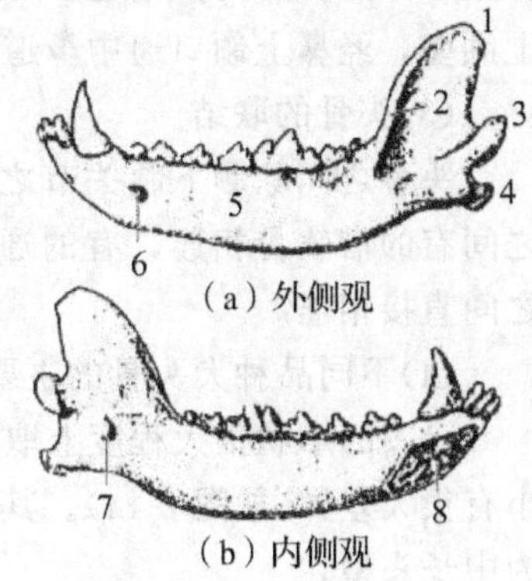

图 2-11　犬的左下颌骨

1. 冠状突；2. 下颌支；3. 下颌髁；4. 角突；5. 下颌体；6. 颏孔；7. 下颌孔；8. 左右侧下颌骨的结合部

(韩行敏，宠物解剖生理，2012)

舌骨：位于下颌支之间，支持舌根、咽和喉。舌骨可分为舌骨体(又称基舌骨)和舌骨支(如图 2-12)。

(2)鼻旁窦

鼻旁窦也称副鼻窦(鼻窦)，是头骨内外骨板之间含气腔体的总称，直接或间接与鼻腔相

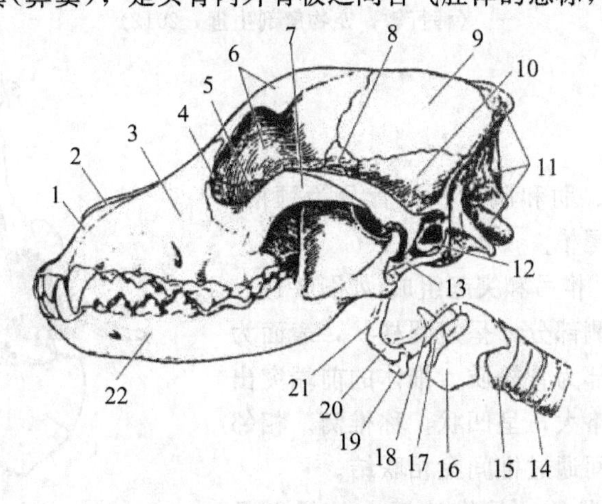

图 2-12　犬头骨、舌骨和喉(外侧面)

1. 切齿骨；2. 鼻骨；3. 上颌骨；4. 泪骨；5. 腭骨；6. 额骨；7. 颧骨；8. 蝶骨翼；9. 顶骨；10. 颞骨；11. 枕骨；12. 鼓舌软骨；13. 茎突舌骨；14. 气管；15. 环状软骨；16. 甲状软骨；17. 会厌软骨；18. 甲状舌骨；19. 基舌骨；20. 角舌骨；21. 上舌骨；22. 下颌骨

(韩行敏，宠物解剖生理，2012)

通(如图 2-13)。鼻旁窦内的黏膜是鼻腔黏膜的延续，当鼻黏膜发生炎症时，常蔓延到鼻旁窦。

犬的额窦占额骨的大部分，分前室、侧室和内室，经筛鼻道通鼻腔，大型犬的额窦可延伸到下颌关节附近。犬鼻甲水平处鼻腔的大憩室，也称上颌隐窝，相当于家畜的上颌窦，经鼻上颌口通中鼻道。

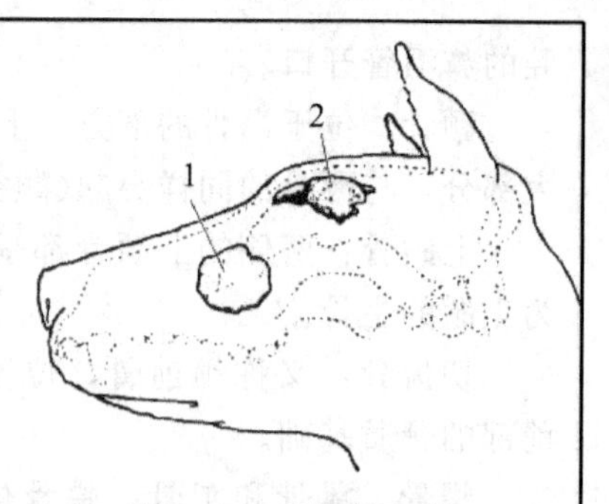

图 2-13 犬的鼻旁窦

1. 上颌陷凹；2. 额窦

(韩行敏，宠物解剖生理，2012)

(3)头骨的联结

头骨之间除颞下颌关节之外，都是不动联结，这些骨之间有的借软骨相连，有的通过骨缝相连，也有的是两骨之间直接相连。

(4)不同品种犬头骨的主要特征

犬头的形状很大程度上取决于颅骨，尤其是面部的形态。不同品种犬头骨的形态和大小有很大差异(如图 2-14)。其头形狭长者为长头型，头骨宽而短者为短头型，二者之间的为中长头型。

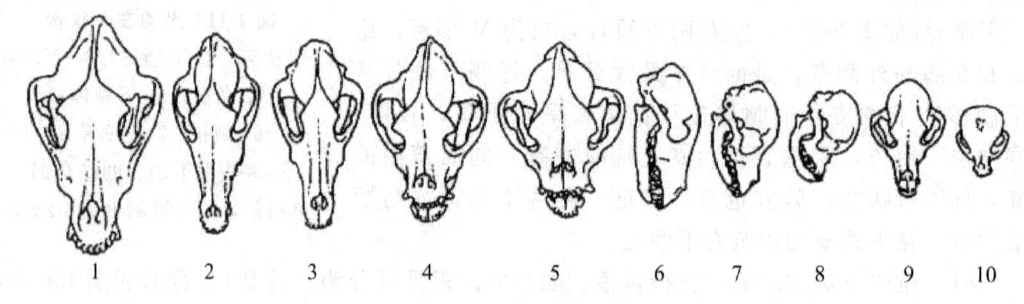

图 2-14 不同品种犬类头骨的形态

1. 大丹；2. 苏格兰牧羊犬；3. 杜宾犬；4. 拳师犬；5. 斗牛犬；
6. 西里汉獚；7. 腊肠犬；8. 北京犬；9. 约克夏獚；10. 吉娃娃

(韩行敏，宠物解剖生理，2012)

2. 躯干骨骼

(1)躯干骨

躯干骨包括椎骨、肋和胸骨。椎骨分为颈椎、胸椎、腰椎、荐椎和尾椎。

①椎骨，由椎体、椎弓和突起组成(如图 2-15)。

椎体是椎骨的腹侧部分，呈短圆柱状，表面为一薄层的骨密质，内部为骨松质。椎体的前端突出称椎头，后端较前端略大，呈凹状，称椎窝。相邻椎骨的椎头和椎窝之间通过椎间盘相联结。

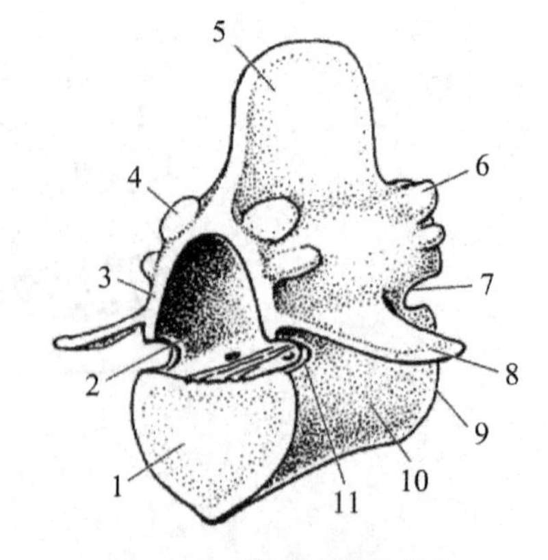

图 2-15 椎骨的基本结构

1. 椎头；2. 椎孔；3. 椎弓；4. 前关节突；5. 棘突；6. 后关节突；7. 椎后切迹；8. 横突；9. 椎窝；10. 椎体；11. 椎前切迹

(韩行敏，宠物解剖生理，2012)

椎弓位于椎体的背侧，是椎体后方的弓形骨板，相邻椎弓的切迹围成椎间孔，供血管和神经通过。椎弓与椎体共同围成椎孔。所有椎骨的椎孔前后相连，形成椎管，容纳脊髓。

从椎弓背侧向上方伸出的一个突起，称棘突。

从椎弓基部向两侧伸出的一对突起，称横突。从椎弓背侧的前后缘各伸出的一对突起分别称前、后关节突，相邻椎骨的关节突构成关节。

犬品种不同，各段的椎骨数目和个体间有差异，不同的动物其椎骨数可用一定的式子表示，犬的脊柱式是 C_7、T_{13}、L_7、S_3、Cy_{20-23}（如图 2-16）。

颈椎：颈椎 7 个，第 1、2 颈椎形态有变化，第 3～6 颈椎的形态基本相似，第 7 颈椎是颈椎向胸椎的过渡类型。

第 1 颈椎又称环椎，呈环形，前端有成对的前关节凹，与枕髁形成关节。在关节面的上外侧有一对侧椎孔，后端有与第 2 颈椎成关节的鞍状关节面，称后关节凹。环椎的两侧是一对宽骨板，称为环椎翼。

第 2 颈椎又称枢椎，椎体最长，后端两侧有一对关节后突，无关节前突，一对不发达的横突伸向后方，有一对横突孔。椎体前端向前伸出一齿状突起，称齿突，与环椎后端的齿凸凹构成可转动的关节。齿突两侧为一对关节面，称前关节面。椎体后端为椎窝，与第 3 颈椎的椎头构成关节，下部突起为腹侧结节。

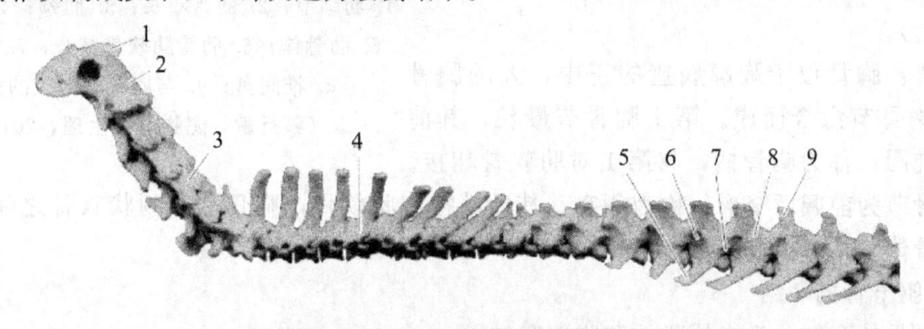

图 2-16 犬的颈椎、胸椎和腰椎

1. 环椎；2. 枢椎；3. 第 5 颈椎；4. 胸椎；5. 横突；6. 关节突；7. 椎间孔；8. 腰椎；9. 棘突

（韩行敏，宠物解剖生理，2012）

胸椎：犬有 13 块，椎头与椎窝的两侧均有前、后肋凹，最后胸椎无后肋凹。相邻胸椎的前、后肋凹形成肋窝，与肋骨小头成关节。横突短而厚且粗糙，其游离缘的腹外侧面有小关节面，称为横突肋窝，与相应的肋结节形成关节。第 1～9 胸椎棘突比较长，并向尾侧倾斜，其中第 5～9 胸椎的棘突倾斜更甚，而第 11～13 胸椎的棘突变短。

腰椎：犬和猫均为 7 块，椎体上下显著压扁。

荐椎：犬的荐椎有 3 块，愈合成荐骨，近方形。荐骨横突相互愈合，前部较宽为荐骨翼，翼的后上方有较小的耳状关节面，与髂骨成关节。第 1 荐椎椎体的前端腹侧缘略凸，为荐骨岬。

尾椎：一般犬为 20～23 块，前部尾椎发育比较完整，以后各尾椎则逐渐退化变尖细（如图 2-17）。

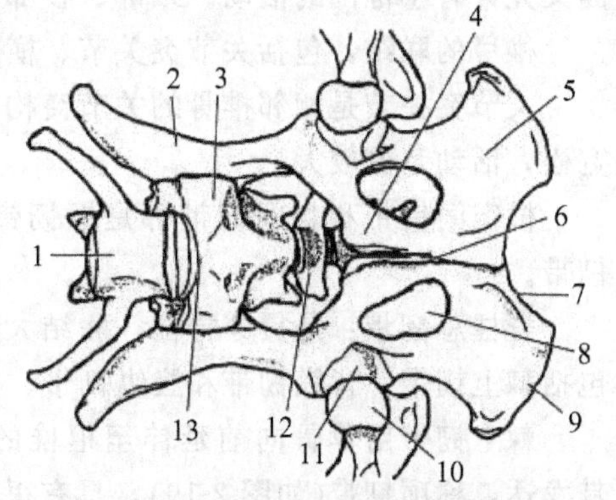

图 2-17 犬的荐骨与腰椎、尾椎及髋骨

1. 第 7 腰椎；2. 髂骨；3. 荐骨；4. 耻骨；5. 坐骨；6. 骨盆联合；7. 坐骨弓；8. 闭孔；9. 坐骨结节；10. 股骨头；11. 髋臼；12. 第 1 尾椎；13. 荐骨岬

（韩行敏，宠物解剖生理，2012）

②肋和胸骨。

肋：肋呈弯曲的弓形，构成胸廓侧壁，左右成对，由肋骨和肋软骨组成。肋骨位于背侧，在背侧近端前方有肋骨小头，与两相邻胸椎的肋凹形成的肋窝构成关节，肋骨小头的后方有肋结节，与胸椎横突肋窝构成关节。肋结节与肋骨小头间缩细的部分为肋颈(如图 2-18)。肋骨的远侧端与肋软骨相连，后缘内侧有血管和神经通过的肋沟。肋软骨位于腹侧，由透明软骨构成，前几对直接与胸骨相连，称为真肋或胸肋，其余肋的肋软骨则由结缔组织顺次连接形成肋弓，这部分肋称为假肋或弓肋。有的肋的肋软骨末端游离，称为浮肋。犬有 13 对，其中真肋 9 对，假肋 4 对(最后 1 对为浮肋)。

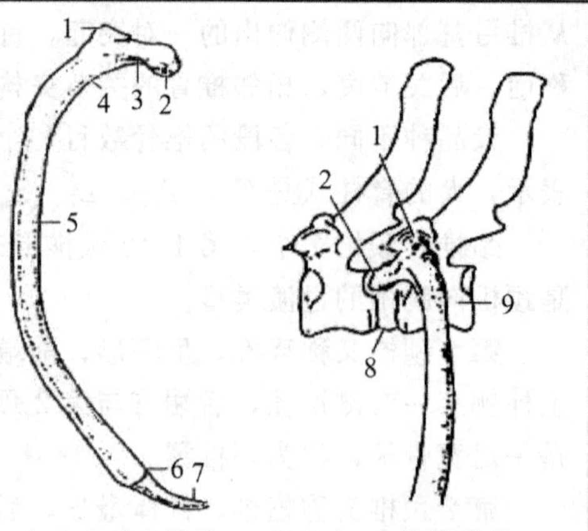

图 2-18 犬的肋骨

1. 肋结节；2. 肋骨小头；3. 肋颈；4. 肋骨角；5. 肋骨体；6. 肋骨肋软骨结合；7. 肋软骨；8. 椎间盘；9. 与肋骨相对应的胸椎

（韩行敏，宠物解剖生理，2012）

胸骨：胸骨位于胸廓底壁的正中，犬的胸骨由 8 块胸骨节愈合而成。第 1 胸骨节最长，其前端略为钝圆，称为胸骨柄，与第 1 对肋软骨相接。最后胸骨节为前阔后窄形，称为剑突，其后端接剑状软骨，胸骨柄和剑状软骨之间的部分称为胸骨体。

(2)躯干骨的联结

躯干骨的联结分为脊柱联结和胸廓联结。

①脊柱联结。脊柱联结包括椎体的联结、椎弓的联结和脊柱总韧带。

椎体的联结：是指相邻两椎骨的椎头与椎窝借纤维软骨构成的椎间盘联结。联结既牢固又允许有小范围的活动。颈部、腰部和尾部的椎间盘较厚，因此这些部位的活动较灵活。

椎弓的联结：包括关节突关节、横突间韧带和棘间韧带。

关节突关节是相邻椎骨的关节突构成的关节，有关节囊。颈部的关节突发达，关节囊宽松，活动范围较大。

横突间韧带和棘间韧带都是短韧带，腰部无横突间韧带。

脊柱总韧带：是贯穿脊柱、联结大部分椎骨的韧带，包括棘上韧带、背纵韧带和腹纵韧带。

棘上韧带由荐骨向前延伸至枢椎的棘突。颈部的韧带发达，称项韧带(如图 2-19)，具有很强的弹性。

背纵韧带位于椎管的底壁，由枢椎至荐骨，在椎间盘处变宽，并附着于椎间盘上。

腹纵韧带位于椎体和椎间盘的腹侧，紧密附着于椎间盘上由中部的胸椎至荐骨的骨盆面。

环枕关节由环椎的前关节窝和枕髁构成，为双轴关节，可进行屈伸运动和小范围的左右转运动。

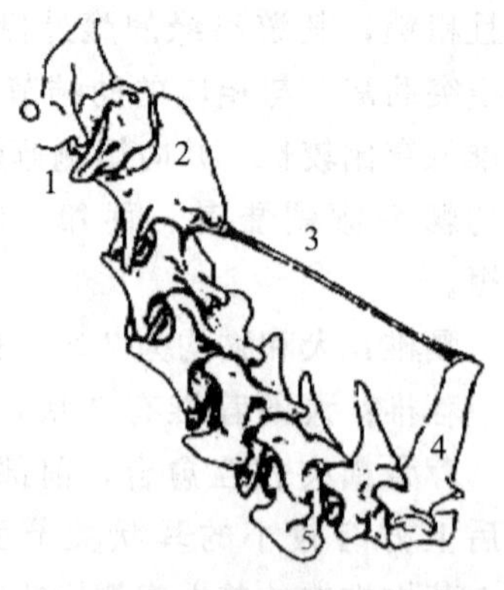

图 2-19 犬的项韧带

1. 环椎翼；2. 枢椎棘突；3. 项韧带；4. 第 1 胸椎刺突；5. 横突

（韩行敏，宠物解剖生理，2012）

环枢关节由环椎的鞍状关节面与枢椎齿突构成，关节囊松大，活动范围较大。

②胸廓联结。胸廓是由胸骨、肋和胸椎组成的前小后大的截顶锥形的骨性支架。

胸廓的形成主要靠肋椎关节和肋胸关节。

肋椎关节：是肋骨与胸椎形成的关节，包括肋骨小头与肋窝形成的关节和肋结节与横突的小关节面形成的关节(如图 2-20)，两个关节均有关节囊和韧带。

肋胸关节：是由真肋的肋软骨与胸骨两侧的肋窝形成的关节(如图 2-20)，有关节囊和韧带。

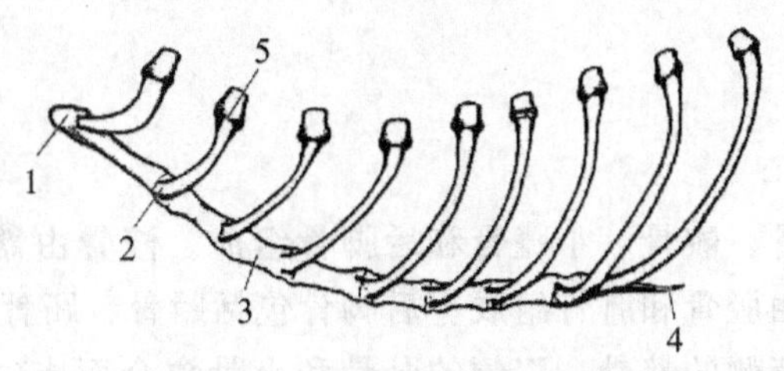

图 2-20　犬胸骨与肋的联结

1. 胸骨柄；2. 胸肋关节；3. 胸骨体；4. 剑状软骨；5. 肋骨与肋软骨的联结

(韩行敏，宠物解剖生理，2012)

3. 前肢骨骼

(1)前肢骨

前肢骨包括肩带骨、肱骨、前臂骨和前脚骨。完整的肩带骨由肩胛骨、乌喙骨和锁骨 3 块骨组成，犬、猫的乌喙骨退化；前臂骨包括桡骨和尺骨；前脚骨包括腕骨、掌骨、指骨和籽骨。

①肩胛骨。肩胛骨是斜位于胸前部两侧的长椭圆形扁骨，其排列自后上方斜向前下方，外表面有发达而隆起的肩胛冈，冈的前上方为冈上窝，后下方为冈下窝。肩胛冈至外侧端形成钩状的肩峰，肩胛骨的内侧面附着于肋骨上，下端为一半月面的凹陷，称为关节窝(肩臼)，与臂骨头相连，成为肩关节。

②臂骨。臂骨又称肱骨，为稍有螺旋形扭转的长骨，由前上方斜向后下方。

③前臂骨。前臂骨是由桡骨和尺骨组成。两骨的近端和远端紧密连接，骨之间有很窄的骨间隙。

桡骨：远端粗大，为不整齐的四边形，有一较大的凹关节面，与桡腕骨成关节。

尺骨：骨体发达，比桡骨长，近端较粗大，称为肘突，远端逐渐变细变小。

④腕骨。腕骨有 7 块短骨，近列有 3 块，即中间桡腕骨(由桡腕骨与中间腕骨愈合而成)、尺腕骨和副腕骨；远列 4 块，由内向外依次为第 1～4 腕骨。

⑤掌骨。掌骨共 5 块，自内侧向外侧排列，第 1 掌骨最短，第 3、4 掌骨最长。5 块掌骨的近端紧密相连，而其远端稍有分离。

⑥指骨。犬有 5 列指，除第 1 指骨有 2 个骨节外，其他 4 指骨均由 3 块骨组成，分别称近指节骨、中指节骨和远指节骨(不宜称第 1～3 指骨，因为容易造成行列名称混淆)。第 1 指骨最短，行走时并不着地。各指的远指节骨形态特殊，呈钩(爪)状，故又称爪骨。

⑦籽骨。肉食兽掌指关节有掌侧籽骨和背侧籽骨。掌侧籽骨有 9 块，背侧籽骨有 4～5 块。

(2)前肢骨联结

前肢的肩胛骨与躯干骨之间不形成关节，而仅以肩带肌相连。其余各骨间均形成关节，自上而下为以下关节。

①肩关节。肩关节是肩关节窝和臂骨头构成的多轴单关节，主要进行屈伸运动，但仍能做一定程度的内收、外展及外旋运动。

②肘关节。肘关节是臂骨远端的关节面与桡骨及尺骨近端关节面构成的单轴单关节，只能做屈伸运动。

③腕关节。腕关节是单轴复关节，关节的背侧有数个骨间韧带，以连接相邻各骨。

④指关节。指关节包括掌指关节、近指骨间关节和远指骨间关节，每个关节均有关节囊和不发达的韧带。

4. 后肢骨骼

(1)后肢骨

后肢骨由髋骨、股骨、髌骨、小腿骨和后脚骨组成。髋骨由髂骨、坐骨和耻骨愈合而成，又称盆带。小腿骨由胫骨和腓骨组成。后脚骨包括跗骨、跖骨、趾骨和籽骨。

①髋骨。髋骨是由背侧的髂骨、腹侧的耻骨和坐骨愈合而成(如图 2-21)，三骨愈合处形成深的杯状关节窝，称髋臼，与股骨头之间形成髋关节。髋骨的倾斜度近于水平。

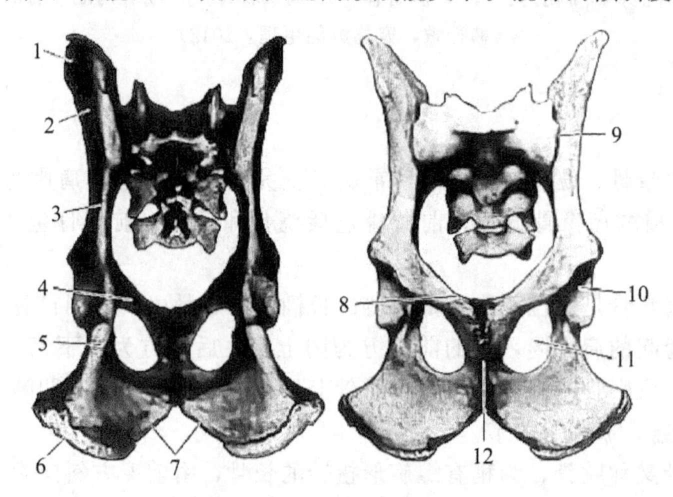

图 2-21 犬的髋骨和荐骨

1. 髋结节；2. 臀肌面；3. 髂骨；4. 耻骨；5. 坐骨；6. 坐骨结节；
7. 坐骨弓；8. 耻骨前缘；9. 荐髂关节；10. 髋臼；11. 闭孔；12. 骨盆联合

髂骨：位于前上方，在骨盆面上有小而粗糙的耳状关节面，与荐骨翼的耳状关节面构成关节。髂骨翼的外侧角称髋结节，髂骨翼的内侧角称荐结节。

坐骨：位于后下方，构成骨盆底壁的后部。坐骨后外侧角粗大，称坐骨结节。两侧坐骨的后缘形成深凹的弓状，称坐骨弓。

耻骨：较小，呈“L”形，位于前下方，构成骨盆底的前部并构成闭孔的前缘。

②股骨。股骨是长骨，近端粗大，内侧有球面状股骨头，伸入髋臼而成关节。

③髌骨。髌骨又称膝盖骨，是体内最大的籽骨。

④小腿骨。小腿骨包括胫骨和腓骨。胫骨较粗大，左右侧扁，位于小腿内侧；腓骨细长，两端粗大，与胫骨相平行，下部连接胫骨。

⑤跗骨。跗骨共 7 块，排列成 3 列。近列 2 块，内侧为胫跗骨，又称距骨；外侧为腓

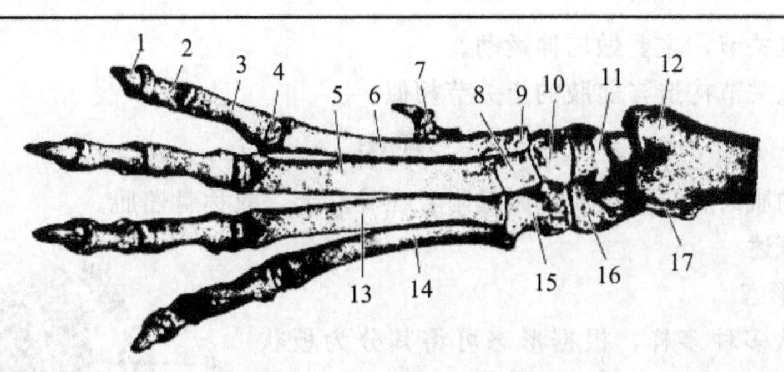

图 2-22 犬的左后足骨背侧

1. 第 2 趾远趾节骨；2. 第 2 趾中趾节骨；3. 第 2 趾近趾节骨；4. 第 2 趾背侧籽骨；5. 第 3 跖骨；6. 第 2 跖骨；7. 第 1 趾骨；8. 第 3 跗骨；9. 第 2 跗骨；10. 中央跗骨；11. 距骨；12. 胫骨；13. 第 4 跖骨；14. 第 5 跖骨；15. 第 4 附骨；16. 跟骨；17. 腓骨

（韩行敏，宠物解剖生理，2012）

跗骨，又称跟骨(如图 2-22)。跟骨有向后上方突出的跟结节。

⑥跖骨。跖骨共 5 块，除第 1 跖骨细小外，其他 4 块跖骨的形状大小与掌骨相似。

⑦趾骨和籽骨。趾骨和籽骨通常有 4 个趾，即第 2～5 趾。每列趾骨的数目和形状与前肢的指骨相似。

(2)后肢骨联结

后肢骨联结包括后肢与躯干的联结、两侧髋骨的联结和后肢各骨之间的联结三部分。

①后肢与躯干的联结。后肢骨骼与躯干骨之间是通过荐髂关节相连的，几乎不能活动，主要是荐结节韧带(荐坐韧带)(如图 2-23)。

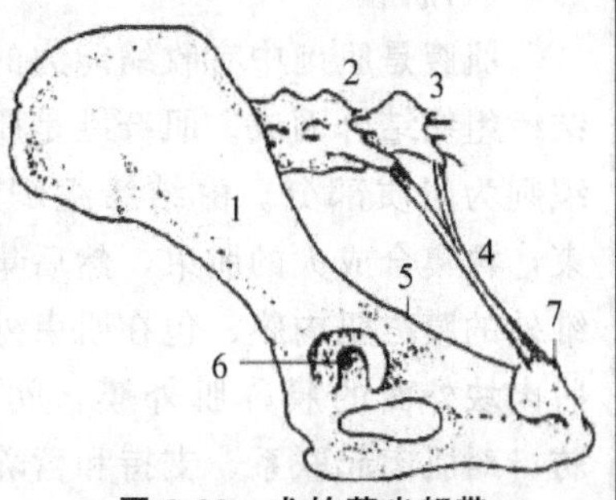

图 2-23 犬的荐坐韧带

1. 髂骨；2. 荐骨；3. 尾骨；4. 荐结节韧带；5. 坐骨棘；6. 髋臼；7. 坐骨结节

②左右两侧髋骨间的联结。左右两侧髋骨之间，腹侧借耻骨和坐骨之间形成的骨盆联合相连，背侧借荐髂关节相连。

骨盆是由左右髋骨、荐骨和前几枚尾椎以及两侧的荐结节韧带构成的骨性腔洞。骨盆呈前宽后窄的圆锥形，前接腹腔，后朝体外。骨盆内自上而下主要容纳消化系统、生殖系统和泌尿系统的后部器官。

③后肢各骨之间的联结。后肢各骨之间自上而下依次形成髋关节、膝关节、跗关节和趾关节。

髋关节：髋关节是髋臼和股骨头构成的多轴关节。

膝关节(如图 2-24)：是单轴复关节，膝关节包括股胫关节和股髌关节及近端胫腓关节。

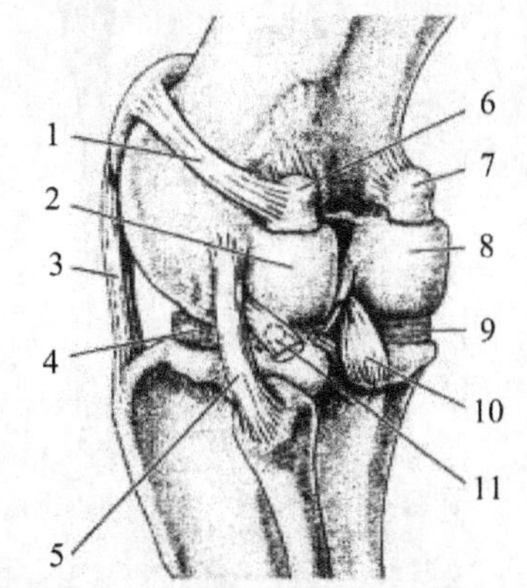

图 2-24 犬的膝关节(后外侧观)

1. 股膝外侧韧带；2. 股骨外侧髁；3. 膝韧带；4. 外半月板；5. 外侧副韧带；6. 腓肠肌外侧籽骨；7. 腓肠肌内侧籽骨；8. 股骨内侧髁；9. 内半月板；10. 后交叉韧带；11. 腘肌腱及腘肌籽骨

（韩行敏，宠物解剖生理，2012）

在股骨与胫骨间垫有两个半月板，可增强两关节面之间的吻合度并减轻运动时的相互撞击力。

跗关节：又称飞节，是由小腿骨远端、跗骨和跖骨近端形成的单轴复关节，主要做屈伸运动。

趾关节：趾关节构造与前肢的指关节相似。

肌肉

运动系统的肌肉属于横纹肌，因其附着在骨骼上，故称骨骼肌。

一、肌肉概述

1. 肌肉的形态

肌肉的形状多种多样，根据形态可将其分为板状肌、多裂肌、纺锤形肌、长肌、短肌、阔肌和环形肌等(如图 2-25)。

2. 肌肉的构造

每一块肌肉均由肌腹和肌腱两部分构成。

(1)肌腹

肌腹是肌肉中有收缩能力的部分，由横纹肌纤维借结缔组织结合而成。肌纤维是肌肉的实质部分，结缔组织则为间质部分。由结缔组织把肌纤维先集合成小肌束，再集合成大的肌束，然后集合成肌肉块。包在肌纤维外的膜称肌内膜，包在肌束外面的膜称肌束膜，包在肌肉块外面的膜称肌外膜。间质内有血管、神经、脂肪，对肌肉起联系、支持和营养作用。

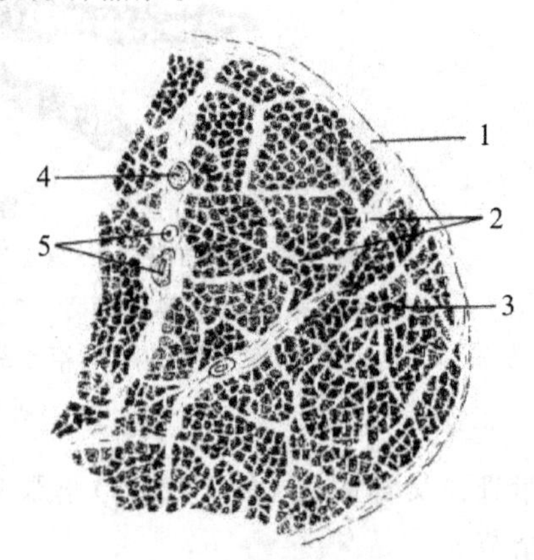

图 2-25 肌器官构造模式图

1. 肌外膜；2. 肌束膜；3. 肌内膜；4. 神经；5. 血管

(马仲华，畜禽解剖及组织胚胎学，第三版，2002)

图 2-26 所示为肌肉的形态示意。

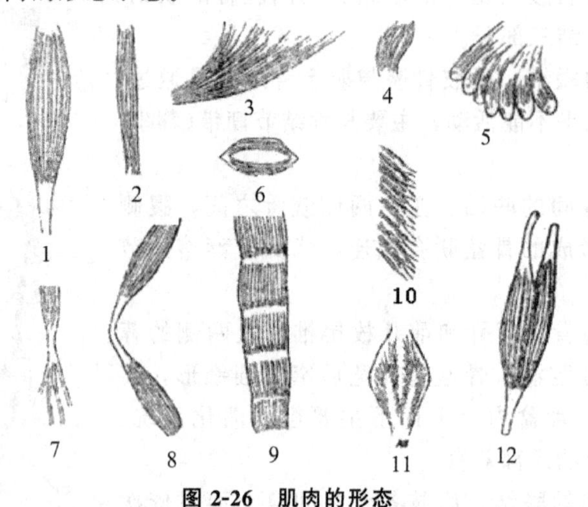

图 2-26 肌肉的形态

1. 纺锤形肌；2. 带状肌；3. 板状肌；4. 短肌；5. 锯肌；6. 环形肌；7. 四尾肌；8. 二腹肌；9. 带腱划肌；10. 多裂肌；11. 复羽状纺锤形肌；12. 二头肌

(董常生，畜禽解剖学，第三版，2001)

(2)肌腱

肌腱由致密结缔组织构成，借肌内膜连接在肌纤维的端部或肌腹中，故有的肌肉块的肌腱位于两端，有的肌腱位于中间或某一部位。纺锤形肌或长肌的肌腱多呈圆索状，阔肌的肌腱多呈薄膜状。肌腱不能收缩，但具有很强的韧性和抗张力，其纤维伸入到骨膜和骨质中，从而将肌肉牢固地附于骨上。

3. 肌肉的种类和命名

肌肉一般按作用、形态、位置、结构、起止点及纤维方向等特征命名。有的以单一特征命名，如按起止点命名的臂头肌、胸头肌；有的以几个特征综合命名，如腕桡侧伸肌、腹外斜肌等。肌肉按其收缩时所产生的结果不同分为伸肌、屈肌、内收肌、外展肌、旋肌、张肌、括约肌等几种。

4. 肌肉的起止点

每块肌肉都跨过一个或两个以上的关节，多附着于软骨、筋膜、韧带或皮肤上。肌肉收缩时，不动的一端为起点，动的一端为止点，但是当活动改变时，起止点也相应地改变。

5. 肌肉的辅助结构

在肌肉的周围，还有一些肌肉的辅助结构，主要有筋膜、黏液囊和腱鞘等。

(1)筋膜

筋膜是覆盖在肌肉表面的结缔组织膜，可分为浅筋膜和深筋膜。

①浅筋膜，位于皮下，由疏松结缔组织构成，覆盖在肌肉的表面。浅筋膜内有血管、神经、脂肪或皮肌，起联系深部组织、存储营养、保护及参与体温调节等作用。

②深筋膜，位于浅筋膜深面，由致密结缔组织构成，包围在肌群的表面，并伸入肌间，附着于骨上，有支持和连接肌肉的作用。

(2)黏液囊

黏液囊是密闭的结缔组织囊，有少量的黏液。黏液囊多位于骨的突起与肌肉、腱、韧带和皮肤之间，分别称肌下、腱下、韧带下和皮肤下黏液囊。

(3)腱鞘

腱鞘是卷曲成长筒状的黏液囊，分内、外两层。外层为纤维层，厚而坚固，由深筋膜增厚而成；内层为滑膜层，有少量的滑液。腱鞘包围于腱的周围，多位于四肢关节部，有减少摩擦、保护肌腱的作用。

(4)滑车和籽骨

滑车是骨的滑车状突起，上有供腱通过的沟，表面有软骨，腱和滑车之间常垫有黏液囊，可减少腱与骨之间的摩擦。籽骨为位于关节的小骨，可改变肌肉作用力的方向及减少摩擦。

二、皮肌

皮肌是分布于浅筋膜中的薄肌层，有颈皮肌和躯干皮肌(如图 2-27)。皮肌颤动皮肤来驱赶蚊蝇、抖掉灰尘和水滴等。

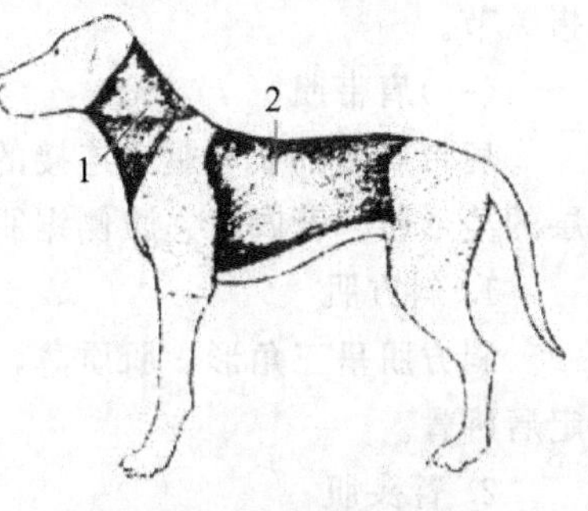

图 2-27 犬的主要皮肌

1. 颈皮肌；2. 躯干皮肌

三、头部肌

头部肌包括咀嚼肌、面肌及舌骨肌。

(一)咀嚼肌

咀嚼肌可分为闭口肌和开口肌。闭口肌很发达，包括咬肌、翼肌和颞肌；开口肌只有二腹肌。

1. 咬肌

咬肌厚而隆凸，起于颧弓，止于下颌骨的腹侧缘(如图 2-28)。

2. 翼肌

翼肌位于下颌支的内侧面，富有腱质。

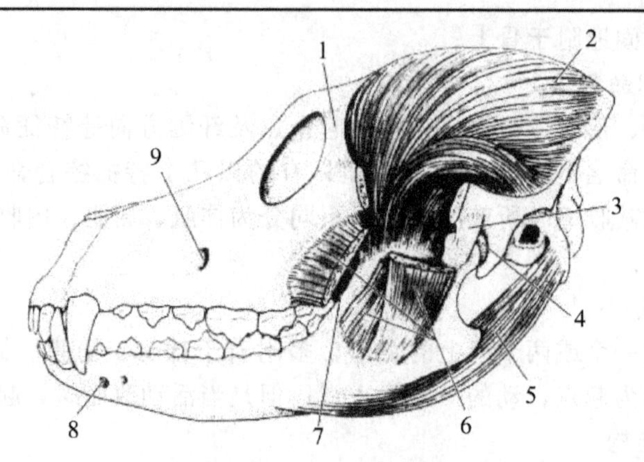

图 2-28 犬的下颌肌肉

1. 眶韧带；2. 颞肌；3. 下颌关节外侧韧带；4. 下颌关节盘；
5. 二腹肌；6. 咬肌；7. 翼内侧肌；8. 颏孔；9. 眶下孔
（韩行敏，宠物解剖生理，2012）

3. 颞肌

颞肌位于颞窝内，富有腱质，起于颞窝的粗糙面，止于下颌骨的冠状突。

(二)面肌

面肌是位于口腔、鼻孔和眼裂周围的肌肉，可分为开张自然孔的开张肌和关闭自然孔的环行肌。开张肌主要包括鼻唇提肌、上唇固有提肌、颧肌、犬齿肌等。环行肌也称括约肌，位于自然孔周围，可关闭自然孔，主要包括颊肌、口轮匝肌、眼轮匝肌等。

(三)舌骨肌

舌骨肌是附着于舌骨的肌肉，由许多小肌组成，主要通过舌的运动参与吞咽动作，其中下颌舌骨肌和茎舌骨肌最为重要。

四、前肢肌

前肢肌包括肩带肌、肩部肌、臂部肌、前臂及前脚部肌。肩带肌是连接前肢与躯干的肌肉，肩部肌主要作用于肩关节，臂部肌主要作用于肘关节，前臂及前脚部肌作用于腕、指关节。

(一)肩带肌

肩带肌是前肢与躯干连接的肌肉，包括位于浅层的斜方肌、臂头肌、肩胛横突肌、深层的菱形肌、背阔肌、腹侧锯肌和胸肌(如图 2-29)。

1. 斜方肌

斜方肌呈三角形，肌质薄，位于第 2～9 胸椎与肩胛冈之间。其作用是提举、摆动和固定肩胛骨。

2. 臂头肌

臂头肌呈长带状，位于颈侧部的浅层，由头延伸到臂，形成颈静脉沟的上界。主要作用是牵引肱骨向前、伸展肩关节、提举和侧偏头颈。

3. 肩胛横突肌

肩胛横突肌呈薄带状，前部位于臂头肌的深层，后部位于颈斜方肌和臂头肌之间。其作用是可牵引肩胛骨向前，侧偏头颈。

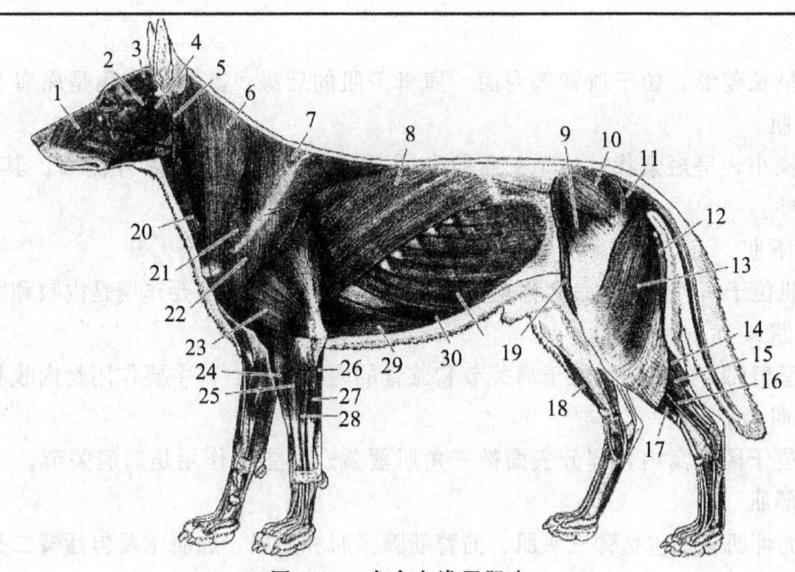

图 2-29　犬全身浅层肌肉

1. 鼻唇提肌；2. 颧肌；3. 额肌；4. 咬肌；5. 腮耳肌；6. 臂头肌；7. 斜方肌；8. 背阔肌；9. 阔筋膜张肌；10. 臀中肌；11. 臀浅肌；12. 半腱肌；13. 股二头肌；14. 腓肠肌；15. 趾外侧屈肌；16. 腓骨长肌；17. 趾长伸肌；18. 胫骨前肌；19. 缝匠肌；20. 胸头肌；21. 肩胛横突肌；22. 三角肌；23. 臂三头肌；24. 腕桡侧伸肌；25. 指总伸肌；26. 腕尺侧屈肌；27. 腕外侧屈肌；28. 指外侧伸肌；29. 胸伸肌；30. 腹横机

（韩行敏，宠物解剖生理，2012）

4. 菱形肌

菱形肌位于斜方肌和肩胛软骨的内面。其作用是向前上方提举肩胛骨；当前肢不动时，可伸头颈。

5. 背阔肌

背阔肌呈三角形，位于胸侧壁的上部皮下，肌纤维由后上方斜向前下方。主要作用是向后上方牵引肱骨，屈肩关节；当前肢着地时，可牵引躯干向前。

6. 腹侧锯肌

腹侧锯肌也称下锯肌，呈大扇形，下缘为锯齿状，位于颈、胸部的外侧面。主要作用是将躯干悬吊在两肢之间，可提举躯干、举头颈。

7. 胸肌

胸肌分为胸浅肌和胸深肌，位于胸底壁与肩臂部之间皮下。主要作用是内收并前后摆动前肢以及向前牵引躯干。

(二)肩部肌

肩关节的伸肌主要是冈上肌，屈肌有三角肌、大圆肌和小圆肌，内收肌主要是肩胛下肌和喙臂肌，外展肌主要是冈下肌。

1. 冈上肌

冈上肌位于冈上窝内，起于冈上窝、肩胛冈和肩胛骨背侧缘。其主要作用是伸肩关节、固定肩关节。

2. 三角肌

三角肌呈三角形，位于冈下肌的浅层，分为肩峰部和肩胛部。其主要作用是屈肩关节。

3. 大圆肌

大圆肌呈长菱形，位于肩臂部内面，肩脚下肌的后缘。其主要作用是屈肩关节。

4. 小圆肌

小圆肌较小，呈短索状，位于三角肌和冈下肌之间的肩关节后外侧面。其主要作用是使肩关节旋外。

5. 肩胛下肌

肩胛下肌位于肩胛下窝内，以总腱止于肱骨内侧结节。其主要作用是内收和固定肩关节。

6. 喙臂肌

喙臂肌呈扁而小的梭形，位于肩关节和肱骨的内侧上部。其主要作用是内收和屈肩关节。

7. 冈下肌

冈下肌位于冈下窝内，部分表面被三角肌覆盖。其主要作用是屈肩关节。

(三)臂部肌

肘关节的伸肌主要包括臂三头肌、前臂筋膜张肌和肘肌，屈肌主要包括臂二头肌和臂肌。

1. 臂三头肌

臂三头肌呈三角形，位于肩胛骨后缘与肱骨形成的夹角内，是前肢最大的一块肌肉。

2. 前臂筋膜张肌

前臂筋膜张肌狭长而薄，位于臂三头肌长头内侧，被臂三头肌完全覆盖。其主要作用是伸肘关节。

3. 肘肌

肘肌呈三棱柱形，小，位于臂三头肌外侧头的深面。肘肌覆盖着鹰嘴窝，深面接肘关节囊。其主要作用是伸肘关节，可避免伸肘关节时肘关节囊挤压鹰嘴窝，并起外展尺骨和增强关节囊的作用。

4. 臂二头肌

臂二头肌呈纺锤形，位于肱骨的前面稍偏内侧，被臂头肌覆盖。其主要作用除屈肘关节外，也有伸展肩关节作用。

5. 臂肌

臂肌位于肱骨的臂肌沟内，其主要作用是屈肘关节。

(四)前臂及前脚部肌

1. 作用于腕关节的肌肉

(1)伸肌

伸肌包括拇长外展肌和腕桡侧伸肌，后者为前臂部最大的肌肉。

(2)屈肌

屈肌由外向内主要有腕尺侧伸肌、腕尺侧屈肌、腕桡侧屈肌。其主要作用是屈腕伸肘。

2. 作用于腕关节和指关节的肌肉

(1)伸肌

伸肌主要有指总伸肌，第 1、2 指固有伸肌，指外侧伸肌。其主要作用是伸腕伸指关节。

(2)屈肌

屈肌主要有指浅屈肌、指深屈肌、掌长肌和骨间肌。

五、躯干肌

躯干肌包括脊柱肌、颈腹侧肌、胸壁肌和腹壁肌。

(一)脊柱肌

脊柱肌是支配脊柱的肌肉，可分为脊柱背侧肌群和脊柱腹侧肌群。脊柱背侧肌群很发达，位于脊柱的背外侧，包括背腰最长肌、髂肋肌、夹肌、头环最长肌、头半棘肌、背颈棘肌等。脊柱腹侧肌群仅位于颈部和腰部脊柱的腹侧，包括头长肌、颈长肌、腰小肌、腰大肌和腰方肌等。

1. 背腰最长肌

背腰最长肌是体内最大的肌肉，呈三棱柱形，表面覆盖一层腱膜。背腰最长肌位于胸、腰椎棘突与横突和肋骨椎骨端所形成的夹角内，起于髂骨、荐根和后位胸椎棘突，止于腰椎、胸椎和最后颈椎的横突以及肋骨的外面。

2. 髂肋肌

髂肋肌位于背腰最长肌的腹外侧，狭长而分节，由一系列斜向前下方的肌束组成。髂肋肌起于髂骨、腰椎横突末端和后10肋骨的外侧及前缘，向前止于所有肋骨后缘和后位3～4个颈椎横突。髂肋肌与背腰最长肌之间有一较深的沟，称髂肋肌沟，沟内有针灸穴位。

(二)颈腹侧肌

颈腹侧肌位于颈部腹侧皮下，包括胸头肌和胸骨甲状舌骨肌(如图2-30)。

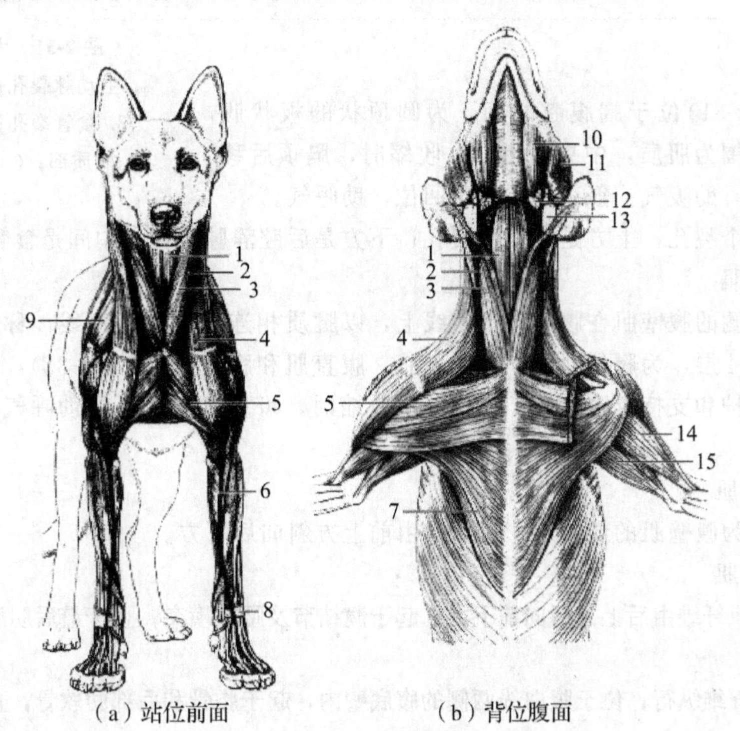

图2-30　犬颈腹侧肌

1. 胸骨甲状舌骨肌；2. 颈静脉；3. 胸头肌；4. 臂头肌；5. 胸浅肌；6. 头静脉；7. 胸深肌；8. 伸肌支持带；9. 肩胛横突肌；10. 二腹肌；11. 咬肌；12. 下颌淋巴结；13. 颌下腺；14. 臂二头肌；15. 臂三头肌

(韩行敏，宠物解剖生理，2012)

1. 胸头肌

胸头肌位于颈部腹侧皮下，臂头肌的下缘，具有屈或偏头颈的作用。胸头肌和臂头肌之间形成颈静脉沟。

2. 胸骨甲状舌骨肌

胸骨甲状舌骨肌位于气管腹侧，扁平带状。其作用为吞咽时向后牵引舌和喉，吸吮时固定舌骨，利于舌的后缩。

(三)胸壁肌

胸壁肌分布于胸腔的侧壁，其运动引起呼吸运动。吸气肌包括肋间外肌、膈肌、前背侧锯肌、斜角肌和胸直肌等；呼气肌包括后背侧锯肌和肋间内肌等。

1. 肋间外肌

肋间外肌位于肋间隙的表层，肌纤维从前上方斜向后下方。收缩时，肋间外肌牵引肋骨向前外方，使胸腔横径扩大，助吸气。

2. 肋间内肌

肋间内肌位于肋间隙的深层，肌纤维从后上方斜向前下方。收缩时，肋间内肌牵引肋骨向后内方，使胸腔缩小，助呼气。

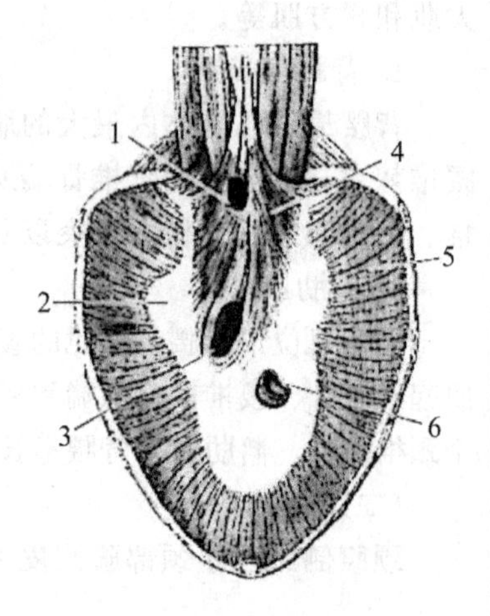

图 2-31　犬的膈肌

1. 主动脉裂孔；2. 腱质部；3. 食管裂孔；4. 膈脚；5. 肌质部；6. 腔静脉裂孔

3. 膈肌

膈肌(图 2-31)位于胸腹腔之间，为圆顶状的板状肌，凸面向前，周围为肌质，中央为腱质。收缩时，膈顶后移，扩大胸腔纵径，助吸气；舒张时，膈顶回位，助呼气。

膈肌有三个裂孔：上方是主动脉裂孔；下方是后腔静脉裂孔；中间是食管裂孔。

(四)腹壁肌

左、右两侧的腹壁肌在腹底壁正中线上，以腱质相连形成一条白线，称腹白线。腹壁肌由外向内为 4 层，为腹外斜肌、腹内斜肌、腹直肌和腹横肌(如图 2-32)，形成坚韧的腹壁，容纳、保护和支持腹腔脏器；当腹壁肌收缩时，可增大腹压，协助呼气、排粪、排尿和分娩等。

1. 腹外斜肌

腹外斜肌为腹壁肌的最外层，肌纤维由前上方斜向后下方。

2. 腹内斜肌

腹内斜肌肌纤维由后上方斜向前下方，起于髋结节及腰椎横突，止于最后肋后缘及腹白线。

3. 腹直肌

腹直肌肌纤维纵行，位于腹白线两侧的腹底壁内，起于胸骨和后部肋软骨，止于耻骨前缘。

4. 腹横肌

腹横肌较薄，起于腰椎横突及肋弓内侧，肌纤维上下行走，以腱膜止于腹白线上。

5. 腹股沟管

腹股沟管又称鼠蹊管，位于股内侧的腹壁上，为腹外斜肌和腹内斜肌的一个斜行的楔形裂隙，是胎儿时期睾丸及附睾从腹腔下降到阴囊的通道，公畜管内有精索，母畜的腹股

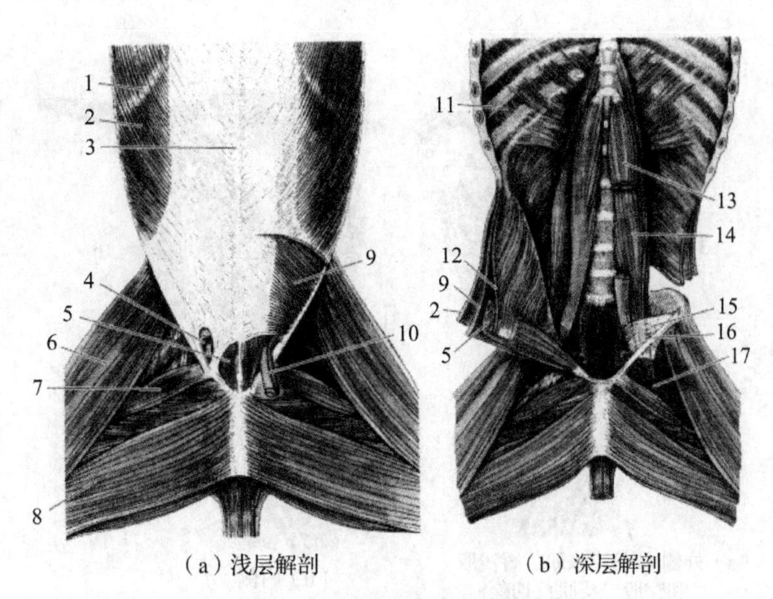

（a）浅层解剖　　（b）深层解剖

图 2-32　犬腹壁腹侧及股内侧肌肉

1. 肋弓；2. 腹外斜肌；3. 腹白线；4. 腹股沟管外环；5. 腹直肌；6. 缝匠肌；7. 耻骨肌；8. 股薄肌；9. 腹内斜肌；10. 鞘突和睾外提肌；11. 肋间内肌；12. 腹横肌；13. 腰小肌；14. 腰大肌；15. 髂筋膜；16. 腹股沟韧带；17. 股动、静脉

（韩行敏，宠物解剖生理，2012）

沟管内仅供血管、神经通过。动物出生后如果腹环过大，小肠等器官可进入管内，形成疝。因此临床的腹壁疝、腹股沟管疝和阴囊疝发生的解剖学因素是由于腹股沟管的存在。

六、后肢肌

后肢肌比前肢肌发达，是推动身体前进的主要动力。

(一)作用于髋关节肌肉

伸肌主要有臀肌、臀股二头肌、半腱肌和半膜肌；屈肌主要有股阔筋膜张肌。此外，还有对髋关节起内收作用的股薄肌和内收肌(如图 2-33)。

臀肌：位于臀部的皮下，发达。臀肌有伸髋关节作用，并参与竖立、踢蹴及推进躯干的作用。臀肌在临床上是常进行肌肉注射的部位之一。

臀股二头肌：位于臀肌后方，股后外侧皮下。该肌有伸髋关节、膝关节和跗关节的作用。

半腱肌：位于臀股二头肌后方，作用同臀股二头肌。半腱肌与臀股二头肌构成股二头肌沟，沟内有全身最粗的坐骨神经，因此臀部肌肉注射应该避开此部位。

半膜肌：位于半腱肌后内侧，作用同臀股二头肌。

股阔筋膜张肌：位于股部前方浅层，有屈髋关节、伸膝关节的作用。

股薄肌：位于股内侧皮下，有内收后肢的作用。

内收肌：位于半膜肌前方，股薄肌深层，呈三棱柱形，有内收后肢的作用。

(二)作用于膝关节肌肉

伸肌主要有股四头肌，屈肌主要有位于胫骨近端后面的腘肌。

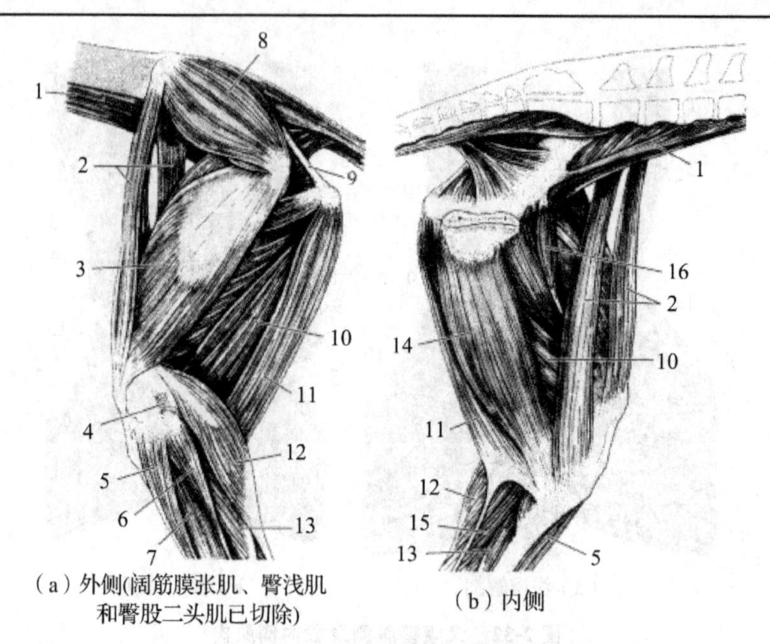

（a）外侧(阔筋膜张肌、臀浅肌和臀股二头肌已切除)

（b）内侧

图 2-33 犬的左后肢肌肉

1. 髂腰肌；2. 缝匠肌；3. 股四头肌；4. 外侧副韧带；5. 胫骨前肌；6. 腓骨长肌；7. 趾长伸肌；8. 臀中肌；9. 荐结节韧带；10. 半膜肌；11. 半腱肌；12. 腓肠肌；13. 趾深屈肌；14. 股薄肌；15. 趾浅屈肌；16. 耻骨肌

（韩行敏，宠物解剖生理，2012）

(三)作用于跗关节肌肉

跗关节的伸肌主要有位于小腿后方的腓肠肌、趾浅屈肌和趾深屈肌。屈肌主要有位于胫骨背侧的胫骨前肌、第三腓骨肌和腓骨长肌。

跟腱：位于小腿后部的一圆形强腱，由腓肠肌肌腱、趾浅屈肌腱、臀股二头肌腱和半腱肌腱合成，连于跟结节上，有伸跗关节的作用。

(四)作用于趾关节肌肉

作用于趾关节的伸肌位于小腿背外侧，主要有趾内侧伸肌、趾长伸肌和趾外侧伸肌。屈肌位于小腿跖侧。

小腿和后脚部的肌肉，多为纺锤形，肌腹多位于小腿上部，在跗关节附近变为肌腱。肌腱在通过跗关节处大部分包有腱鞘。

拓展阅读：

材料设备清单

项目一	体壁				学时	12	
项目	序号	名称	作用	数量	型号	使用前	使用后
所用设备	1	投影仪	观看视频图片	1个			
	2	犬全身整体骨骼标本、单块骨标本和模型，犬全身肌肉标本、模型	观察骨骼、肌肉	4套			
所用工具	4	手术器械	解剖构造观察	4套			
所用药品（动物）	5						
	6						
所用材料	7						

作业单

项目一	体壁				
作业完成方式	课余时间独立完成。				
作业题1	简述皮肤的构造和机能。				
作业解答					
作业题2	简述犬的枕和爪的结构特点。				
作业解答					
作业题3	在标本或活体犬，指出四肢骨骼和关节的名称。				
作业解答					
作业题4	犬的颈椎数、胸椎数、腰椎数和肋骨数分别是多少？				
作业解答					
作业题5	腹壁肌肉有几层？其肌纤维的走向如何？				
作业解答					
作业评价	班级		第　组	组长签字	
	学号		姓名		
	教师签字		教师评分	日期	
作业评价	评语：				

学习反馈单

<table>
<tr><td>项目一</td><td colspan="5">体壁</td></tr>
<tr><td>评价内容</td><td colspan="5">评价方式及标准</td></tr>
<tr><td rowspan="3">知识目标达成度</td><td colspan="5">作业评量及规准</td></tr>
<tr><td>A(90分以上)</td><td>B(80—89分)</td><td>C(70—79分)</td><td>D(60—69分)</td><td>E(60分以下)</td></tr>
<tr><td>内容完整，阐述具体，答案正确，书写清晰。</td><td>内容较完整，阐述较具体，答案基本正确，书写较清晰。</td><td>内容欠完整，阐述欠具体，答案大部分正确，书写不清晰。</td><td>内容不太完整，阐述不太具体，答案部分正确，书写较凌乱。</td><td>内容不完整，阐述不具体，答案基本不太正确，书写凌乱。</td></tr>
<tr><td rowspan="3">技能目标达成度</td><td colspan="5">实作评量及规准</td></tr>
<tr><td>A(90分以上)</td><td>B(80—89分)</td><td>C(70—79分)</td><td>D(60—69分)</td><td>E(60分以下)</td></tr>
<tr><td>解剖操作规范；能正确识别犬全身主要的骨骼和肌肉，操作规范。</td><td>解剖操作基本规范；基本能正确识别犬全身主要的骨骼和肌肉，速度较快。</td><td>解剖操作不太规范；能正确识别大部分犬全身主要的骨骼和肌肉，速度一般。</td><td>解剖操作规范度差；仅能正确识别个别犬全身主要的骨骼和肌肉，速度较慢。</td><td>解剖操作不规范；不能正确识别犬全身主要的骨骼和肌肉，速度很慢。</td></tr>
<tr><td rowspan="3">素养目标达成度</td><td colspan="5">表现评量及规准</td></tr>
<tr><td>A(90分以上)</td><td>B(80—89分)</td><td>C(70—79分)</td><td>D(60—69分)</td><td>E(60分以下)</td></tr>
<tr><td>积极参与线上、线下各项活动，态度认真。分析、解决问题强，具备善待宠物和生物安全意识。</td><td>积极参与线上、线下各项活动，态度较认真。分析、解决问题较强，具备一定的善待宠物和生物安全意识。</td><td>能参与线上、线下各项活动，态度一般。分析、解决问题一般，善待宠物和生物安全意识一般。</td><td>能参与线上、线下部分活动，态度一般。分析、解决问题较差，善待宠物和生物安全意识较差。</td><td>线上、线下各项活动参与度低，态度一般。分析、解决问题差，善待宠物和生物安全意识差。</td></tr>
<tr><td colspan="6">反馈及改进</td></tr>
<tr><td colspan="6">针对学习目标达成情况，提出改进建议和意见。</td></tr>
</table>

项目二　内脏

学习任务单

<table>
<tr><td>项目二</td><td>内脏</td><td>学　时</td><td>34</td></tr>
<tr><td colspan="4">布置任务</td></tr>
<tr><td>学习目标</td><td colspan="3">1. 知识目标
(1)知晓犬内脏各器官的位置、形态、颜色、质地和构造；
(2)理解消化管各段的消化和吸收过程、呼吸过程、尿的生成过程及生殖器官的机能和生殖生理相关知识。
2. 技能目标
(1)能在图片、标本、模型或新鲜脏器上识别犬消化器官、呼吸器官、泌尿器官、生殖器官的位置、形态、颜色、质地和构造；
(2)能在标本、模型或活体动物上确定主要内脏器官的体表投影位置；
(3)能在显微镜下识别小肠、肝、肺、肾、睾丸和卵巢的组织构造；
(4)能解析消化管各段的物理消化、化学消化、生物学消化以及各种营养物质的吸收过程；
(5)能在活体宠物上正确听取胃肠音；
(6)能解析胸内负压含义及生理意义；
(5)能解析影响肺换气和组织换气的因素；
(7)能解析尿的生成过程及某些因素对尿液生成的影响；
(8)能解析公畜去势时需切断哪些结构；
(9)能根据宠物发情表现判断适宜的配种时间；
(10)能解析神经和体液因素对胃肠运动、呼吸运动及尿生成的影响。
3. 素养目标
(1)培养学生独立分析问题、解决实际问题和继续学习的能力；
(2)培养学生具有组织管理、协调关系、团队合作的能力；
(3)培养学生吃苦耐劳、善待宠物、敬畏生命的工匠精神。</td></tr>
<tr><td>任务描述</td><td colspan="3">在实习牧场和实训室内对主要内脏器官进行体表投影位置确定，识别正常状态下内脏各器官的位置、形态、颜色、质地和构造，并认知其机能。
具体任务如下。
1. 在实习牧场活体动物上确定主要内脏器官的体表投影位置。
2. 在动物解剖实训室观察内脏器官的形态、大小、颜色、质地和构造。
3. 在动物组织实训室识别小肠、肝、肺、肾、睾丸和卵巢的组织构造。
4. 在动物生理实训室结合实验和视频，解析某些因素对消化、呼吸及尿生成的影响。</td></tr>
</table>

提供资料	1. 韩行敏．宠物解剖生理．北京：中国轻工业出版社，2012 2. 霍军，曲强．宠物解剖生理．北京：化学工业出版社，2020 3. 李静．宠物解剖生理．北京：中国农业出版社，2007 4. 白彩霞．动物解剖生理．北京：北京师范大学出版社，2021 5. 张平，白彩霞．动物解剖生理．北京：中国化工出版社，2017 6. 范作良．家畜解剖学．北京：中国农业出版社，2001 7. 范作良．家畜生理学．北京：中国农业出版社，2001 8. 黑龙江农业工程职业学院教师张磊负责的宠物解剖生理在线课网址： 9. 黑龙江职业学院教师白彩霞负责的动物解剖生理在线精品课网址：
对学生要求	1. 根据学习任务单、资讯引导，查阅相关资料，在课前以小组合作方式完成任务资讯问题。 2. 以小组为单位完成学习任务，体现团队合作精神。 3. 严格遵守实训室和实习牧场规章制度，避免安全隐患。 4. 对各种动物的解剖特点进行对比学习。 5. 严格遵守操作规程，做好自身防护，防止疾病传播。

任务资讯单

项目二	内脏
资讯方式	通过资讯引导、观看视频，到本课程及相关课程精品课网站、解剖实训室、标本室、组织实训室、生理实训室、实习牧场、图书馆查询，向指导教师咨询。
资讯问题	1. 消化系统、呼吸系统、泌尿系统和生殖系统的组成器官各有哪些？ 2. 腹腔划分为哪几部分？什么是腹膜和腹膜腔？ 3. 口腔的周界都有哪些？ 4. 咽与哪七个孔相通？为何有时食物会呛到鼻子或气管里？ 5. 食管的位置和走向如何？ 6. 大、小肠各分哪几段？位置如何？ 7. 肝的位置、形态、颜色、质地、构造及分叶情况如何？ 8. 肝的血液循环有何特点？肝动脉和门静脉各有何作用？ 9. 什么是消化和吸收？动物的消化方式有哪几种？ 10. 唾液有何作用？动物用舌头舔舐伤口有何意义？

<table>
<tr><td>资讯问题</td><td>11. 胃酸、胰液、胆汁、小肠液的作用有哪些？
12. 为什么说小肠是消化和吸收的主要部位？
13. 蛋白质、脂肪、糖在消化道内是如何消化吸收的？
14. 喉构造如何？会厌软骨在吞咽中有何作用？
15. 临床上进行肺部听诊或叩诊时，如何确定肺区？
16. 肺的颜色、质地、形态、构造和分叶情况如何？
17. 什么是胸膜和胸膜腔？
18. 呼吸包括哪几个环节？氧如何进入体内？二氧化碳如何排出体外？
19. 胸内负压含义和生理意义如何？什么是“气胸”，它有何危害？
20. 呼吸方式有哪几种？正常动物以哪种呼吸方式为主？犬的呼吸方式呢？
21. 影响肺换气和组织换气的因素有哪些？
22. 氧气和二氧化碳在血液中如何运输？
23. 血液中的氧、二氧化碳和酸碱度对呼吸运动有何影响？
24. 肾的一般构造如何？
25. 为什么说肾的血液循环特点和组织构造特别适于泌尿？
26. 膀胱的位置和构造如何？
27. 尿的生成过程如何？
28. 血液、原尿和终尿有何区别？
29. 结合影响尿生成因素，说明临床少尿、多尿、血尿、蛋白尿和糖尿发生的原因和机理。什么是肾糖阈？
30. 抗利尿激素的作用如何？什么因素引起抗利尿激素分泌和释放？
31. 腰荐部脊髓受到损伤对排粪、排尿有何影响？
32. 为何出生后睾丸要从腹股沟管下降到阴囊内？什么是隐睾？
33. 阴囊壁由哪几部分构成？去势时切开阴囊后需切断哪些结构？
34. 受精的部位在哪里？受精过程如何？
35. 什么是性成熟和体成熟？为何性成熟时可以配种但又不提倡？
36. 什么是发情周期？生产中如何通过发情表现确定适宜的配种时间？
37. 妊娠母犬有何生理变化？犬的妊娠期是多少天？
38. 分娩的过程可分为哪几个时期？
39. 什么是初乳？新生仔犬为何要及时吃上初乳？
40. 小肠、肝、肺、肾、睾丸和卵巢的组织构造如何？</td></tr>
<tr><td>资讯引导</td><td>所有资讯问题可以到以下资源中查询。
1. 韩行敏主编的《宠物解剖生理》。
2. 李静主编的《宠物物解剖生理》。
3. 霍军，曲强主编的《宠物解剖生理》。
4. 白彩霞主编的《动物解剖生理》。
5. 宠物解剖生理在线课网址：</td></tr>
</table>

资讯引导	6. 动物解剖生理在线精品课网址： 7. 本模块工作任务单中的必备知识。

案例单

项目二	内　脏	学时	34
序号	案例内容	相关知识技能点	
1.1	一只2岁公犬，拒食，饮水少量，流涎，口腔黏膜潮红，口臭，门齿、犬齿齿龈部暗红色，唇、颊黏膜出现溃疡。问诊得知前一周左右吃过带刺鱼肉。诊断为口炎。 一只2岁博美犬，呕吐，食欲废绝，有时排少量粪便，肠音减弱。触诊腹部，腹壁肌肉明显紧张，后腹按压可触及到一长月3cm左右坚实物，按压不变形，按压时疼痛明显。X线检查，腹中部小肠位置有异物阴影。确诊为肠梗阻。	2个案例涉及与本单元内容相关的解剖生理知识点和技能点为：口腔黏膜颜色、口腔周界器官唇、颊、牙齿等结构，以及肠音、小肠位置等。	
1.2	一雄性萨摩耶犬，3月龄，精神沉郁，不进食，少尿，咳嗽。鼻镜干燥，鼻腔中有已干的黄色脓液痕迹，眼结膜和口腔黏膜发绀，明显腹式呼吸，心率加快，实验室检查，嗜中性粒细胞明显升高。该犬已免疫犬瘟热、犬细小病毒疫苗，饲养期间未与其他犬只接触。初步诊断为幼犬肺炎。	此案例涉及与本单元内容相关的解剖生理知识点和技能点为：鼻腔黏膜正常颜色，鼻镜正常状态，呼吸式。	
1.3	德国牧羊犬，雄性，触诊肾区有避让反应，少尿。尿液检查：蛋白质阳性，比重降低。B超检查显示双肾肿大。初步诊断该犬患急性肾衰竭。 一只6岁公犬，突然发病，频做排尿姿势，强力努责，但仅有少量尿液滴出。腹部触诊膀胱充盈、敏感，初步诊断为尿道结石。	2个案例涉及与本单元内容相关的解剖生理知识点和技能点为：尿液的正常成分，肾、膀胱的位置、结构及体表投影位置确定。	
1.4	金毛犬，雌性，3岁。1岁时开始发情，每半年一次。但每次发情时出血时间可达20多天，外阴潮红，肿胀明显，阴户外翻。自出血一周后见公犬激动，愿接受公犬爬跨，直至15天后阴户肿胀逐渐消退，出血量减少。B超检查，两侧卵巢上有多个直径1cm以上的液性暗区，该病初步诊断为排卵迟缓。	此案例涉及与本单元内容相关的解剖生理知识点和技能点为：卵巢的组织结构；阴道、阴唇和卵巢正常状态；发情周期及发情表现。	

工作任务单

项目二	内　脏

任务1　主要内脏器官体表投影位置

任务描述：在活体犬身上确定胃、小肠、大肠、肝、肺、肾、卵巢(母犬)的体表投影位置。

准备工作：在实习牧场准备犬、保定器械等；在实训室准备整体犬的模型、标本和图片等。

实施步骤如下。

1. 在实训室利用整体犬的标本、模型和图片，确定胃、小肠、大肠、肝、肺、肾、卵巢(母犬)的体表投影位置。

2. 在实习牧场先将犬保定，然后在犬体上确定胃、小肠、大肠、肝、肺、肾、卵巢(母犬)的体表投影位置。

3. 通过互联网、在线精品课学习相关内容。

任务2　主要内脏器官的一般构造

任务描述：借助新鲜消化器官、呼吸器官、泌尿生殖器官和标本、模型、图片、切片等，识别食管、胃、小肠、大肠、肝、胰；鼻腔、喉、气管、肺；肾、输尿管、膀胱、尿道；睾丸(公犬)、附睾、精索、输精管、副性腺、阴茎；卵巢(母犬)、输卵管、子宫、阴道等的形态、颜色、位置和一般构造。

准备工作：在实训室准备消化器官、呼吸器官、泌尿器官和雌雄生殖器官的标本、模型，新鲜消化器官、呼吸器官、泌尿器官和雌雄生殖器官及图片、方盘、解剖刀、剪刀、镊子、碘伏、脱脂棉、一次性手套和实验服。

实施步骤如下。

1. 在实训室利用标本、模型、图片等观察唇、颊、硬腭、软腭、舌、齿、唾液腺，咽的七个孔，扁桃体，区分小肠(十二指肠、空肠、回肠)和大肠(盲肠、结肠、直肠)。

利用新鲜犬胃观察贲门、幽门、胃大弯、胃小弯、无腺部、有腺部(贲门腺区、幽门腺区、胃底腺区)。利用新鲜犬肝识别肝的颜色、膈面、脏面、背缘、腹缘、叶间切迹、分叶(左叶、右叶、方叶、尾叶)、肝门、胆囊等。

2. 在实训室利用标本、模型、图片等观察鼻孔、鼻前庭、固有鼻腔、上鼻道、中鼻道、下鼻道、总鼻道、鼻黏膜、鼻旁窦。利用新鲜喉、气管、支气管和肺，观察喉黏膜、喉软骨、喉肌、声带、声门裂，气管和支气管的黏膜和软骨，肺门、肋面、膈面、纵隔面、背缘、后缘、腹缘、前叶、中叶、后叶、副叶、心压迹、心切迹、肺小叶、肺内各级支气管以及肺的颜色和质地等。

3. 在实训室利用标本、模型、图片等观察肾形态、肾门、肾窦、肾皮质、肾髓质，输尿管走向，膀胱顶、膀胱体、膀胱颈以及膀胱黏膜。利用新鲜犬肾观察肾的颜色、形态、肾周脂肪、纤维膜、肾门、肾窦(肾小盏、肾大盏、肾盂)、肾锥体、肾乳头、肾皮质等。

4. 在实训室利用标本、模型、图片等识别卵巢的被膜、卵巢门、髓质和皮质等构造。利用标本、模型、图片等识别输卵管的漏斗部、壶腹部和峡部。利用标本、模型、图片等识别子宫角、子宫体、子宫颈。利用新鲜雌性生殖器官观察卵巢、输卵管、子宫、阴道的颜色、形态、结构及位置关系。

5. 通过互联网、在线开放课学习相关内容。

任务3　小肠、肝、肺、肾、睾丸和卵巢的组织构造

任务描述：在显微镜下识别小肠、肝、肺、肾、睾丸和卵巢的组织构造。

准备工作：在实训室准备小肠、肝、肺、肾、睾丸和卵巢切片、生物显微镜等。

实施步骤如下。

1. 在实训室利用显微镜观察肠的黏膜层、黏膜下层、肌层、浆膜和肠绒毛。

2. 在实训室利用显微镜观察肝的肝小叶、中央静脉、肝血窦(窦状隙)、门管区(小叶间动脉、小叶间静脉、小叶间胆管)和肝细胞索。

3. 在实训室利用显微镜观察肺组织切片，识别小支气管、细支气管、终末细支气管、呼吸性细支气管、肺泡管、肺泡囊、肺泡、透明软骨和肺内血管等。

4. 在实训室利用显微镜观察肾的组织切片，分别在低倍镜和高倍镜下识别皮质、髓质、肾小体(肾小球、肾小囊)、近曲小管、远曲小管和致密斑等。

5. 在实训室利用显微镜观察睾丸的组织切片，分别在低倍镜和高倍镜下识别曲细精管、精原细胞、初级精母细胞、次级精母细胞、精细胞、精子、支持细胞以及睾丸间质细胞。

6. 在实训室利用显微镜观察卵巢的组织切片，分别在低倍镜和高倍镜下识别被膜、卵巢门、皮质、髓质、原始卵泡、初级卵泡、次级卵泡、成熟卵泡、闭锁卵泡和黄体。

7. 通过互联网、在线精品课学习相关内容。

任务4　小肠运动和吸收实验

任务描述：观看小肠运动和吸收实验视频，小组协作完成小肠运动和吸收实验，解释神经和体液因素对小肠运动的影响以及小肠对不同物质的吸收情况。

准备工作：在实验室内准备小肠运动和吸收实验视频、家兔、解剖器械、生理实验多用仪、结扎线、0.01%肾上腺素、0.06%乙酰胆碱、5%氯化钠、0.9%氯化钠、蒸馏水、饱和硫酸镁、20%氨基甲酸乙酯(乌拉坦)等。

实施步骤如下。

1. 在实训室让学生观看小肠运动和吸收实验视频，教师解释操作要点，然后学生分组进行实验，教师指导。

(1)将家兔固定于手术台上，麻醉，剪去颈部和腹部被毛。注意家兔术前少喂食物，尤其不可喂得过饱。

(2)自颈中部切开皮肤，分离迷走神经穿线备用。

(3)沿腹中线剖开腹腔，暴露小肠，观察小肠运动情况。

(4)用适宜感应电刺激迷走神经，观察小肠运动情况有何变化。

(5)取0.01%乙酰胆碱数滴滴加在小肠表面，观察小肠运动有何变化。然后用温热生理盐水冲洗肠管，待小肠运动恢复后，再向肠表面滴加0.01%肾上腺素，观察小肠运动有何变化。

(6)将小肠分等长数段结扎，在各段肠管中分别注入等量0.9%氯化钠、5%氯化钠、蒸馏水及饱和硫酸镁。20～30min后观察其吸收情况，作比较分析。

(7)结果分析：分析实验结果，并说明其原理。

2. 通过互联网、在线开放课学习相关内容。

任务5　呼吸运动调节和胸内负压测定实验

任务描述：观看呼吸运动调节视频，完成呼吸运动调节和胸内负压测定实验，解释神经和体液因素对呼吸运动的影响以及胸内负压存在的生理意义。

准备工作：在实验室内准备呼吸运动调节视频、家兔、生物信号采集系统、结扎线、手术台、手术器械、粗注射针头、气管套管、橡皮管、橡皮球、水检压计、20%氨基甲酸乙酯溶液、脱脂棉、纱布、玻璃分针等。

实施步骤如下。

1. 在实训室让学生观看呼吸运动调节实验视频，教师解释操作要点，然后学生分组进行实验，教师指导。

(1)将兔麻醉，仰卧固定于手术台上，剖开颈部皮肤，分离出气管和两侧迷走神经，穿线备用。

(2)切开气管，插入气管套管，用棉线结扎固定。

(3)将生物信号采集系统的换能器固定于胸壁上，开动生物信号采集系统，描记一段正常呼吸曲线，并观察呼吸运动与曲线的关系。

(4)用止血钳夹闭气管套管上的橡皮管约20s，观望呼吸运动有何变化。

(5)用橡皮球套在气管套管上，让其在橡皮球内呼吸，观察呼吸运动的变化。

(6)切断一侧迷走神经，观望呼吸运动有何变化。切断另一侧迷走神经，观察呼吸运动有何变化。分别刺激迷走神经的向中枢端、离中枢端，观察呼吸运动有何变化。

(7)于兔右侧胸壁第四肋间隙剪毛，切开皮肤约1cm，然后插入以橡皮管连接水检压计的注射针头，观察水检压计的液面波动情况。

(8)结果讨论：分析迷走神经对呼吸运动的调节；缺氧和二氧化碳增多对呼吸运动的影响；胸内负压对维持动物正常呼吸运动的作用。

注意事项：每项实验做完后，待呼吸恢复后再做下一项实验。

2. 通过互联网、在线精品课学习相关内容。

任务6　影响尿生成因素观察实验

任务描述：完成影响尿生成因素实验，解释临床上少尿、多尿、血尿、蛋白尿和糖尿发生的原因和机理。

准备工作：实验室准备影响尿生成因素实验视频、家兔、手术器械、膀胱套管、生理多用仪、记滴器、保护电极、20%氨基甲酸乙酯、20%葡萄糖溶液、肾上腺素、抗利尿素、生理盐水、烧杯等。

实施步骤如下。

1. 在实训室学生观看影响尿生成因素实验视频，教师解释操作要点，然后学生分组进行实验，教师指导。

(1)家兔在实验前给予足够的饮水。用20%的氨基甲酸乙酯溶液沿耳静脉注射麻醉后，将其仰卧固定四肢和头部于手术台上。

(2)尿液的收集：可选用膀胱套管法。切开腹腔，在耻骨联合前找到膀胱，在其腹面正中作一荷包缝合，再在中心剪一小口，插入膀胱套管，收紧缝线，固定膀胱套管，并在膀胱套管及所连橡皮管和直套管内充满生理盐水，将直套管下端连于记滴装置。

(3)记录正常情况下每分钟尿分泌的滴数。可连续记录 5～10min，求其平均数并观察动态变化。

(4)耳静脉注射 38℃生理盐水 20ml，记录每分钟尿分泌的滴数。

(5)耳静脉注射 38℃的葡萄糖溶液 10ml，记录每分钟尿分泌的滴数。

(6)耳静脉注射 0.1%肾上腺素 0.5～1ml，记录每分钟尿分泌的滴数。

(7)耳静脉注射抗利尿素 1～2 单位，记录每分钟尿分泌的滴数。

(8)结果分析：对每项实验结果进行正确分析。

注意事项：在进行每一项步骤时，必须保持尿量基本恢复或者相对稳定后才开始，而且在每项实验前后，都要有对照记录。

2. 通过互联网、在线开放课学习相关内容。

必备知识

第一部分 消化系统

消化器官

一、概述

(一)消化系统的组成

消化系统由消化管和消化腺两部分组成(如图 2-34)。消化管是食物通过的管道，包括口腔、咽、食管、胃、小肠、大肠和肛门。消化腺是分泌消化液的腺体，包括壁内腺和壁外腺。胃腺和肠腺等是壁内腺；肝和胰是独立的腺体，是壁外腺。

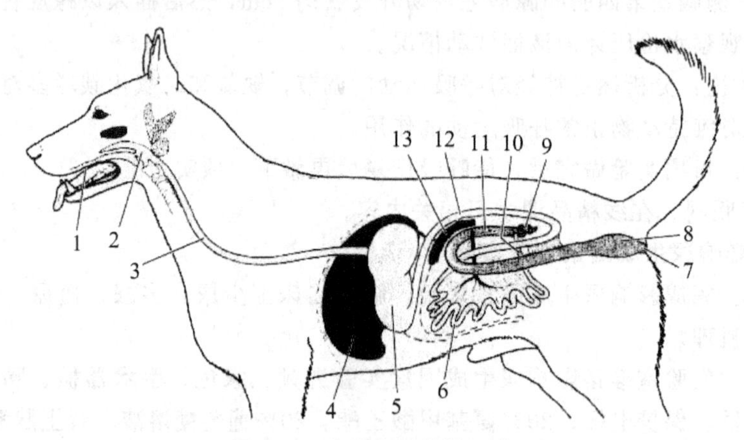

图 2-34 犬消化系统的组成

1. 口腔；2. 咽；3. 食管；4. 肝；5. 胃；6. 空肠；7. 肛门；8. 直肠；9. 盲肠；10. 回肠；11. 升结肠；12. 十二指肠；13. 胰

(韩行敏，宠物解剖生理，2012)

(二)消化管的一般组织结构

消化管各段在形态、机能上各有特点，但其管壁的组织结构，除口腔外，由内向外一般顺次为黏膜层、黏膜下层、肌层和外膜(如图 2-35)。

1. 黏膜层

黏膜层是消化管的最内层，淡红色或鲜红色，柔软而湿润，有一定的伸展性，空虚状态时常形成皱褶。黏膜层有保护、分泌和吸收等作用，又分上皮、固有膜和黏膜肌层三层。

(1)上皮，最内层，除口腔、咽、食管的无腺部和肛门为复层扁平上皮外，其余都是单层柱状上皮，起保护、吸收或分泌的作用。

(2)固有膜，又名固有层，由结缔组织构成，内含有血管、淋巴结和神经，起支持和固定上皮的作用。

(3)黏膜肌层，由薄层平滑肌构成，位于固有膜和黏膜下组织之间，收缩可促进黏膜的血液循环、上皮的吸收和腺体分泌物的排出。

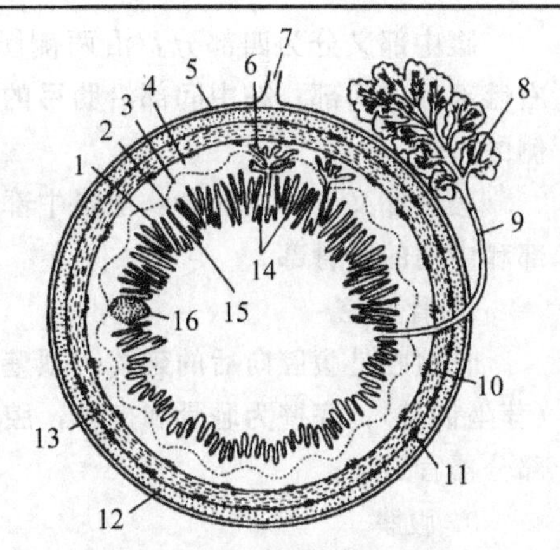

图 2-35 消化管壁构造模式图

1. 肠腺；2. 固有膜；3. 黏膜肌；4. 黏膜下层；5. 浆膜；6. 十二指肠腺；7. 肠系膜；8. 壁外腺；9. 腺导管；10. 黏膜下神经丛；11. 肌间神经丛；12. 纵行肌；13. 环形肌；14. 小肠绒毛；15. 黏膜上皮；16. 淋巴小结

(马仲华，动物解剖及组织胚胎学，第三版，2002)

2. 黏膜下层

黏膜下层位于黏膜之下，由疏松结缔组织构成，在胃特别发达，此层含有较大的血管、淋巴管和神经丛。有些器官的黏膜下组织内含有腺体，如食管腺和十二指肠腺。

3. 肌层

肌层主要由平滑肌构成，可分为内环层和外纵层，在两层之间有少许结缔组织和神经丛。两层肌纤维交替收缩时，可使内容物按一定的方向移动。在入口和出口处，增厚形成括约肌，起开闭作用。

4. 外膜

外膜是消化管最外层，由富含弹力纤维的疏松结缔组织构成，颈部食管和直肠的末端，其外膜表面覆盖一层间皮，称为外膜；管状器官由于外膜表面覆盖一层间皮细胞，故称为浆膜，浆膜能分泌浆液，起润滑作用以减少器官运动时的摩擦。

(三)腹腔、骨盆腔和腹膜

1. 腹腔

腹腔是体内最大的体腔，其前壁为膈，后端与骨盆腔相通，顶壁是腰椎、腰肌和膈脚，两侧和底壁是腹肌及腱膜。腹腔内容纳大部分消化器官、部分泌尿生殖器官和大血管等。

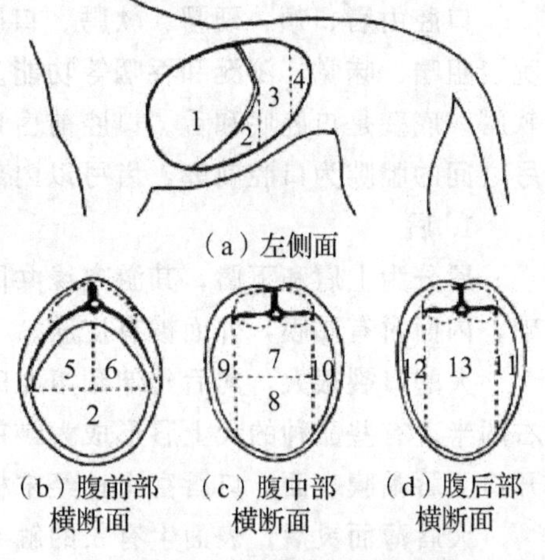

图 2-36 腹腔划分示意图

1. 季肋部；2. 剑状软骨部；3. 腹中部；4. 腹后部；5. 左季肋部；6. 右季肋部；7. 腰部；8. 脐部；9. 左髂部；10. 右髂部；11. 右腹股沟部；12. 左腹股沟部；13. 耻骨部

(韩行敏，宠物解剖生理，2012)

通过最后肋骨的后缘和髋结节前缘各做一个横断面，将腹腔首先划分为腹前部、腹中部和腹后部(如图 2-36)。

腹前部又分三部分：肋弓以下为剑状软骨部；肋弓以上、正中矢状面两侧为左、右季肋部。

腹中部又分为四部分：沿两侧腰椎横突顶端各做一个侧矢面，将腹中部分为左髂部、右髂部和中间部；在中间部沿肋弓的中点向后延伸做额面，使中间部分为背侧的腰部和腹侧的脐部。

腹后部又分为三部分：把腹中部的两个侧矢面平行后移，使腹后部分为左、右腹股沟部和中间的耻骨部。

2. 骨盆腔

骨盆腔是腹腔向后的延续，顶壁为荐骨和前几个尾椎，两侧壁为髂骨和荐结节阔韧带(荐坐韧带)，底壁为耻骨和坐骨，腔内自上而下主要有消化、生殖和泌尿三个系统后部的部分器官。

3. 腹膜

腹腔和骨盆腔内的浆膜称为腹膜。贴于壁内表面的部分为腹膜壁层；壁层从腔壁折转而覆盖于内脏器官外表面的为腹膜脏层。腹膜壁层与腹膜脏层之间的腔隙称腹膜腔。腔内的液体为腹腔液(浆液)，具有润滑的作用，以减少脏器间的摩擦。

腹膜从腹腔、骨盆腔内壁移行到脏器，或从某一脏器移行到另一脏器，这些移行部的腹膜形成许多皱褶。连于腹腔顶壁与肠管之间宽而长的腹膜褶称为系膜；连于胃和其他脏器之间的网状腹膜褶称为网膜，分为大网膜和小网膜；连于腹腔、骨盆腔与脏器或脏器与脏器之间短而窄的腹膜褶称为韧带，如回盲韧带和肝韧带等。系膜和网膜内有结缔组织、脂肪及分布到脏器的血管、神经等，系膜中还有淋巴结，保护肠道不受细菌或病毒的侵害。

二、消化器官

(一)口腔

口腔由唇、颊、硬腭、软腭、口腔底、舌、齿、齿龈和唾液腺所组成，具有采食、吸吮、咀嚼、味觉、泌涎和吞咽等功能。口腔的前壁是唇，侧壁是颊，顶壁是硬腭，后壁是软腭，底壁是口腔底和舌。口腔前由口裂与外界相通，后以咽峡与咽腔相通。唇、颊与齿弓之间的腔隙为口腔前庭，齿弓以内部分为固有口腔。口腔黏膜呈粉红色，常有色素沉着。

1. 唇

唇分为上唇和下唇，其游离缘共同围成口裂，口裂两端汇成口角。唇以口轮匝肌为基础，内面衬有黏膜，外面被有皮肤。

犬的口裂很大，向后延伸到第3臼齿处。在上唇形成正中沟(上唇沟)，将上唇分成左、右两半。有些品种的犬上唇形成大皱褶而下垂，压迫下唇。犬的唇腺不很显著，腺管直接开口于唇黏膜表面。口唇富有神经末梢，较敏感。

犬唇薄而灵活，表面生有长的触毛，但在上唇沟周围无触毛。

2. 颊

颊构成口腔的两侧壁，比较短，主要由颊肌构成，外覆皮肤，内衬黏膜。在黏膜上有许多尖端向后的角质化锥状乳头。在颧弓前端内侧及下颌骨外侧有颊腺，分别称为颊上腺和颊下腺。颊上腺呈圆形，称为眶腺或颧骨腺；颊下腺通常由犬齿延伸到第3下臼齿水平处，颊腺的腺管直接开口于颊黏膜的表面。在上颌第四臼齿相对处的颊黏膜上，还有腮腺管的开口。

3. 硬腭和软腭(图2-37)

硬腭构成固有口腔的顶壁，向后延续为软腭。硬腭的黏膜厚而坚实，覆以复层扁平上皮，浅层细胞高度角化；黏膜下层有丰富的静脉丛。硬腭的正中有一条明显的腭缝，腭缝的两侧有许多条(犬为 9～10 条)横行的、平滑而呈弓状弯曲的腭褶，每个腭褶游离缘均有角质化的锯齿状乳头。

软腭构成口腔的后壁，以腭肌为基础，表面被覆黏膜，游离缘与舌根之间的空隙称咽峡。

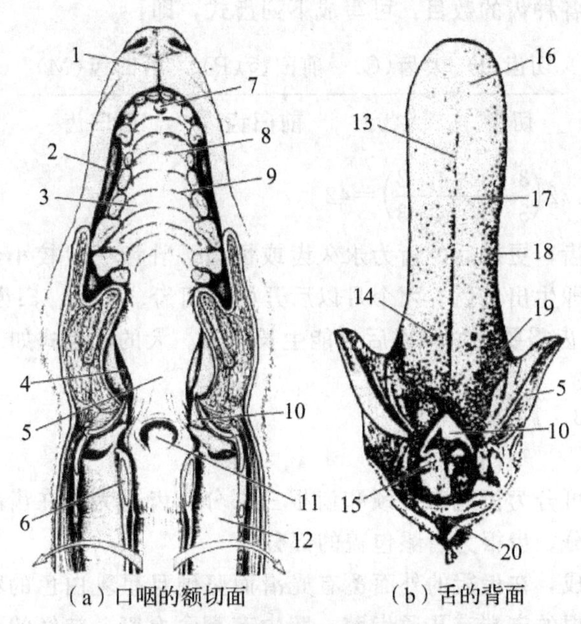

图 2-37 犬的硬腭和舌背

1. 人中；2. 口腔前庭；3. 硬腭；4. 腭扁桃体；5. 软腭；6. 环状软骨；7. 切齿乳头；8. 腭缝；9. 腭褶；10. 会厌；11. 咽内口；12. 气管；13. 舌正中沟；14. 轮廓乳头；15. 勺状软骨；16. 舌尖；17. 舌体；18. 菌状乳头；19. 舌根；20. 食管

(韩行敏，宠物解剖生理，2012)

4. 口腔底和舌

(1)口腔底。口腔底大部分被舌所占据，前部由下颌骨切齿部占据，此部的第 1 切齿后方有一对乳头，称为舌下肉阜。舌下肉阜为颌下腺管和长管舌下腺的开口部。

(2)舌。舌附着在舌骨上，占据固有口腔的大部分。舌分为舌尖、舌体和舌根。舌尖为前端的游离部分，其腹侧有明显的舌下静脉，常作为静脉麻醉药的注射部位。舌尖向后延续为舌体，在舌尖与舌体交界处的腹侧，有黏膜褶与口腔底相连，称为舌系带。舌根是舌体后部附着于舌骨上的部分，其背侧的黏膜内含有淋巴组织，称舌扁桃体。

舌背侧的黏膜角质化程度高，形成许多形态和大小不同的小突起，称为舌乳头。舌乳头可分为锥状乳头、豆状乳头、菌状乳头和轮廓乳头。后两种乳头的黏膜上皮中有许多卵圆形小体，称为味蕾，有味觉作用。

5. 齿

齿是体内最坚硬的器官，镶嵌于颌前骨和上、下颌骨的齿槽内，上、下颌骨齿槽均呈弓形排列，分别称为上齿弓和下齿弓，上齿弓较下齿弓宽。

(1)齿的种类和齿式

①切齿。切齿位于齿弓前部，与口唇相对，齿尖锋利，犬的上、下切齿各为三对。

②犬齿。犬齿尖而锐，特别发达，呈弯曲的侧扁状，上犬齿比下犬齿大。

③臼齿。臼齿位于齿弓的后部，与颊相对，故又称颊齿。上臼齿的第 4 齿和下臼齿的第 1 齿最大，其前后各齿均逐渐变小。

根据上、下齿弓各种齿的数目，可写成下列齿式，即：

$$\frac{\text{切齿(I)}\quad\text{犬齿(C)}\quad\text{前臼齿(P)}\quad\text{后臼齿(M)}}{\text{切齿}\quad\text{犬齿}\quad\text{前臼齿}\quad\text{后臼齿}}$$

成年犬的恒齿式：$2\left(\frac{3\quad 1\quad 4\quad 2}{3\quad 1\quad 4\quad 3}\right)=42$

更换前的齿为乳齿，更换后的齿为永久齿或恒齿。乳齿一般较小，颜色较白，磨损较快。仔犬生后十几天即生出乳齿，两个月以后开始由门齿、犬齿、臼齿逐渐换为恒齿，8～10 个月齿换齐，但犬齿需要 1 岁半以后才能生长坚实。犬的乳齿式如下：

犬的乳齿式：$2\left(\frac{3\quad 1\quad 3\quad 0}{3\quad 1\quad 3\quad 0}\right)=28$

(2)齿的构造

齿在形态上一般可分为齿冠、齿颈和齿根三部分。齿冠为露在齿龈以外的部分，齿颈为镶嵌在齿槽内的部分，齿根为齿龈包盖的部分。

齿主要由齿质构成，在齿冠的外面覆有光滑而坚硬且呈乳白色的釉质。在齿根的齿质表面被有齿骨质。齿根的末端有孔通齿腔，腔内有富含血管、神经的齿髓。齿髓有生长齿质和营养齿组织的作用，发炎时能引起剧烈的疼痛。

表 2-1　犬的齿龄与犬齿的变化

犬的年龄	犬齿的变化
1 月龄	长出全部乳门牙、第三、第二前臼齿和犬齿
2 月龄	长出全部乳牙
4 月龄	门牙和第三前臼齿变成永久齿，长出第一臼齿
6 月龄	犬齿、第一和第二前臼齿变成永久齿，长出第二和第三臼齿
1 岁	全部变成永久齿，洁白光亮，切齿无磨损，有尖突
1～2 岁	门齿有磨损，尖突消失
2～3 岁	第二门齿有磨损，尖突消失
4～5 岁	犬齿磨损，开始衰落
7 岁	下颌门齿磨损成圆形
10 岁	上颌门齿脱落
10～12 岁	牙根全部磨损
16 岁	切齿脱落
20 岁	犬齿脱落

6. 唾液腺

犬的唾液腺比较发达，包括腮腺、颌下腺、舌下腺和眶腺(如图 2-38)。

犬的唾液中不含有淀粉酶，但含有溶菌酶，能杀灭细菌，所以常见犬用舌舐伤口，有清洁消毒作用。由于犬缺乏汗腺，天热时可大量分泌唾液以散热。

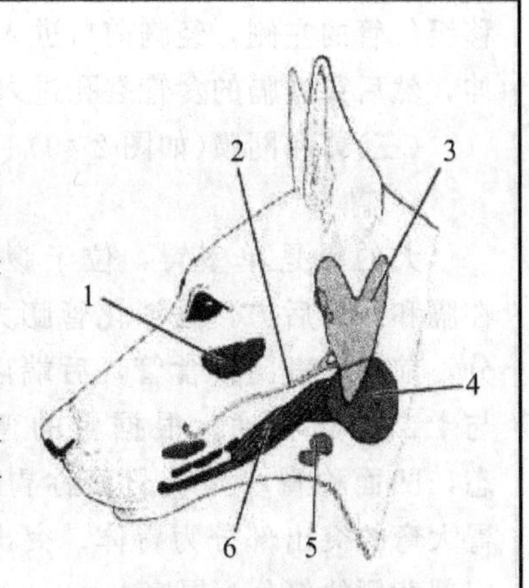

图 2-38　犬的唾液腺

1. 眶腺；2. 腮腺管；3. 腮腺；4. 颌下腺；5. 下颌淋巴结；6. 舌下腺

(韩行敏，宠物解剖生理，2012)

(1)腮腺

腮腺是比较小的混合腺，轮廓呈不规则三角形，比较薄，位于咬肌、环椎翼和耳郭软骨之间，腮腺开口于颊黏膜上。

(2)颌下腺

颌下腺管开口于舌系带近旁的舌下肉阜，一般比腮腺大，呈椭圆形，黄白色，位于下颌角附近。上部有腮腺覆盖，其余部分在浅面，可以用手触知。

(3)舌下腺

舌下腺呈粉红色，分长管舌下腺和短管舌下腺。长管舌下腺非常发达，并与颌下腺紧密相连；短管舌下腺位于舌的下面两侧，其分泌管一部分开口于口腔底，其余部分则进入长管舌下腺的大管内。

(4)眶腺

犬还有眶腺，也称颧骨腺(颧腺)，是食肉动物特有的唾液腺。眶腺位于眼球腹侧(眼球后下方和蝶腭窝前部)、颧骨的颧突深面，有 4～5 个腺管开口在最后颊齿(上臼齿)附近、腮腺管开口的后方颊黏膜上。

(二)咽和食管

图 2-39 所示为犬的头部正中矢状图。

1. 咽

(1)咽的形态结构

咽为漏斗形肌性囊，是消化道和呼吸道的共同通道，位于口腔和鼻腔的后方、喉和食管的前上方，可分为鼻咽部、口咽部和喉咽部。咽的前上方经鼻后孔通鼻腔，前下方经咽峡通口腔，后上方经食管的开口通食管，后下方经喉门通喉和气管，两侧经耳咽鼓管通中耳。

(2)咽壁的构造

咽壁由黏膜、肌肉和外膜三层组成。咽黏膜内含有咽腺和淋巴组织。

2. 食管

食管是食物通过的管道，连接于咽和胃之间，可分颈、胸、腹三段。颈段食管开始位于喉及气管的背侧，到颈中部逐渐

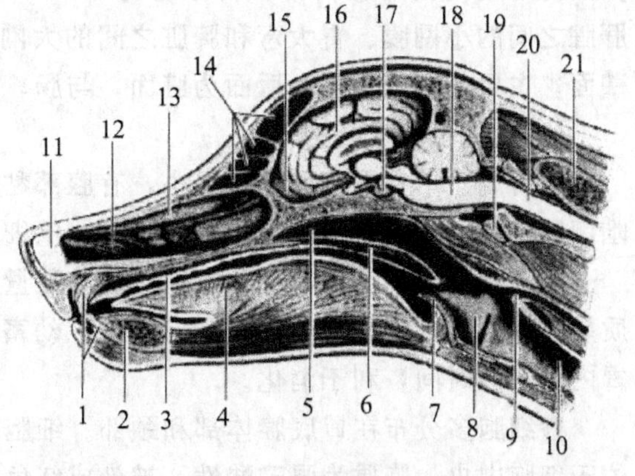

图 2-39　犬头部正中矢状面

1. 切齿；2. 下颌骨；3. 硬腭；4. 舌；5. 鼻后孔；6. 软腭；7. 会厌；8. 喉；9. 食管；10. 气管；11. 鼻中隔；12. 下鼻甲；13. 上鼻甲；14. 额窦；15. 嗅球；16. 边缘叶；17. 脑垂体；18. 延髓；19. 寰椎；20. 脊髓；21. 枢椎

(韩行敏，宠物解剖生理，2012)

移至气管的左侧，经胸前口进入胸腔；胸段位于纵隔内，又转至气管北侧而继续向后而延伸，然后穿过膈的食管裂孔进入腹腔；腹段很短，与胃的贲门相接。

（三）胃和网膜（如图 2-40）

1. 胃

犬的胃是单室胃，位于腹腔内，在膈和肝的后方，是消化管膨大的部分，前端以贲门接食管，后端以幽门与十二指肠相通。根据胃的弯曲形态，凹面称胃小弯，凸面称胃大弯。胃大弯的突出部分为胃体，突出于贲门部背侧的部分为胃底。

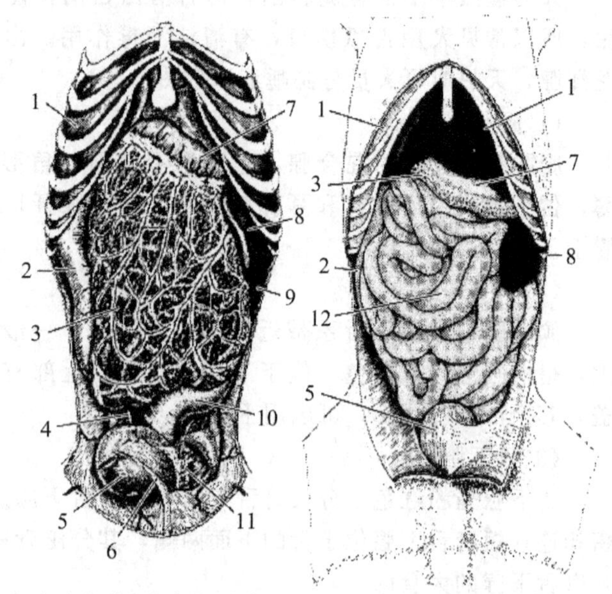

（a）切除膈肌保留网膜　（b）切除网膜保留膈肌

图 2-40　犬胃和网膜的形态位置

1. 肝；2. 十二指肠；3. 大网膜；4. 输尿管；5. 膀胱；6. 膀胱正中韧带；7. 胃；8. 脾尾；9. 左肾；10. 结肠；11. 膀胱阔韧带；12. 空肠

（韩行敏，宠物解剖生理，2012）

（1）胃的形态、位置和一般构造

犬的胃容积比较大，中等体型犬的胃其容量约有 2.5L。胃在充满状态时，容积显著增大，呈不正的梨形。左侧贲门部（包括胃底和胃体）比较大，似圆形，向外呈强隆凸面，位于左季肋部，主要向腹侧及左侧凸出，达于左侧腹壁和腹侧腹壁，最高点可达第 11、12 肋骨椎骨端。幽门位于体正中矢状面的右侧（右季肋部），幽门端略向前上方凸出，位于第 9 肋骨或肋间隙的下部。胃通过胃底与膈和贲门与膈之间的胃膈韧带、胃小弯与肝脏之间的小网膜、胃大弯和脾脏之间的大网膜与邻近器官连接，位置比较固定。前面为壁面，主要与肝脏相贴；后面为脏面，与肠、左肾、胰腺和大网膜等相邻。

（2）胃的组织学结构

犬胃属于单室胃，无腺部很小，有腺部黏膜层具有胃腺。胃腺分为贲门腺、胃底腺和幽门腺，其中主要是胃底腺，由主细胞、壁细胞和颈黏液细胞构成。

主细胞分布于腺的体部和底部。细胞数量多，呈矮柱状或锥体形，核位于基底部，胞质呈嗜碱性。主细胞能分泌胃蛋白酶原，幼畜此细胞分泌凝乳酶，能使乳汁凝固，增加在胃内停留的时间，利于消化。

壁细胞多分布在胃底腺体部和颈部。细胞体积较大，呈圆形或钝三角形，胞核呈圆形，位于细胞中央，胞质为强嗜酸性，被染成红色，能分泌盐酸。

颈黏液细胞数量较少，一般成群分布在腺体颈部，能分泌黏液，保护胃黏膜免受粗糙食物及胃液伤害的作用。

2. 网膜

网膜为联系胃的浆膜褶，分大网膜和小网膜。犬的大网膜很发达，由浅层和深层构成，扁平囊状，介于肠和腹腔底之间。浅层起于胃大弯，深层起于食管裂孔至左膈肌脚之间，浅层和深层分别在胃大弯的左侧和十二指肠的周围接合。

图 2-41 为犬胃的浆膜和黏膜表面形态图。

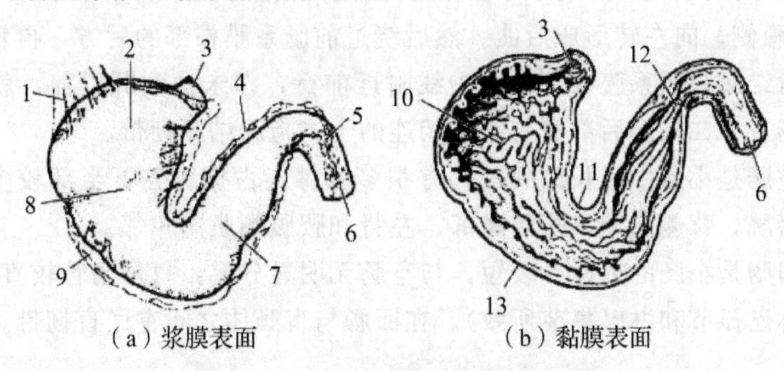

图 2-41 犬胃的浆膜和黏膜表面形态

1. 胃脾韧带；2. 胃底；3. 贲门；4. 小网膜断端；5. 大小网膜结合部；6. 十二指肠；7. 幽门部；8. 胃体；9. 大网膜断端；10. 胃底腺区；11. 角切迹；12. 幽门；13. 胃大弯

（韩行敏，宠物解剖生理，2012）

(四)肠和肛门

1. 肠

肠起自幽门，止于肛门，可分为小肠和大肠两部分(如图 2-42)。小肠又分为十二指肠、空肠和回肠，大肠又分为盲肠、结肠和直肠。

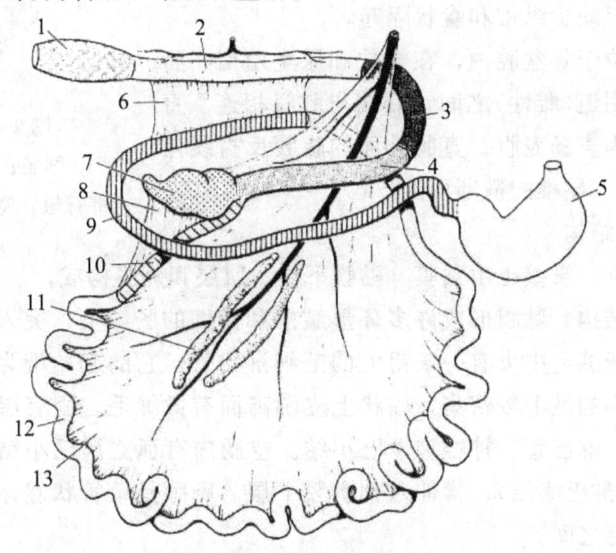

图 2-42 犬的肠管

1. 直肠；2. 降结肠；3. 横结肠；4. 升结肠；5. 胃；6. 十二指肠结肠褶；7. 盲肠；8. 回盲褶；9. 十二指肠；10. 回肠；11. 空肠淋巴结；12. 空肠；13. 空肠系膜

（韩行敏，宠物解剖生理，2012）

(1)小肠

犬的肠为体长的 3～4 倍，管径较小。

①十二指肠，是小肠的起始段，较粗而短，比较直，总体呈向后、向左、再向前的、开口朝前的 U 形肠襻。十二指肠可分为前部、降部、后曲、升部和十二指肠空肠曲。

前部起自胃的幽门，经十二指肠系膜悬于腹腔背侧壁，在肝的后方形成前曲后，沿右季肋部向上向后延伸，约在第9肋间移行为降部。降部越过肝门沿腹腔右侧壁向后延伸，到第4～6腰椎腹侧，向左转形成后曲。然后绕过前肠系膜根部的后方，再转向前方形成升部，升部在下行结肠与肠系膜根部的正中线附近前行，在未达到肝以前，就以十二指肠空肠曲移行为空肠。十二指肠后部有与结肠相连的十二指肠结肠韧带。

②空肠。空肠是小肠中最长的一段，有很多肠襻，占据腹腔下半部较多的空间，前接胃和肝，后接膀胱，背侧与十二指肠降部、左肾和腰腹侧肌肉相邻。

③回肠。回肠是小肠的末段，较短，与空肠无明显分界，只是肠管较直，肠壁较厚(因固有膜内富含淋巴孤节和淋巴集节所致)。在回肠与盲肠体之间有回盲韧带。

(2)大肠

犬大肠比小肠短，管径与小肠近似。

①盲肠。盲肠以盲结口起于结肠起始部，较细小，呈螺旋状(如图2-43)。平均长度12.5～15cm，以较短的系膜与回肠相连。

②结肠。结肠相对较细，甚至于不易从外观上与小肠相区别，总体走向与人类的结肠很相似，呈向前、向左、再向后的开口朝后的U形肠襻。连接直肠，整个结肠的直径都是相同的，但缺少纵带和囊状隆起。

③直肠。直肠位于骨盆腔内，在脊柱和尿生殖褶、膀胱(雄性)或子宫、阴道(雌性)之间，后端与肛门相连。直肠后部略显膨大，为直肠壶腹。直肠外面的腹膜反折线体表投影位置在第2、3尾椎的横断面上。

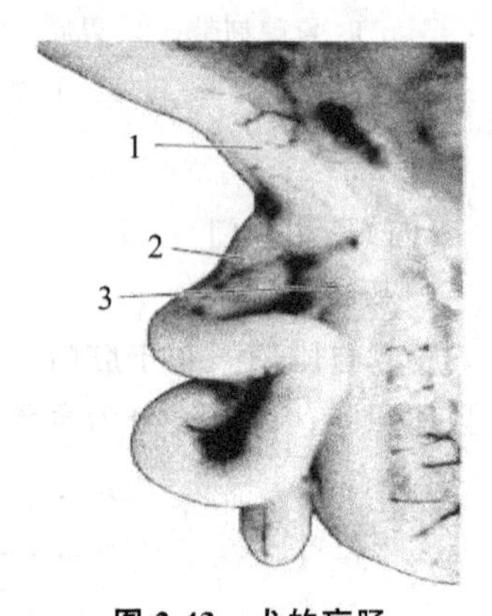

图2-43 犬的盲肠
1. 结肠；2. 盲肠；3. 回肠
(韩行敏，宠物解剖生理，2012)

(3)肠道的组织结构

肠道是管状器官，管壁也由黏膜、黏膜下层、肌层和外膜构成。

①小肠的组织结构。黏膜形成许多环形皱褶和微细的肠绒毛，突入肠腔内，以增加与食物接触的面积。肠绒毛中央有一条粗大的毛细淋巴管，它的起始端为盲端，称中央乳糜管。十二指肠与空肠的绒毛较密集，柱状上皮游离面有微绒毛。固有层内除有大量的肠腺外，还有毛细血管、淋巴管、神经和淋巴小结。空肠内有孤立淋巴小结(淋巴孤结)，回肠内有集合淋巴小结(淋巴集结)，常伸入到黏膜下层。肠腺是单管状腺，是小肠黏膜上皮下陷而成，开口于绒毛之间。

②大肠的组织结构。大肠也由四层构成，黏膜没有环形皱褶和绒毛。大肠腺比较发达，直而长，杯状细胞较多，分泌碱性黏液，中和粪便发酵产生的酸性产物。分泌物不含消化酶，但有溶菌酶。孤立淋巴小结较多，集合淋巴小结却很少。肌层特别发达。

2. 肛门

肛门是直肠的末段，后端开口于尾根下方。其外层为皮肤，薄而富含皮脂腺和汗腺；内层为由复层扁平上皮构成的黏膜；中间为肌层，主要由肛门内括约肌和肛门外括约肌组成，前者是平滑肌，后者属横纹肌，环绕在内括约肌的外围，并向下延续为阴门括约肌(在雌性)。它们的主要作用是关闭肛门。

(五)肝和胰

1. 肝和胆

(1)肝

肝是宠物机体最大的消化腺，具有分解、合成、贮存营养和解毒以及分泌胆汁等作用。

犬的肝脏发达，四边形，质地实而脆，占体重的3%～5%，有弹性，红褐色，以腹侧的许多切迹分成许多叶，即左外叶、左内叶、右内叶和右外叶。在肝门的下方，胆囊与圆韧带之间有方叶；在肝门的上方有尾叶，尾叶分为左侧的乳头突及右侧的尾状突。

肝位于右季肋部，偏于右侧。壁面平滑而隆凸，与膈相贴，称为膈面；脏面与胃、肠、右肾等相邻(如图 2-44)。

在肝的背侧缘有后腔静脉穿行，部分埋藏并连接于肝的实质内，有多条肝静脉在此处直接汇入后腔静脉。

肝门位于脏面的中部，门静脉、肝动脉、淋巴管、神经以及肝管由此进出肝的实质。

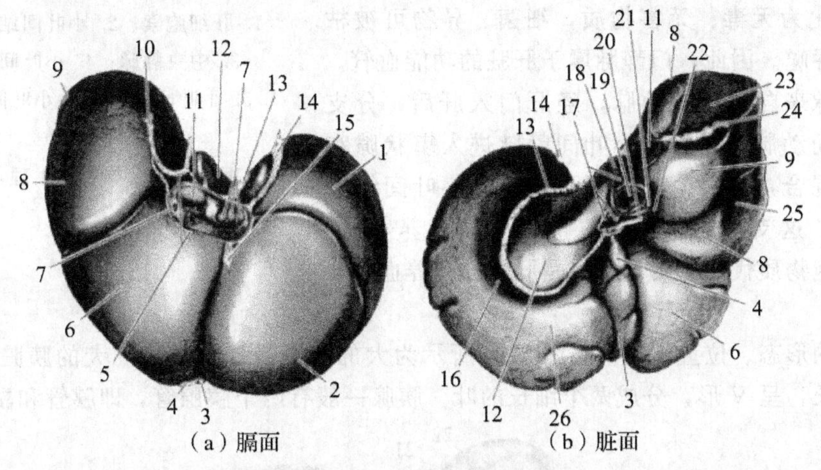

图 2-44　犬肝的膈面和脏面

1. 左外叶；2. 左内叶；3. 方形叶；4. 胆囊；5. 冠状韧带；6. 右内叶；7. 肝静脉；8. 右外叶；9. 尾状叶尾状突；10. 右三角韧带；11. 后腔静脉；12. 尾状叶乳头突；13. 网膜；14. 左三角韧带；15. 镰状韧带；16. 胃压迹；17. 肝支；18. 肝动脉；19. 门静脉；20. 胆管；21. 胃右动脉；22. 胃动脉；23. 肾压迹；24. 肝肾韧带；25. 十二指肠压迹；26. 左内叶

(韩行敏，宠物解剖生理，2012)

(2)胆囊

胆囊贮藏和浓缩胆汁，犬的胆囊比较细长，少部分游离到肝的腹缘之外。肝管离开肝门后，和胆囊管汇合成胆总管，开口于离幽门 2～3cm 的十二指肠乳头上。

(3)肝的组织结构

肝是实质器官，表面大部分被覆一层浆膜，其深面是结缔组织纤维囊。纤维囊结缔组织随血管、神经、淋巴管和肝管等出入肝实质内，构成肝的支架，并将肝分隔成许多肝小叶。图 2-45 所示为肝小叶与门管区示意图。

①肝小叶。肝小叶是肝的基本单位，呈不规则的多面棱柱状体。每个肝小叶的中央有一条中央静脉，肝细胞以中央静脉为轴心向四周呈放射状排列，称为肝细胞索，吻合连接成网，网眼内是窦状隙。相邻肝细胞还围成很细的胆小管。

②门管区。门管区又称汇管区，是几个肝小叶之间的结缔组织汇聚的部位，有小叶间静脉、小叶间动脉和小叶间胆管在此穿行。

③肝内管道流向。门静脉收集胃、脾、肠、胰的静脉血，经肝门入肝，在肝小叶间分支形成小叶间静脉。小叶间静脉的分支经窦状隙达小叶中心的中央静脉。因为门静脉血主要来自胃肠，所以血液内既含有经消化吸收来的营养物质，又含有消化吸收过程中产生的毒素、代谢产物及细菌、异物等有害物质。其中，营养物质在窦状隙处可被吸收，贮存或经加工、改造后再排入血液中，运到机体各处，供机体利用；而代谢产物，有毒、有害物质则可被肝细胞转化为无毒、无害物质，细菌、异物可被枯否氏细胞吞噬。因此，门静脉属于肝脏的功能血管。

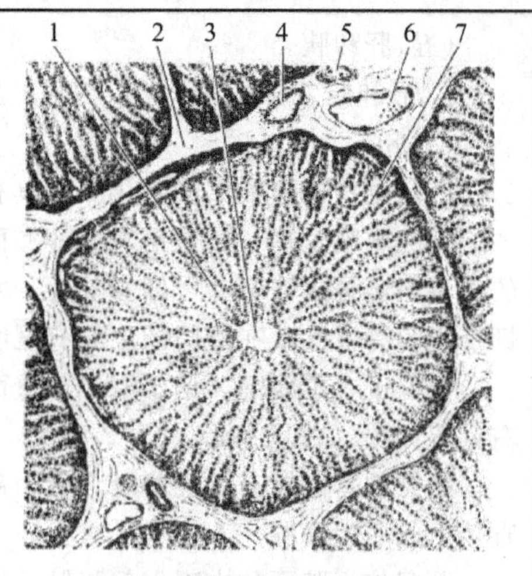

图 2-45　肝小叶和门管区

1. 肝细胞索；2. 小叶间结缔组织；3. 中央静脉；4. 小叶间胆管；5. 小叶间动脉；6. 小叶间静脉；7. 窦状隙

（韩行敏，宠物解剖生理，2012）

肝动脉来自于腹主动脉，经肝门入肝后，分支形成小叶间动脉，并伴随小叶间静脉进入窦状隙和门静脉血混合，部分分支还可到被膜和小叶间结缔组织等处。这支血管含有丰富的氧气和营养物质，可供肝细胞物质代谢使用，所以是肝脏的营养血管。

2. 胰

①胰的形态、位置、结构。图 2-46 所示为犬的胰脏及周围器官。犬的胰脏呈浅粉色，柔软，细长，呈 V 形，分成两个细长的叶。胰腺一般有两个胰腺管，即胰管和副胰管。胰

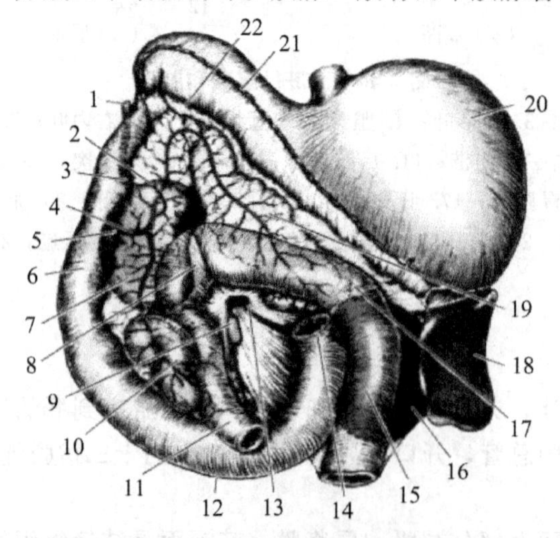

图 2-46　犬的胰脏及周围器官

1. 胆管；2. 胰管；3. 十二指肠大乳头；4. 副胰管；5. 十二指肠小乳头；6. 十二指肠降部；7. 胰右叶和右肾；8. 升结肠末端；9. 肠系膜淋巴结；10. 盲肠；11. 回肠；12. 十二指肠后曲；13. 肠系膜根；14. 十二指肠空肠曲；15. 回肠；16. 左肾；17. 横结肠始部；18. 脾脏；19. 胰左叶；20. 胃；21. 浅层大网膜；22. 深层大网膜

（韩行敏，宠物解剖生理，2012）

管较小，开口于胆管的近旁，或与胆管合成一个开口；副胰管较粗，开口于胆管开口后方3～5cm处。

②胰的组织结构。胰的被膜比较薄，结缔组织伸入腺内，将腺实质分隔成许多小叶。胰的实质分为外分泌部和内分泌部。图2-47为犬的胰腺切面示意图。

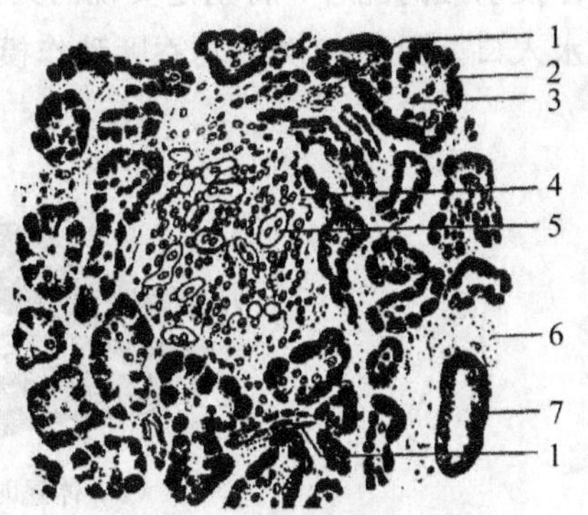

图2-47　胰腺切面示意图

1. 润管；2. 腺泡；3. 泡心细胞；4. 胰岛；5. 血窦；6. 小叶间结缔组织；7. 小叶间导管

（马仲华，家畜解剖及组织胚胎学，第三版，2002）

外分泌部占腺体的绝大部分，属消化腺，分腺泡和导管两部分。腺泡呈球状或管状，腺腔很小，均由浆液性腺细胞组成。细胞合成的分泌物，在细胞顶端排入腺腔内，再由各级导管把分泌物排出胰脏。腺泡分泌液称胰液，经胰管注入十二指肠。

内分泌部位于腺泡之间，由大小不等的细胞群组成，形似小岛，故名胰岛。胰岛的细胞分为A细胞、B细胞、D细胞和PP细胞，主要分泌胰岛素和胰高血糖素，经毛细血管进入血液，调节与血糖相关的代谢活动。

消化生理

机体所需要的营养物质包括蛋白质、脂肪、糖类、维生素、无机盐和水等。其中蛋白质、脂肪和糖类是大分子物质，不能直接被动物吸收利用，必须经过消化系统一系列物理的、化学的和微生物的复杂作用，分解为结构简单的小分子物质，才能被机体吸收。食物在消化管内被分解成为能吸收的小分子物质的过程，称为消化。

一、消化道的作用方式

消化分为化学消化、机械消化和微生物消化三种方式。

(一)化学消化

化学消化是指食物在消化管内由消化腺分泌的消化酶和植物性食物本身的酶对食物中的大分子、难溶解和难吸收的营养成分进行分解的一种消化方式。消化酶能将结构复杂的营养物质分解成简单的物质，如蛋白质在蛋白酶的作用下分解成小分子氨基酸；多糖在糖酶的作用下分解成单糖；脂肪在脂肪酶作用下分解成甘油和脂肪酸等。

(二)机械消化

机械消化是指通过消化器官的运动，牙齿咬断食物、咀嚼、吞咽、胃肠运动等，将大块食物变为小块，并沿消化管向后移行，同时与消化液充分混合，使食糜与消化管壁充分接触，以利于营养物质的吸收。它是改变食物物理性质的一种消化方式。

(三)微生物消化

微生物消化指动物消化管内的微生物对食物进行消化的一种方式。犬的微生物消化在大肠，且此功能并不发达，主要是对纤维素进行消化作用。

二、消化管各部的消化

(一)口腔、咽和食管的消化

口腔的消化作用首先是饮水和采食，其次是咀嚼和分泌唾液；而吞咽是口腔配合咽和喉及食管来完成的；食管的作用则是输送水和食团。

唇、舌和齿互相配合将食物和水送进口腔。犬采食时靠口腔上下颌及头颈部的特殊动作及前肢的配合，特别是尖锐的犬齿的撕咬。犬饮水时，将舌伸入水中卷成匙状，迅速带水入口。图 2-48 为犬的吞咽动作模式图。

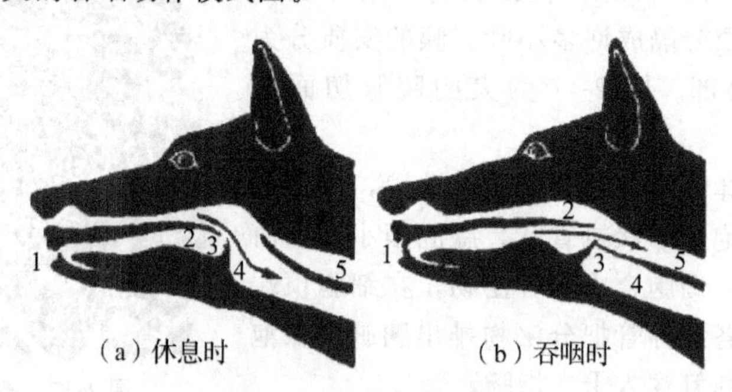

图 2-48　吞咽动作模式图

1. 口腔；2. 软腭；3. 会厌；4. 喉；5. 食管

（韩行敏，宠物解剖生理，2012）

咀嚼是在齿、舌、唇、颊的协同作用下完成的，一方面可以将食物粉碎和破坏，另一方面引起各种消化液分泌和促进胃肠运动，为食物的进一步消化做准备。犬的臼齿没有特别复杂的咀嚼面，咀嚼很不充分，靠下颌猛烈的上下运动压碎食物。

唾液是由唾液腺分泌的无色透明略带黏性的液体，由约 99.4%的水分和 0.6%的无机物及有机物组成。无机物有钾、钠、钙、镁的氯化物，磷酸盐和碳酸氢盐等；有机物主要是黏蛋白和溶菌酶。唾液主要有下列作用：浸润口腔和饲料，便于咀嚼和吞咽；溶解饲料中的可溶性物质，刺激味蕾引起食欲，促进各种消化液的分泌；唾液中含溶菌酶，具有抗菌作用；清洁口腔和散热作用。犬的唾液腺发达，能分泌大量唾液，湿润口腔和食物，便于咀嚼和吞咽。唾液中还含有溶菌酶，具有杀菌作用。在炎热的季节，借助唾液中水分的蒸发，以调节体湿，是很重要的一种散热方式。

犬不善咀嚼，是典型的“狼吞虎咽”。食管有丰富的横纹肌，呕吐中枢发达，吃进毒物后能引起强烈的呕吐反射，把胃内的毒物排出，是一种比较独特的防御本领。

（二）胃的消化

犬的胃是单室胃，其消化方式主要是机械消化和化学消化。

1. 机械消化

单室胃的机械消化主要包括容纳性舒张、紧张性收缩和蠕动、排空。

(1)容纳性舒张

咀嚼和吞咽食物时，刺激了咽和食管等处的感受器，反射性地通过迷走神经控制胃体部和底部肌肉舒张，称为容受性舒张。

(2)紧张性收缩和蠕动

胃在消化时的运动主要有两种方式：一种是紧张性收缩，即整个胃壁肌肉呈现持续而缓慢收缩，并逐渐加强，使胃内压力逐渐增高，以使食物与胃液充分混合，并向幽门移动；另一种是蠕动，这是胃壁的环形肌交替收缩和舒张产生的运动形式，一般从贲门向幽门呈波浪式推进，运动力由小到大，到胃体中部逐渐明显，到幽门极为有力。

(3)排空

随着胃运动的不断加强，胃内压逐渐升高，当胃内压大于肠内压时，胃内食糜分批排入十二指肠的过程，称为胃排空。胃排空的速度取决于胃收缩运动的动力、食物的性质及动物的生理状况。蛋白性食物、脂肪性食物和固体性食排空较慢，糖类食物、半液态和液态物质排空较快。酸性并含有脂肪的食糜进入小肠可引起幽门括约肌的收缩和胃运动的抑制，暂停排空。当胃排空后数小时，有饥饿感。

(4)胃运动的调节

胃运动受迷走神经和交感神经双重支配。迷走神经对胃运动有兴奋作用，可使胃的紧张性收缩和蠕动运动增强；交感神经兴奋则使胃壁肌肉舒张，胃运动减弱。此外，促胃液素能增加胃收缩频率，使胃运动增强；促胰液素和抑胃肽能则抑制胃的收缩，使胃运动减弱。

2. 化学消化

胃液是由胃腺分泌的无色透明含黏液的酸性液体，pH 为 0.5～1.5，主要成分包括水、盐酸、消化酶、内因子和黏蛋白等。胃液的分泌受神经和体液的调节，副交感神经兴奋，胃液分泌增加。

(1)胃酸

胃中的盐酸主要由胃腺中的壁细胞分泌，又称胃酸，对胃的消化具有十分重要的作用：能激活胃蛋白酶原和凝乳酶原，并为胃蛋白酶活动提供所需要的酸性环境；促使蛋白质膨胀变性，以利于胃蛋白酶对其消化分解；能抑制和灭杀胃内的细菌；盐酸进入小肠后，可刺激促胰液素的分泌，从而促进胰液、胆汁及肠液的分泌，并刺激小肠运动。犬胃液中的盐酸含量为 0.4%～0.6%，在家畜中居首位，犬对蛋白质的消化能力很强，这是其肉食习性的基础。

(2)消化酶

消化酶由胃腺主细胞分泌，主要包括胃蛋白酶、凝乳酶和胃脂肪酶等。胃蛋白酶在较强酸性环境(pH 1.8～3.5)下将蛋白质水解为蛋白胨和蛋白䏡。凝乳酶在哺乳期动物胃液中含量高，能将乳中的酪蛋白原转变为酪蛋白，酪蛋白与钙离子结合成不溶性酪蛋白钙而凝固，延长了乳在胃内的停留时间，以利于胃液对它的充分消化。胃脂肪酶含量少，活力弱，只能将乳化的脂肪分解成甘油和脂肪酸，在幼犬较多。

(3)黏液

黏液主要成分是蛋白，覆盖在胃黏膜表面，形成中性或弱碱性的黏液层，起润滑胃表面，保护胃黏膜不受食物中坚硬物质损伤的作用；防止酸和酶对黏膜的侵蚀。

(4)内因子

内因子是一种相对分子质量为100 000 的糖蛋白，能和食物中的维生素 B_{12} 结合成复合物，保护维生素 B_{12}，使之不受破坏。当内因子缺乏时，可影响维生素 B_{12} 的吸收而造成贫血。

(三)肠的消化

小肠是消化吸收的重要部位，大肠主要是吸收水分、形成粪便。

1. 小肠的消化

(1)小肠的运动

小肠的运动主要包括蠕动、分节运动、钟摆运动三种基本形式。

①蠕动。蠕动是由肠壁相邻环行肌依次收缩、舒张形成的运动。这种收缩和舒张运动连续进行，从外观上看呈波浪状，形似蠕虫运动。小肠蠕动的方向一般是从胃向大肠，有时会产生方向与之相反的逆蠕动。

②分节运动。分节运动是以环行肌的自律性舒缩为主的运动。当食糜进入肠管的某一段后，这段肠管的环行肌在多处表现自律性的收缩与舒张，这样将肠管内的食糜分成许多节段。随后原先收缩的环行肌舒张，舒张的环行肌则收缩，使原来的小节分为两半，后一半与后段的前一半合并形成新小节。

③钟摆运动。钟摆运动是以纵行肌的自律性舒缩为主的运动。当食糜进入小肠后，小肠的一侧纵行肌发生节律性的舒张或收缩，对侧发生相应的收缩或舒张，使肠段左、右摆动。这种节律性运动的次数和强度由前向后逐渐减弱。

(2)小肠的化学消化

①胰液。胰液是胰的外分泌部分泌的消化液，经胰管进入十二指肠参与小肠内消化。胰液是无色、无臭、黏稠的碱性液体，pH7.2～7.4，主要由有机物、无机物和水组成。其中无机物主要为碳酸氢盐和少量氯化物，能中和进入的胃酸，使肠黏膜免受强酸的侵蚀；同时提供了最适的 pH 环境。有机物主要是大量的消化酶，如胰蛋白分解酶、胰脂肪酶、胰淀粉酶及糖酶等。这些酶进入小肠后在肠激酶和胆盐的作用下产生活力，能分解蛋白质、脂肪及糖类物质。

胰液中的胰蛋白分解酶主要有胰蛋白酶、糜蛋白酶和羧基肽酶等，有的将蛋白质消化到多肽阶段，有的主要使多肽降解为氨基酸，它们共同作用使蛋白质分解为氨基酸。胰脂肪酶在胆盐的作用下，分解脂肪为三酰甘油和脂肪酸，三酰甘油主要形成乳糜微粒，经淋巴途径吸收。胰淀粉酶是一种 a 淀粉酶，在 Cl^- 存在下，能水解淀粉颗粒为糊精麦芽糖。

饥饿时犬很少或不分泌胰液，进食数分钟后，胰液的分泌开始增加。初始阶段是由迷走神经反射来调节的，而后则由十二指肠释放的促胰液素来调节。

②胆汁。胆汁是具有强烈苦味的黏性液体，呈黄绿色至暗绿色，由肝细胞刚刚分泌出来呈弱碱性，而贮存在胆囊内的胆汁呈弱酸性。肉食动物的胆囊对胆汁具有明显的浓缩作用，其胆囊胆汁的浓度可比肝胆汁高 10～20 倍。犬胆汁分泌速度可达 7～14mL/h，进食 2～5h 后，胆汁分泌达到最高。

胆汁主要成分是胆色素、胆酸、胆固醇、卵磷脂、脂肪、胆酸盐及矿物质等。胆汁的作用：胆酸盐是胰脂肪酶的辅酶，能增加脂肪酶的活性；胆酸盐能降低脂肪表面的张力，乳化脂肪，增加脂肪与脂肪酶的接触面积；胆汁中的碱性成分能中和胃酸，维持小肠的碱性环境；胆酸盐能与脂肪酸结合成水溶性复合物，促进脂肪酸的吸收；促进脂溶性维生素 A、维生素 D、维生素 E、维生素 K 的吸收；胆汁可刺激小肠的运动。

③小肠液。小肠液是小肠黏膜内各种肠腺的分泌物，是无色或灰黄色的混浊液，呈弱碱性。小肠液中含有肠激酶、肠肽酶、肠脂肪酶和肠糖酶等各种消化酶，对前部消化器官初步分解过的营养物质进行彻底的消化，如肠肽酶能把多肽分解为氨基酸，肠脂肪酶能把脂肪分解为甘油和脂肪酸，肠双糖分解酶能将双糖分解为葡萄糖。

2. 大肠的消化

食糜通过小肠消化和吸收后，其残存部分被送到大肠。由于大肠腺只能分泌少量碱性黏稠的消化液，其中含消化酶很少或者不含，所以大肠的消化除依靠随食糜来的小肠消化酶继续作用之外，还主要靠微生物进行生物学消化。犬的肠管较短，一般只有体长的3～4倍(马和兔虽然也是单胃动物，但因食草，其肠管长度却是体长的12倍)。

大肠蠕动速度较小肠慢，强度较弱，加之内容物相对干硬，所以其所产生的大肠肠音声调相对比较低沉。食糜在大肠内停留较长时间，利用细菌消化纤维素，并保证挥发性脂肪酸和水分的吸收。犬对蛋白质和脂肪能很好地消化和吸收，但因咀嚼不充分和肠管短，没有发酵能力，故对粗纤维的消化能力差。因此，给犬喂蔬菜时应切碎、煮熟，不宜喂大块。

三、吸收

食物经过复杂的消化过程后，分解为小分子物质，这些物质及水分和盐类等通过消化道上皮细胞进入血液和淋巴的过程，称为吸收。被吸收的营养物质经血液循环输送到全身各部，供组织细胞利用。

(一)吸收的部位

食物在口腔和食管基本不吸收，反刍动物的前胃可吸收大量的挥发性脂肪酸，皱胃及单室胃的吸收也很有限，一般只吸收少量水分、醇类和电解质，小肠是营养物质吸收的主要部位。这主要是因为：小肠很长，黏膜表面有许多环状皱褶和密集的肠绒毛，大幅度增加了肠内表面的吸收面积；此外，食物在小肠内停留的时间也最长，且已被消化到适于吸收的状态。

(二)吸收的机制

消化管内的各种营养物质是通过被动转运和主动转运两种方式被吸收的。

当肠腔内压力超过毛细血管和毛细淋巴管内压时，水和其他一些物质可以滤入血液和淋巴液，这一过程称滤过作用；当肠黏膜两侧压力相等、但浓度不同时，溶质分子可从高浓度一侧向低浓度一侧扩散，这一过程称弥散作用；当肠黏膜两侧的渗透压不同时，水则从低渗透压一侧进入高渗透压一侧，直至两侧溶液渗透压相等，这一过程称为渗透作用。易化扩散是一种顺浓度梯度进行转运的过程，但需特异性载体参与。

主动转运是由于细胞膜上存在着一种具有“泵”样作用的转运蛋白，可以逆浓度梯度转运Na^{+}、Cl^{-}和K^{+}等电解质及单糖和氨基酸等非电解质。

(三)各种营养物质的吸收

1. 水分的吸收

动物体内的水分主要是在小肠和大肠吸收，胃吸收的水分较少。

2. 糖的吸收

可溶性糖(主要是淀粉)在胰淀粉酶和肠双糖分解酶的作用下，分解为单糖(葡萄糖、果糖、半乳糖)被吸收；纤维素在微生物的作用下，分解成挥发性脂肪酸被吸收。

3. 脂肪的吸收

脂肪分解为甘油和脂肪酸。甘油和脂肪酸被吸收进入肠黏膜上皮细胞后，少部分直接进入血液，经肝门入肝；大部分在细胞内重新合成中性脂肪，经中央乳糜管进入肠毛细淋巴管经淋巴入血。

4. 盐类的吸收

盐类主要以钠、铁、钙等离子的形式被小肠吸收。氯化钠、氯化钾最易被吸收，其次是氯化钙和氯化镁，而磷酸盐和硫酸盐最难被吸收。

5. 蛋白质的吸收

蛋白质在胃蛋白酶、胰蛋白酶、羧肽酶和肠肽酶的作用下，分解为各种氨基酸。氨基酸被肠黏膜吸收入血，经门静脉入肝。

6. 维生素的吸收

脂溶性维生素A、维生素D、维生素E、维生素K的吸收部位主要在小肠前段，再经淋巴循环进入血液送至全身。水溶性维生素包括维生素C和维生素B族，一般以简单的扩散方式吸收。

四、粪便的形成和排泄

经消化吸收后的食物残渣一般在大肠内停留10h以上，大部分水分在此被吸收，其余经细菌发酵和腐败作用后，残渣逐渐浓缩而形成粪便。

直肠内存在许多感受器，肛门括约肌正常处于收缩状态。当残渣积聚到一定量时，刺激肠壁压力感受器，通过盆神经传至腰荐部脊髓的排粪中枢，再传至延脑和大脑皮质的高级中枢，由中枢发生冲动传至大肠后段，引起肛门括约肌舒张和后段肠壁肌肉的收缩，且在腹肌收缩配合下，增加腹压进行排粪。犬的排粪中枢不发达，不能像其他家畜那样在行进状态下排粪。

五、消化管运动和消化腺分泌的调节

(一)神经调节

消化管的运动和消化腺的分泌受自主神经支配，当副交感神经(主要是迷走神经)兴奋时，末梢释放乙酰胆碱，而交感神经兴奋时末梢释放去甲肾上腺素。乙酰胆碱的作用一般是使胃肠道的平滑肌运动增强，括约肌收缩性减弱，消化腺的分泌增加，加强消化吸收；而去甲肾上腺素的作用一般是使胃肠道的平滑肌运动减弱，括约肌收缩性增强，从而起到削减消化吸收的作用。

(二)体液调节

消化管与消化腺的体液调节主要是由一些激素来完成的。这些激素称为胃肠激素，主要有胃泌素、促胰液素等兴奋性胃肠激素，生长抑素、抑胃液素等抑制性胃肠激素。

第二部分 呼吸系统

呼吸器官

呼吸系统由鼻、咽、喉、气管、支气管和肺组成。鼻、咽、喉、气管和支气管是气体出入肺的通道，称为呼吸道。

一、鼻

鼻既是呼吸道，又是嗅觉器官，包括鼻腔和鼻旁窦。

(一)鼻腔

鼻腔是呼吸道的起始部，呈长圆筒状，内衬黏膜，前端经鼻孔与外界相通，后端经鼻后孔与咽相通。鼻腔正中有鼻中隔，分为左、右互不相通的两个通道，每侧鼻腔可分鼻孔、鼻前庭和固有鼻腔三部分。图2-49为犬鼻腔旁矢状面图。

1. 鼻孔

鼻孔由内侧鼻翼和外侧鼻翼围成，鼻翼为包有鼻翼软骨和肌肉的皮肤褶，有一定的弹性和活动性。犬的鼻孔呈向外的双向逗点形。犬鼻端特化的外皮形成鼻镜，内有鼻软骨，并借前沟(俗称鼻中沟或人中)分为左、右两部分。鼻镜因能不断分泌浆液而保持凉滑湿润。

2. 鼻腔

鼻腔前部衬着皮肤的部分，相当于鼻翼所围成的空间，称鼻前庭。鼻前庭以后由骨性鼻腔覆以黏膜构成的部分称固有鼻腔。在每侧鼻腔的侧壁上，附着有上、下两个鼻甲，将鼻腔分为上、中、下三个鼻道。上鼻道较窄，通向嗅区；中鼻道通鼻旁窦；下鼻道最宽，经鼻后孔与咽相通。

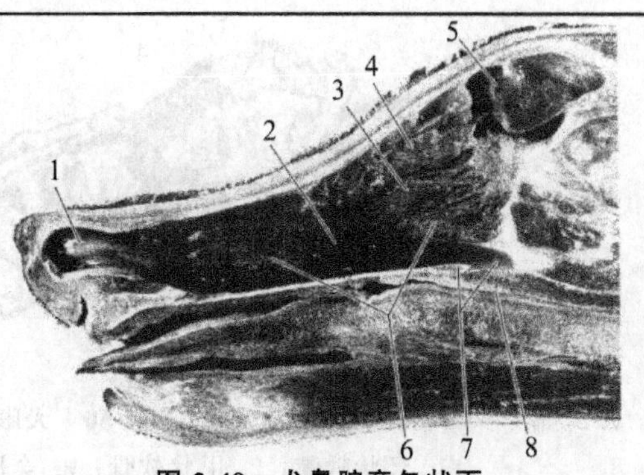

图 2-49　犬鼻腔旁矢状面

1. 鼻腔前庭；2. 上颌隐窝口；3. 中鼻甲；4. 上鼻甲；5. 额窦；6. 下鼻甲；7. 硬腭后缘和软腭；8. 咽峡

(韩行敏，宠物解剖生理，2012)

鼻黏膜被覆于固有鼻腔内面，因结构与功能不同，可分为呼吸区和嗅区两部分。

(1)呼吸区

呼吸区位于鼻前庭和嗅区之间，占鼻黏膜的大部，呈粉红色，由黏膜上皮和固有膜组成；能调节空气的温度和湿度，而且能黏着其中的灰尘和细菌等异物，起着保护的作用。

(2)嗅区

嗅区位于呼吸区之后，一般呈黄褐色。

黏膜上皮为假复层柱状上皮，由嗅细胞、支持细胞和基细胞组成。嗅细胞具有嗅觉作用；支持细胞起支持和营养嗅细胞的作用；基细胞有支持和增生补充其他上皮细胞的作用。

(二)鼻旁窦

鼻腔周围的含气空腔，直接或间接与鼻腔相通，有四对：即上颌窦、额窦、蝶腭窦和筛窦。鼻旁窦内面衬有黏膜，与鼻腔黏膜相连续，但较薄，血管较少。鼻黏膜发炎时可波及鼻旁窦，引起鼻旁窦炎。鼻旁窦有减轻头骨重量、温暖和湿润吸入的空气以及对发声起共鸣等作用。

二、咽和喉

(一)咽

有关内容见消化系统。

(二)喉

图 2-50 所示为犬喉的表面和正中矢状面。喉既是空气出入肺的通道，又是调节空气流量和发声的器官，前端以喉口与咽相通，后端与气管相通。喉壁主要由喉软骨和喉肌构成，内面衬有黏膜。

1. 喉软骨

喉软骨构成喉的支架，包括不成对的会厌软骨、甲状软骨、环状软骨和成对的杓状软骨。

环状软骨，由透明软骨构成，外形呈指环状，背部宽，其余部分窄。

甲状软骨，是较大的透明软骨，呈弯曲的板状，可分体和两侧板。体连于两侧板之间，构成喉腔的底壁；两侧板从体的两侧伸出，构成喉腔左、右两侧壁的大部分。

会厌软骨，由纤维软骨构成，位于喉的前部，呈叶片状，基部厚，借弹性纤维与甲状软骨体相连，具有弹性和韧性，当吞咽时，尖端向舌根翻转关闭喉口，可防止食物误入

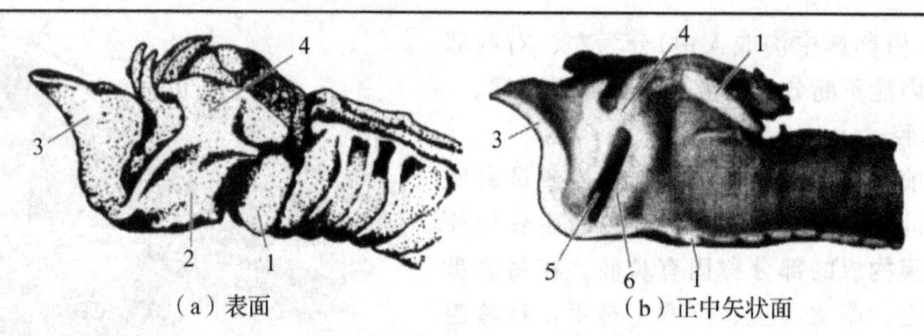

（a）表面 （b）正中矢状面

图 2-50 犬喉的表面和正中矢状面

1. 环状软骨；2. 甲状软骨；3. 会厌软骨；4. 杓状软骨；5. 喉侧室；6. 声带

（韩行敏，宠物解剖生理，2012）

喉内。

杓状软骨，为透明软骨，位于会厌软骨的前上方，在甲状软骨侧板的内侧，左右各一，呈三面锥体形，其尖端弯向后上方，表面覆盖着黏膜。

2. 喉肌和喉腔

喉肌属横纹肌，作用与吞咽、呼吸及发声等运动有关。

喉腔为由喉壁围成的管状腔，在其中部的侧壁上有一对明显的黏膜褶，称为声带。声带是喉的发音器官，两侧声带之间的狭窄缝隙，称为声门裂。

三、气管与支气管

1. 形态结构

气管是由气管软骨环做支架构成的圆筒状长管，前端与喉相接，向后沿颈部腹侧正中线进入胸腔，分为左、右两条支气管进入左、右肺。

犬的气管由 40～45 个气管软骨环组成，气管进入胸腔，其分支部位与第 5 肋骨相对。

2. 气管的组织结构

气管管壁由黏膜、黏膜下层和外膜组成。

(1)黏膜，是假复层纤毛柱状上皮，其中夹有许多杯状细胞。固有膜由疏松结缔组织构成，其中弹性纤维较多，还有弥散的淋巴组织和淋巴小结。

(2)黏膜下层，由疏松结缔组织构成，有丰富的血管、神经、脂肪细胞和气管腺。气管腺为混合腺，导管穿过固有膜，开口于黏膜表面。

(3)外膜，是气管的支架，由透明软骨环和结缔组织组成。软骨环呈“U”形，缺口朝向背侧，缺口之间有弹性纤维膜和平滑肌纤维束，可使气管适度舒缩。相邻软骨环借环韧带相连，可使气管适度延长。

支气管壁的构造与气管壁相似。

四、肺

肺是气体交换的场所，为呼吸系统中最重要的器官。

(一)肺的形态和位置

肺位于胸腔内，在纵隔两侧，左、右各一，右肺通常较大，图 2-51 为犬左肺内侧示意图。肺的表面覆有胸膜脏层，平滑、湿润、闪光。健康动物的肺呈粉红色，呈海绵状，质软而轻，富有弹性。肺略呈锥体形，具有三个面和三个缘。肋面隆凸，与胸腔侧壁接触并有肋骨压迹；底面凹，与膈接触，又称膈面；内侧面，又称纵隔面，与纵隔接触，并有心压迹及食管和大血管的压迹。在心压迹的后上方有肺门，为支气管、肺血管、淋巴管和神经出入肺的地方，这些结构被结缔组织包成一束，称为肺根。肺的背缘钝圆，腹缘和底缘薄而锐，在腹缘上有心切迹。右肺的心切迹小，位于第4～5肋软骨间隙。

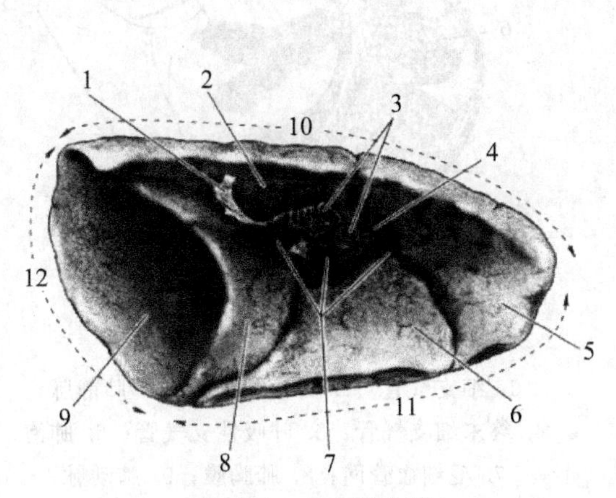

图 2-51 犬左肺内侧

1. 肺韧带；2. 主动脉沟；3. 气管的分支；4. 肺动脉；5. 前叶前部；6. 前叶后部；7. 肺静脉；8. 后叶；9. 膈面；10. 背缘；11. 腹缘；12. 底缘

（韩行敏，宠物解剖生理，2012）

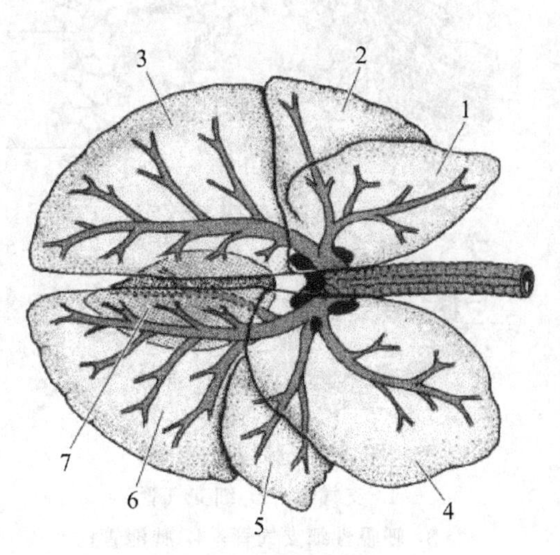

图 2-52 犬肺的分叶

1. 左肺前叶前部；2. 左肺前叶后部；3. 左肺后叶；4. 右肺前叶；5. 右肺中叶；6. 右肺后叶；7. 副叶

（韩行敏，宠物解剖生理，2012）

(二)肺的分叶(如图 2-52)

犬的左肺分前叶和后叶。前叶又分为前部和后部两部分。前叶前部尖端小而钝，位于胸骨柄的上面；后叶上的心压迹浅。在肺根的背侧有明显的主动脉沟，在肺根的后方有一浅的食管沟。右肺比左肺大1/4，分为四叶，即前叶、中叶、后叶和副叶。

(三)肺的组织结构

肺的表面覆有一层浆膜(胸膜脏层)，浆膜由薄层疏松结缔组织和覆盖在表面的一层间皮所组成。结缔组织伸入肺内，构成肺的间质，其中有血管、淋巴管和神经等。肺的实质由肺内各级支气管和无数肺泡组成，图 2-53 为犬肺切片示意图。

支气管由肺门进入肺内，反复分支，形成树枝状，称为支气管树。小支气管分支到管径在1mm以下时，称为细支气管。细支气管再分支，管径为0.35～0.5mm时，称为终末细支气管。终末细支气管继续分支为呼吸性细支气管，管壁上出现散在的肺泡，开始有呼吸功能。呼吸性细支气管再分支为肺泡管，肺泡管再分为肺泡囊。肺泡管和肺泡囊的壁上有更多的肺泡。

每一细支气管分支所属的肺组织组成肺小叶(如图 2-54)。肺小叶呈大小不等的多面锥体形，锥顶朝向肺门，顶端的中心为细支气管，锥底向着肺表面，临床上小叶性肺炎就是指肺小叶的病变。

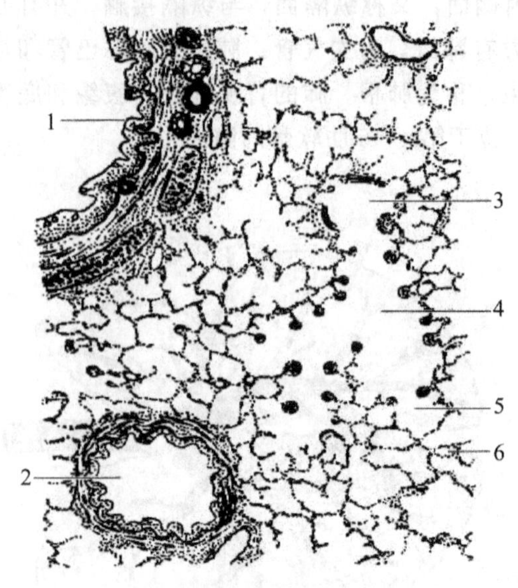

图 2-53 肺切片(低倍)
1. 支气管；2. 细支气管；
3. 呼吸性细支气管；4. 肺泡管；
5. 肺泡囊；6. 肺泡
(范作良，家畜解剖，2001)

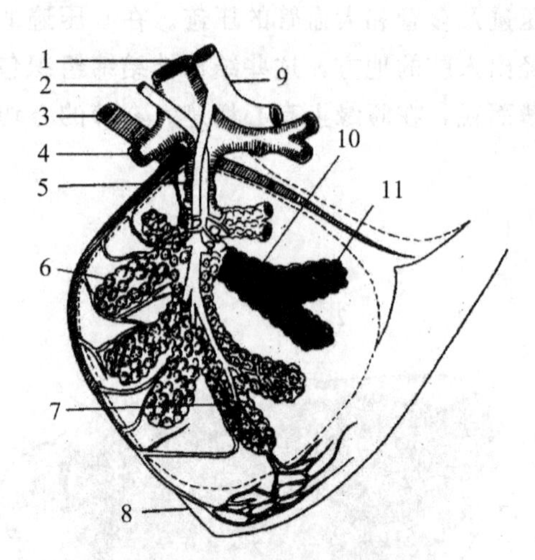

图 2-54 肺小叶模式图
1. 细支气管；2. 支气管动脉；3. 肺静脉；
4. 终末细支气管；5. 呼吸性支气管；6. 肺泡；
7. 毛细血管网；8. 肺胸膜；9. 肺动脉；
10. 肺泡管；11. 肺泡囊
(范作良，家畜解剖，2001)

(四)肺的血管

肺的血管可分为功能性血管和营养性血管。功能性血管是肺动脉和肺静脉；营养性血管是支气管动脉和支气管静脉。

1. 肺动脉和肺静脉

肺动脉是大动脉，内含静脉血，从右心室出发，经肺门进入肺内，与支气管伴行，并随支气管分支而分支，最后形成包围在肺泡周围的毛细血管网，与肺泡内的气体进行交换，使静脉血变成动脉血(含氧较多的血液)。由毛细血管网汇集成小静脉，再逐渐汇合成肺静脉。肺静脉在肺内并不与肺动脉伴行，直至形成较大的肺静脉时，才与肺动脉及支气管伴行，最后经肺门出肺，进入左心房。

2. 支气管动脉和支气管静脉

支气管动脉是胸主动脉的分支，经肺门进入肺内，也与支气管伴行，沿途形成毛细血管网，营养各级支气管、肺动脉、肺静脉、小叶间结缔组织和肺胸膜等。支气管静脉汇注于奇静脉。

(五)胸膜和纵隔

1. 胸膜

胸膜是覆盖在肺表面、胸壁内面和纵隔上的浆膜，分为壁层和脏层。覆盖在肺表面的称为胸膜脏层，又称肺胸膜；衬贴于胸腔内表面和纵隔表面的称为胸膜壁层，胸膜壁层按所在部位可分为肋胸膜、隔胸膜和纵隔胸膜。胸膜腔是胸膜壁层和脏层之间的腔，左右各一个，互不相通，内有少量浆液(胸腔液)，有润滑胸膜、减少肺胸膜和胸膜壁层之间摩擦的作用。

2. 纵隔

纵隔位于左、右胸膜腔之间，是两侧的纵隔胸膜及其之间的器官和结缔组织的总称，纵隔内有心脏、心包、食管、气管、大血管、神经、胸导管和纵隔淋巴结等，将胸腔分为左、右两个互不相通的腔。

呼吸生理

机体与外界环境之间的气体交换过程，称为呼吸。通过呼吸，机体从外界吸入 O_2，由血液沿心血管系统运送至全身的组织细胞，经过代谢，产生各种生命活动所需要的能量并形成 CO_2 等代谢产物，而 CO_2 又通过血液经心血管系统运至呼吸系统，排出体外。

外呼吸又称肺呼吸，指外界环境与血液在肺部实现的气体交换，包括肺通气和肺换气。气体运输是通过血液循环，将从肺泡摄取的 O_2 由肺毛细血管运送至全身毛细血管，同时把组织细胞产生的 CO_2 由全身毛细血管运送至肺毛细血管。内呼吸也称组织呼吸，指组织细胞与组织毛细血管血液之间的气体交换过程，又称组织换气。图 2-55 为气体交换与运输模式图。

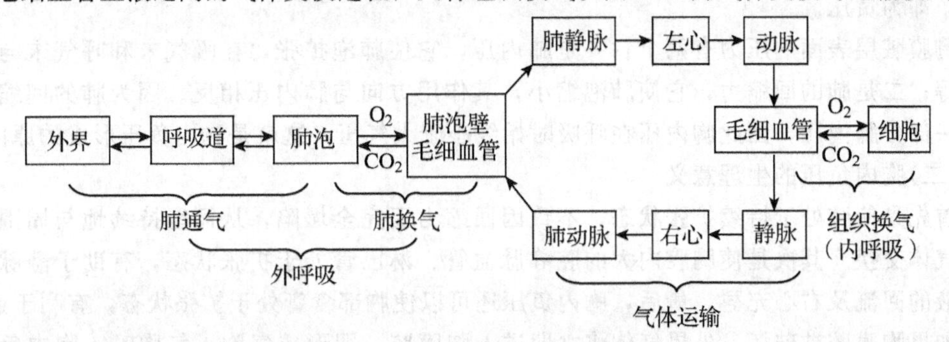

图 2-55　气体交换与运输模式图

一、呼吸运动

呼吸肌的收缩和舒张引起胸廓节律性的扩大和缩小，称为呼吸运动。肺扩张、肺泡内的压力低于大气压时，空气进入肺称为吸气；当肺缩小、肺泡内压高于大气压时，肺内气体排出肺称为呼气。

安静状态下的呼吸称为平静呼吸，它由膈肌和肋间外肌的收缩而引起胸廓体积增大，肺内压下降低于外界大气压，导致吸气；当膈肌和肋间外肌舒张时，上述过程发生相反的变化而导致呼气。可见平静呼吸的主要特点是呼吸运动较为平衡均匀，吸气是主动的，呼气是被动的。

犬、猫运动时，用力而加深的呼吸称为用力呼吸(剧烈呼吸)。肋间内肌和腹肌也参与呼吸，此时吸气和呼气都是主动过程。

二、呼吸式、呼吸频率和呼吸音

1. 呼吸式

呼吸分为胸式呼吸、腹式呼吸和胸腹式呼吸三种类型。

主要靠肋间外肌舒缩使肋骨和胸骨运动而产生的呼吸运动，胸部起伏明显的称为胸式呼吸；主要靠膈肌舒缩运动，呼吸时腹部起伏明显的称为腹式呼吸；肋间外肌和膈肌都参与呼吸活动，胸腹部都有明显起伏运动的称为胸腹式呼吸。健康动物多数是胸腹式呼吸，只有在胸部或腹部活动受到限制时，才可能单独出现胸式呼吸或腹式呼吸。

正常犬的呼吸式比较特殊，是胸式呼吸。

2. 呼吸频率

动物每分钟的呼吸次数称为呼吸频率。呼吸频率可因运动强度、种别、年龄、外界温度、海拔、新陈代谢强度以及疾病等的影响而发生变化，如幼犬呼吸频率较成年同种犬高；发生肺水肿时，呼吸频率可高于健康犬的4～5倍。犬正常的呼吸频率为10～30次/min。

3. 呼吸音

呼吸运动时气体通过呼吸道出入肺泡时，因摩擦产生的声音称为呼吸音，当这些部位患有疾病时，如炎症、肿胀、炎性分泌物渗出或管道狭窄及肺泡破裂等发生时，可以根据呼吸音的异常变化进行诊断分析。

三、胸内压及其生理意义

(一)胸内压

胸膜腔内的压力称为胸内压或胸内负压，无论吸气还是呼气过程，胸内压始终低于大气压，即为负压。

胸膜脏层表面的压力有两个：一是肺内压，它使肺泡扩张，在吸气末和呼气末与大气压相等；二是肺的回缩力，它使肺泡缩小，其作用方向与肺内压相反。因为肺的回缩力克服了一部分肺内压，因此胸内压在呼吸时始终小于大气压，这就是胸内负压形成的原因。

(二)胸内负压的生理意义

首先是使肺处于持续扩张状态，不致因回缩力而完全塌陷，从而能持续地与周围血液进行气体交换。其次是使胸腔内大的腔静脉血管、淋巴管处于扩张状态，有助于静脉血和淋巴液的回流及右心充盈。最后，胸内负压还可以使胸部食管处于扩张状态，有利于逆呕。

如果胸膜腔被破坏，外界气体将立即进入胸膜腔，即形成气胸。气胸时，胸内负压消失，两层胸膜彼此分开，肺将因其本身的回缩力而塌陷，发生呼吸功能障碍。肺的通气功能受到明显影响，胸腔大静脉和淋巴液回流也将受阻，甚至因呼吸、循环功能严重障碍而危及生命。

四、气体的交换与运输

(一)肺换气

气体交换包括肺换气和组织换气。气体的交换是在气体分压差的推动下，通过气体分子的扩散运动实现的。气体分压是指混合气体中某种气体成分在总混合气体中所占的压力份额，从分压高的一侧扩散到分压低的一侧。

1. 肺换气

肺泡内的O_2分压大于血液O_2分压，而血液CO_2分压大于肺泡CO_2分压，所以O_2从肺泡扩散进入静脉血，而CO_2由静脉血向肺泡扩散。图2-56为肺换气和呼吸膜示意图。

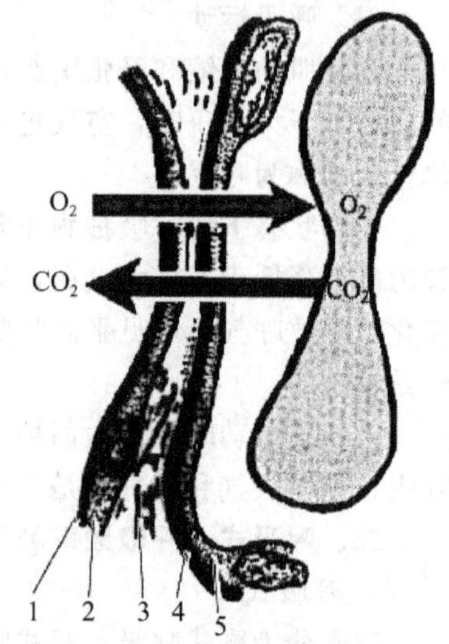

图2-56 肺换气和呼吸膜示意图

1. 液体分子层；2. 肺泡上皮；3. 间隙；4. 内皮基膜；5. 血管内皮

(韩行敏，宠物解剖生理，2012)

2. 组织换气

组织换气是血液与全身组织液以及组织细胞之间的气体交换。血液O_2分压大于组织液，组织液O_2分压大于细胞内液，O_2进入组织；而细胞内液的CO_2分压大于组织液，组织液CO_2分压大于血液，CO_2进入血液。

(二)气体运输

血液运输气体有两种方式：一种是物理溶解方式，另一种是化学结合方式。其中化学结合方式占绝大部分，物理溶解的量很少，但却很重要。

1. 氧的运输

O_2 在血液中运输时首先溶解于血浆之中，但数量较少；而当 O_2 通过血浆进入红细胞时，O_2 与血红蛋白(Hb)结合为氧合血红蛋白(HbO_2)，这是 O_2 的主要运输方式。

HbO_2 呈鲜红色，动脉血中含量较多；Hb 呈暗红色，静脉血中含量大。CO 也能与 Hb 结合成碳氧血红蛋白(HbCO)，而且 CO 与 Hb 的结合力比 O_2 大 210 倍，所以可使 Hb 失去运输 O_2 的能力。由于 HbCO 呈樱桃红色，因此动物虽缺氧却不出现发绀。

2. 二氧化碳的运输

CO_2 在血液中也以物理溶解和化学结合两种形式运输，其中以物理溶解形式运输的量仅占血液总运输 CO_2 量的 5%，而以化学结合形式运输的量则高达 95%。化学结合的运输形式又可分为形成碳酸氢盐形式(88%)和氨基甲酸血红蛋白形式(7%)两种。

当红细胞中 HCO_3^- 的浓度大于血浆中 HCO_3^- 时，HCO_3^- 由红细胞扩散进入血浆，与血浆中 Na^+ 结合，以 $NaHCO_3$ 的形式存在。当碳酸氢盐随血液运输到肺部时，因 CO_2 分压较低，CO_2 解离出来，进入肺泡从而排出体外。

另外，碳酸氢盐也构成血浆中的 $NaHCO_3/H_2CO_3$ 缓冲对，因此血液在运输 CO_2 的同时，也对机体的酸碱平衡起重要的调节作用。

五、呼吸运动的调节

呼吸运动通过神经和体液的调节实现呼吸的节律性并控制呼吸的频率和深度，以适应不同状态的需要。

(一)神经调节

中枢神经系统内产生和调节呼吸运动的神经细胞群，称为呼吸中枢。神经中枢分布在大脑皮质、间脑、脑桥、延髓和脊髓等部位，但调节呼吸运动的基本中枢是延髓，并通过肋间神经和膈神经支配呼吸肌的活动。而脑桥中的呼吸调整中枢起着维持呼吸运动的节律性和呼吸深度的作用。

呼吸的反射性调节主要是肺牵张反射、喷嚏和咳嗽等防御性呼吸反射。

1. 肺牵张反射

由肺扩张或缩小反射性地引起节律性的呼吸运动，称为肺的牵张反射。当吸气终末肺扩张到一定程度时，肺牵张感受器受到刺激而兴奋，发送冲动沿迷走神经传入纤维到延髓，引起呼气中枢兴奋而吸气中枢抑制，从而使吸气终止，转入呼气，此过程称为肺扩张反射(如图 2-57)。

2. 防御性呼吸反射

(1)咳嗽反射

呼吸道的黏膜上都有能对机械和化学刺激敏感的感受器，当大支气管以上呼吸道受到灰尘刺激或二级以下支气管受到炎性分泌物刺激时，感受器会沿迷走神经向中枢传入冲动到延髓引发咳嗽。

(2)喷嚏反射

鼻黏膜受到异物或气体分子刺激，由感受器经三叉神经向中枢传递，引发喷嚏。

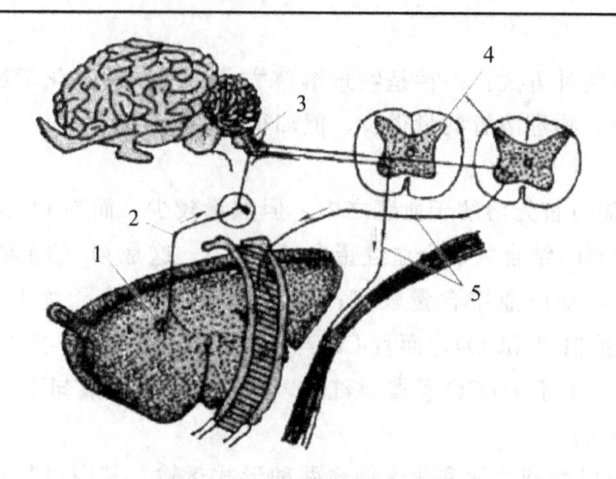

图 2-57 肺牵张反射示意图

1. 牵张感受器；2. 迷走神经；3. 延髓呼气中枢和吸气中枢；

4. 脊髓；5. 肋间神经和膈神经

（韩行敏，宠物解剖生理，2012）

（二）体液调节

血液中 O_2、CO_2 和 H^+ 浓度的变化，可刺激化学感受器，引起呼吸中枢活动的改变，从而调节呼吸的频率和深度，增加肺的通气量，维持着血液中 O_2、CO_2 和 H^+ 浓度的相对稳定。当血液中 CO_2 和 H^+ 浓度在一定范围内升高，O_2 浓度一定范围内下降时，导致呼吸加深加快，维持血液中 O_2、CO_2 和 H^+ 浓度的相对稳定。

当血液中 O_2、CO_2 和 H^+ 浓度变化幅度过大时，会由于呼吸中枢受到抑制而出现呼吸困难、昏迷等症状。

第三部分 泌尿系统

泌尿器官

泌尿系统由肾、输尿管、膀胱和尿道组成（如图 2-58），肾是生成尿液的器官，输尿管是输送尿液的器官，膀胱是贮存尿液的器官，尿道是排出尿液的器官。

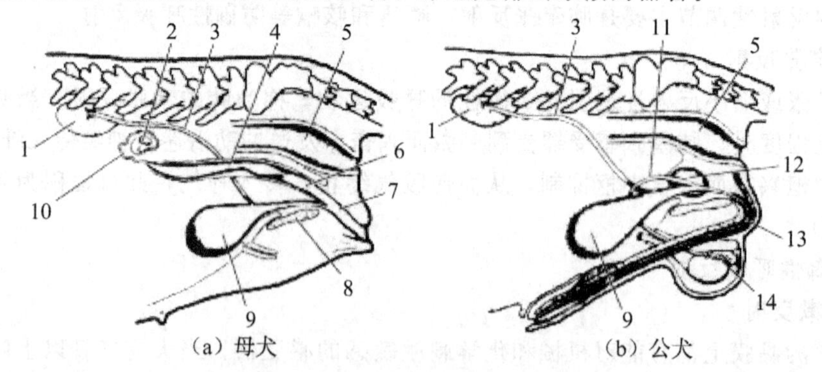

图 2-58 母犬和公犬泌尿生殖系统

1. 肾；2. 卵巢；3. 输尿管；4. 子宫；5. 直肠；6. 阴道；7. 泌尿生殖前庭；

8. 耻骨联合；9. 膀胱；10. 输卵管；11. 输精管；12. 前列腺；13. 泌尿生殖道；14. 睾丸和附睾

（韩行敏，宠物解剖生理，2012）

一、肾

(一)肾的一般构造

肾是成对的实质器官，左右各一，位于腰椎腹侧。营养良好的犬肾由肾周脂肪囊包裹。肾的内侧缘凹陷称肾门，是输尿管、血管、淋巴管和神经出入肾脏的部位。肾门向内通肾窦，肾窦是由肾实质围成的腔隙。肾的表面被覆以结缔组织的纤维膜，称为被膜，正常情况下容易剥离。肾的实质由多数肾叶构成。每个肾叶分为表面的皮质部和深层的髓质部。皮质部因富含血管，呈红褐色，有许多细小颗粒状的肾小体。髓质部色较淡，有许多肾小管构成的髓放线。髓质部呈圆锥形，称肾锥体，其末端形成肾乳头，与肾盏或肾盂相对。

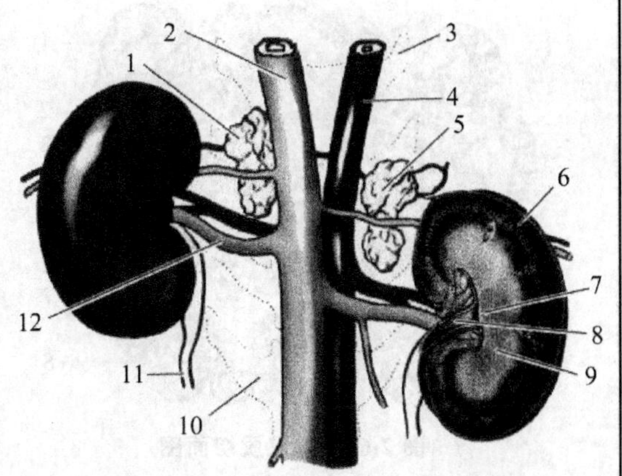

图 2-59 犬的肾和肾上腺(左肾额切)

1. 右肾上腺；2. 后腔静脉；3. 第 1 腰椎；4. 主动脉；5. 左肾上腺；6. 皮质；7. 总乳头；8. 肾盂；9. 髓质；10. 第 4 腰椎；11. 输尿管；12. 肾动脉

(韩行敏，宠物解剖生理，2012)

犬的肾没有肾盏。肾盂的形状与总乳头顶端的形状相适应，在肾门处变窄，与输尿管相接。图 2-59 所示为犬的肾和肾上腺示意图。

(二)肾的形态特点和位置

犬的肾比较大，重量为 50～60g，占体重的 0.5%～0.6%。两肾均呈蚕豆形，表面光滑，属平滑单乳头肾。右肾靠前，位于第 1～3 个腰椎椎体的下方，左肾的位置在第 2～4 腰椎椎体的下方。

(三)肾的组织构造

肾由被膜和实质构成。被膜是包在肾外面的结缔组织膜，肾的实质可分为外周的皮质部和深部的髓质部，肾的实质由肾叶组成，肾叶由肾单位和集合管系构成。犬的肾单位超过 40 万个。

1. 肾单位

肾单位是肾的结构和功能的基本单位(如图 2-60)。皮质肾单位主要分布在皮质浅层和中部，数量较多，占肾单位总数的绝大多数，其切面图如图 2-61 所示；髓质在深层，其切面图如图 2-62 所示。每个肾单位都由肾小体和肾小管构成。

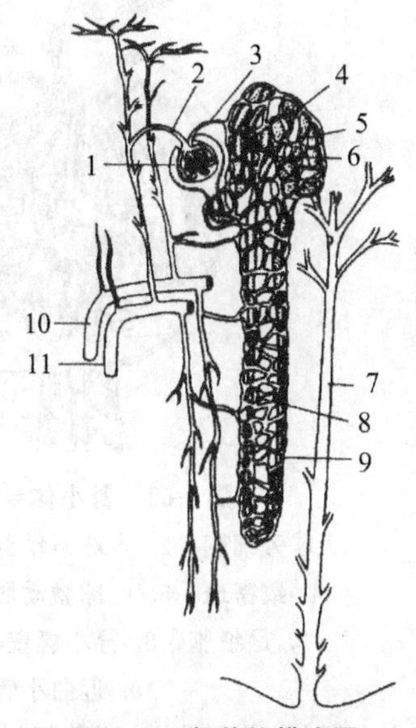

图 2-60 肾单位模式图

1. 肾小囊；2. 入球小动脉；3. 出球小动脉；4. 毛细血管；5. 远曲小管；6. 近曲小管；7. 集合管；8. 髓袢降支；9. 髓袢升支；10. 静脉；11. 动脉

(山东省畜牧兽医学校，动物解剖生理，第三版，2000)

(1)肾小体

肾小体是肾单位的起始部，分布于皮质内，呈球形，由肾小球和肾小囊组成(如图 2-63)。每个肾小体的一侧，都有血管极，是肾小球血管出入处，血管极的对侧为尿极，是肾小囊延接近曲小管处。

①肾小球(血管球)：是一团盘曲的毛细血管，位于肾小囊中。由入球小动脉进入肾小囊后，反复分支盘曲成分叶状

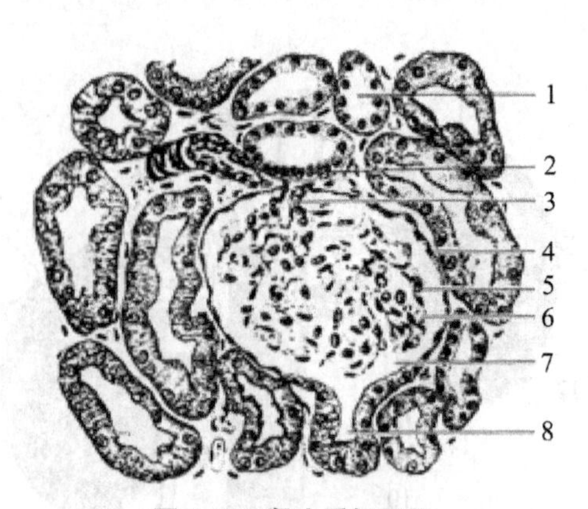

图 2-61 肾皮质切面图

1. 远曲小管；2. 致密斑；3. 血管极；
4. 肾小囊壁层；5. 足细胞；6. 毛细血管；
7. 肾小囊腔；8. 近曲小管

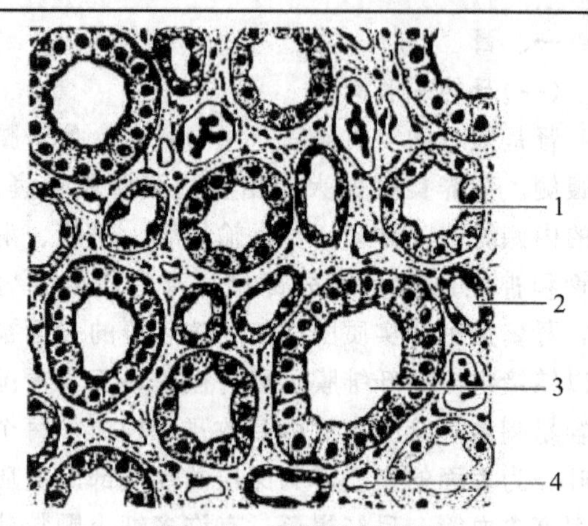

图 2-62 肾髓质切面图

1. 远直小管；2. 细段；
3. 集合小管；4. 毛细血管

(马仲华，家畜解剖学及组织胚胎学，2002)

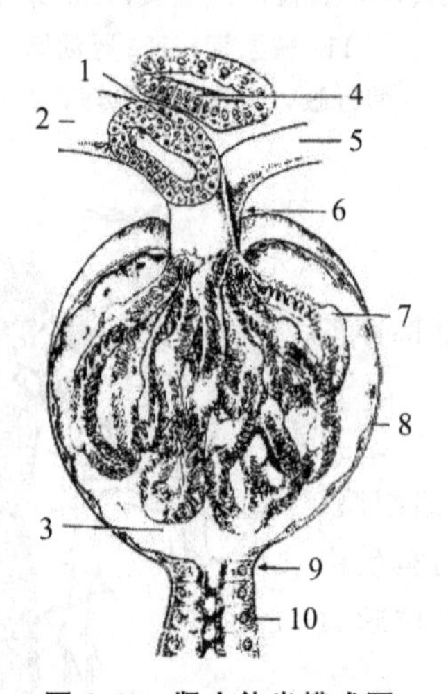

图 2-63 肾小体半模式图

1. 球旁细胞；2. 入球微动脉；3. 肾小囊腔；
4. 致密斑；5. 出球微动脉；6. 血管极；
7. 足细胞；8. 肾小囊壁层；9. 尿极；
10. 近曲小管

(山东省畜牧兽医学校，动物解剖生理，第三版，2000)

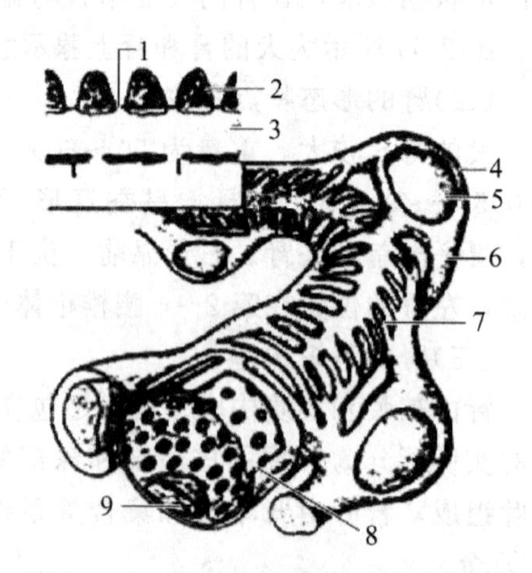

图 2-64 血尿屏障示意图(左上为切面)

1. 裂孔膜；2. 足细胞突起；3. 基膜；
4. 足细胞；5. 足细胞核；6. 足细胞
的初级突起；7. 足细胞的次级突起；
8. 基膜；9. 内皮细胞核

(韩行敏，宠物解剖生理，2012)

毛细血管袢。这些毛细血管袢又逐步汇合成一支出球小动脉，从血管极离开肾小体。入球小动脉粗，出球小动脉细，从而使血管球内保持较高的血压。

②肾小囊：是肾小管起始端膨大凹陷形成的双层杯状囊，囊内有血管球。囊壁分壁层和脏层，两层之间有一狭窄的腔隙为肾小囊腔，内含肾小球滤出的原尿。囊壁外层为壁层，由单层扁平细胞构成，在血管极处折转为囊腔内层脏层。脏层由一层多突起的扁平细胞即足细胞构成，是构成肾小体滤过膜的重要过滤装置。足细胞紧贴在肾小球毛细血管外面，与肾小球毛细血管内皮细胞、内皮基膜共同构成血尿屏障(如图 2-64)，具有良好的通透性。

(2)肾小管

肾小管是由单层上皮围成的细长弯曲的小管，起始于肾小囊，顺次为近曲小管、髓袢和远曲小管。

①近曲小管：位于皮质，长而弯曲，在肾小体附近弯曲盘绕，管壁的上皮细胞呈锥形，游离缘上有刷状缘，可增加重吸收的面积。当原尿流经近曲小管时，几乎所有葡萄糖、氨基酸、蛋白质和85%以上的水、无机盐等均在此处被重吸收，近曲小管的重吸收能力很强大。

②髓袢：是从皮质进入髓质，又从髓质返回皮质的“U”形小管，连接近曲小管和远曲小管，可分为升支和降支。髓袢主要重吸收水，使尿液浓缩。

③远曲小管：位于皮质，比近曲小管短且弯曲少，在皮质部弯曲盘绕于肾小体附近，远曲小管只能重吸收水分和钠，还可以排钾。

2. 集合管系

集合管系由集合小管(弓形集合小管、直集合小管)和乳头管构成。

集合小管：由数条远曲小管汇合而成，自皮质直行入髓质，集合小管有浓缩尿液的作用，可重吸收水分和钠。

乳头管：是位于肾乳头部较粗的排尿管，由直集合小管汇合而成。

3. 肾小球旁器

肾小球旁器也称球旁复合体(如图2-65)，是肾内具有内分泌功能的结构，由球旁细胞、致密斑和球外系膜细胞构成。

①球旁细胞：是由入球小动脉进入肾小囊处，其管壁的平滑肌细胞特化成上皮样细胞，细胞呈立方形或多角形，核为球形，胞质内有分泌颗粒，颗粒内含有肾素。

②致密斑：远曲小管在靠近入球小动脉和出球小动脉交叉处的内侧面，管壁上皮细胞由立方形变为高柱状细胞，呈现斑状隆起，排列紧密，故称致密斑。它可感受小管液中钠离子的浓度，并将信息传递至球旁细胞，调节肾素的分泌。

当小管液中 Na^+ 降低时，肾素分泌增加，刺激肾上腺皮质球状带分泌醛固酮，促进肾小管对 Na^+ 的重吸收和 K^+ 的排泄，维持血液种 Na^+ 和 K^+ 浓度的平衡。

③球外系膜细胞：位于血管极三角区内，细胞较小，在肾小球旁器中起传递信息的作用。

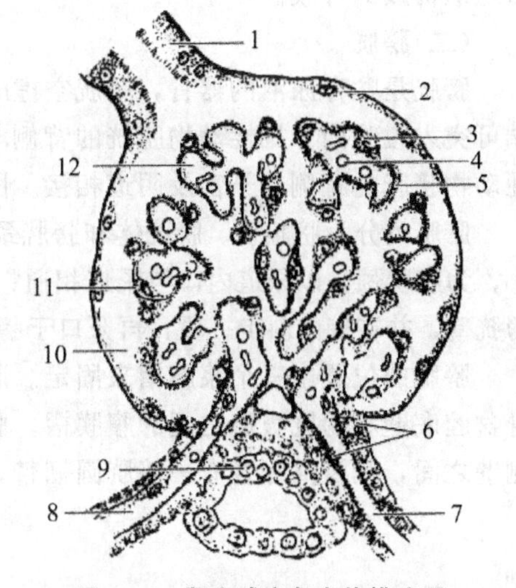

图2-65　肾小球旁复合体模式图

1. 近端小管起始部(尿极)；2. 肾小囊外层；3. 肾小囊内层(足细胞)；4. 毛细血管内的红细胞；5. 基膜；6. 肾小球旁细胞；7. 入球小动脉；8. 出球小动脉；9. 致密斑；10. 肾小囊腔；11. 毛细血管内皮；12. 血管球毛细血管

(韩行敏，宠物解剖生理，2012)

(四)肾的血液循环

1. 肾的血液循环途径

由腹主动脉发出的肾动脉，入肾门后依次分支为叶间动脉(肾锥体之间)、弓形动脉(皮质和髓质交界)、小叶间动脉(皮质内)、入球小动脉(皮质内)、球内毛细血管网(肾小球内)、出球小动脉(皮质内)、球后毛细血管网(肾小管周围),再汇合成与同名动脉伴行的小叶间静脉、弓形静脉、叶间静脉,最后汇成肾静脉出肾门,进入后腔静脉。

2. 肾的血液循环特点

①肾的血流量大:肾动脉直接来自腹主动脉的分支,口径大,行程短,因此肾的血液供应极为丰富,约占心输出量的1/5。

②肾内毛细血管血压高:肾小球的入球小动脉粗,出球小动脉细长,血液流经肾小球时阻力大,使肾小球毛细血管内形成较高的血压,是原尿生成的主要动力。

再次形成毛细血管网:出球小动脉离开肾小体后,在肾小管和集合管周围再一次形成毛细血管网,血压降得更低,有利于肾小管和集合管中原尿的有用成分迅速被重吸收。

二、输尿管、膀胱和尿道

(一)输尿管

输尿管是输送尿液的一对细长的肌性管道,起于肾盂,出肾门后,沿腹腔顶壁向后延伸,横过髂内动脉腹侧进入骨盆腔,在膀胱颈的前方,开口于膀胱的背侧壁。

输尿管壁由黏膜、肌层和外膜(或浆膜)三层构成。黏膜有纵行皱褶,使管腔横断面呈星状,黏膜上皮为变移上皮。肌层较发达,有内纵行肌、中环行肌和薄而分散的外纵行肌三层,收缩可产生蠕动,使尿液流向膀胱。外膜大部分为浆膜,靠近肾的一段是由疏松结缔组织构成的外膜。

(二)膀胱

膀胱是贮存尿液的器官,膀胱空虚时,呈梨状,位于骨盆腔内,充满尿液的膀胱,前端可突入腹腔内。雄性动物膀胱的背侧与直肠、尿生殖褶、输精管末端和前列腺相接,雌性动物膀胱的背侧与子宫及阴道相接。图2-66为犬膀胱的结构模式图。

膀胱可分为膀胱顶、膀胱体和膀胱颈三部分。前端钝圆,为膀胱顶,突向腹腔;后端细小,为膀胱颈,以尿道内口与尿道相通;膀胱顶和膀胱颈之间的部分为膀胱体。输尿管斜穿膀胱壁,并在壁内斜走一段,再开口于膀胱颈的背侧壁,以防止尿液自膀胱向输尿管逆流。

膀胱的位置由三个浆膜褶来固定。膀胱中韧带或膀胱脐中褶,位于腹面正中,是连于骨盆腔底壁和膀胱腹侧之间的腹膜褶。膀胱侧韧带或膀胱脐侧褶,连于膀胱两侧与骨盆腔侧壁之间,其游离缘各有一膀胱圆韧带,为胎儿脐动脉的遗迹。膀胱后部,由疏松结缔组

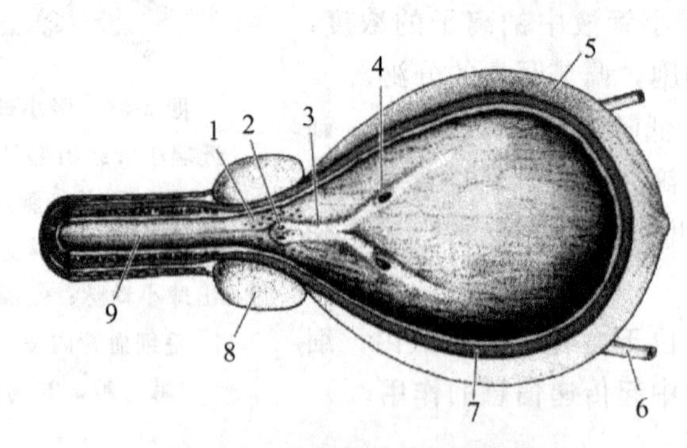

图2-66 犬膀胱的结构模式图

1. 前列腺口;2. 精阜和输精管口;3. 输尿管嵴;4. 输尿管口;
5. 浆膜;6. 输尿管;7. 黏膜和肌层;8. 前列腺;9. 泌尿生殖道;

(韩行敏,宠物解剖生理,2012)

织与周围器官联系，结缔组织内常有大量脂肪。

膀胱壁由黏膜、肌层和浆膜(或外膜)构成。膀胱黏膜厚而柔软，上皮为变移上皮；肌层为内纵行肌、中环行肌和外纵行肌；膀胱外膜的顶部和体部为浆膜，颈部为结缔组织外膜。

(三)尿道

有关内容见生殖系统。

泌尿生理

肾是机体最重要的排泄器官，对机体的渗透压、水和无机盐的平衡调节起着重要的作用，从而维持机体内环境的相对稳定，保证新陈代谢的正常进行。

一、尿的成分和理化特性

(一)尿的成分

尿是由水、无机物和有机物组成的。无机物主要是氯化钠、氯化钾，其次是碳酸盐、硫酸盐和磷酸盐。有机物主要是尿素，其次是尿酸、肌酐、肌酸、氨和尿胆素等。在使用药物时，尿液成分中还会出现药物的残余排泄物。

(二)尿的理化特性

犬的尿液一般呈较透明的淡黄色。影响尿量的因素很多，如进食量、饮水量、外界温度、运动及汗液分泌情况等。一般犬每昼夜排尿2～4次，尿量为每昼夜20～100mL/kg体重，一般24h排尿量可达500～2000mL。剧烈腹泻、缺乏饮水、大量出汗和体温升高时，尿量减少，尿色变深。排出的尿液在空气中暴露一段时间之后，会因尿胆素原被氧化而使尿色变深。

正常犬尿的相对密度为1.015～1.060，一般尿量多时相对密度稍低，尿pH为5.7～7.0。

二、尿的生成

尿的生成是由肾单位和集合管完成：一是肾小球的滤过作用，生成原尿；二是肾小管和集合管的重吸收、分泌和排泄作用，生成终尿。

(一)肾小球的滤过作用

当血液流经肾小球毛细血管时，由于血压较高，除了血细胞和大分子蛋白质外，血浆中的水和其他物质(如葡萄糖、氯化物、无机磷酸盐、尿素和肌酐等)都能通过滤过膜滤入肾小囊腔内，即形成原尿。原尿的生成取决于两个条件：一是肾小球滤过膜的通透性；二是肾小球的有效滤过压。前者是原尿产生的前提条件，后者是原尿滤过的必要动力。

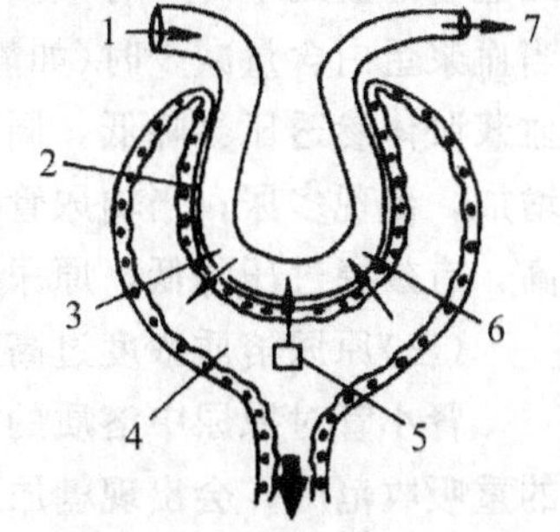

图2-67　有效滤过压示意图

1. 入球小动脉；2. 滤过膜；3. 肾小球毛细血管血压；4. 肾小囊腔；5. 囊内压；6. 血浆胶体渗透压；7. 出球小动脉

(山东省畜牧兽医学校，动物解剖生理，第三版，2000)

肾小球滤过膜由肾小球毛细血管的内皮细胞、内皮基膜和肾小囊脏层细胞三层构成，这三层结构的通透性很强，各层膜都有大小不等的裂隙，其中以基膜上的裂隙最小，它对大分子物质的通过起着主要的机械屏障作用。

肾小球滤过作用的动力是滤过膜两侧的压力差，这种压力差称为肾小球的有效滤过压(如图2-67)。由于肾小球滤过膜对蛋白质的通透性极低，肾小囊内蛋白质很少，其胶体渗透压可忽略不计。因此肾小球的有效滤过压可用下式表示：

肾小球有效滤过压＝肾小球毛细血管血压－(血浆胶体渗透压＋肾小囊内压)

正常情况下有效滤过压为5.3kPa，即血浆胶体渗透压与肾小囊内压之和(阻止滤过的压力)小于肾小球毛细血管血压(促进滤过的压力)，从而保证了原尿生成。

(二)肾小管和集合管的重吸收、分泌、排泄作用

肾小球滤出的原尿流经肾小管和集合管时，其中的绝大部分物质被重新吸收回血液中，称为重吸收作用。肾小管和集合管的重吸收作用具有一定的选择性。凡是对机体有用的物质，如葡萄糖、氨基酸、钠、氯、钙和重碳酸根等，几乎全部或大部分被重吸收；对机体无用或用处不大的物质，如尿素、尿酸、肌酐、硫酸根和碳酸根等，则只有少许被重吸收或完全不被重吸收。

肾小管和集合管能将血浆或肾小管上皮细胞内形成的物质如H^+、K^+和NH_4^+等分泌到肾小管腔中；同时也能将某些不易代谢的物质(如尿胆素、肌酸)或由外界进入体内的物质(如药物)排泄到管腔中。习惯上把前者称为分泌作用，后者称为排泄作用。

原尿经过肾小管和集合管的重吸收、分泌与排泄作用后形成终尿，由尿道排出体外。

三、影响尿生成的因素

(一)滤过膜通透性的改变

当某种原因使肾小球毛细血管或肾小囊脏层细胞受到损害时，会影响滤过膜的通透性，如机体内缺氧或中毒时，肾小球毛细血管壁通透性增加，使原尿生成量增加，同时，一些原来不能通过肾小球滤过膜的血细胞、大分子蛋白质会通过肾小球滤过膜进入到原尿中，出现血尿或蛋白尿；在发生急性肾小球肾炎时，由于肾小球内皮细胞肿胀，滤过膜增厚、通透性减小，从而导致原尿生成减少，进而出现少尿或无尿。

(二)有效滤过压的改变

当肾小球毛细血管血压、血浆胶体渗透压和囊内压三个因素发生变化时，有效滤过压也随之发生变化，影响尿的生成。如当动物大量失血时，流入肾的血液量减少，肾小球毛细血管的血压下降，有效滤过压降低，从而导致原尿生成量减少，出现少尿或无尿现象；当血浆蛋白含量减少时(如静脉注射大量生理盐水引起单位容积血液中血浆蛋白含量减少)，血浆胶体渗透压会降低，同时毛细血管血压升高，使肾小球有效滤过压升高，原尿生成量增加，出现多尿；当输尿管结石或肿瘤压迫肾小管时，尿液流出受阻，肾小囊腔的内压增高，有效滤过压降低，原尿生成量减少，出现少尿。

(三)原尿溶质浓度过高

肾小管对原尿中溶质的重吸收有一定的限度，如原尿中葡萄糖浓度过高，超过肾小管的重吸收范围，会出现糖尿。当原尿中溶质的浓度超过肾小管重吸收限度时，会有部分溶质不能被重吸收而留在原尿中，这些溶质使原尿的渗透压升高，从而阻碍肾小管对水分的重吸收，引起多尿，称为渗透性利尿。如静脉注射大量高渗葡萄糖溶液后会引起多尿。

(四)激素

影响尿生成的激素主要有抗利尿激素和醛固酮。

抗利尿激素的作用是改变远曲小管和集合管上皮细胞对水的通透性，从而影响这些部位对水的重吸收功能，减少排尿量。

醛固酮对尿生成的调节是促进远曲小管和集合管对Na^+的主动吸收和对K^+的排出，

即醛固酮有“保钠排钾”作用。

四、尿的排放

终尿生成后，从肾乳头处滴出，经肾盏和肾盂流进输尿管，流入膀胱暂时积存。当膀胱中尿液贮存达一定量时，就会反射性地引起排尿动作，使尿液经尿道排出体外。

(一)膀胱和尿道的神经支配

支配膀胱和尿道的神经有盆神经、腹下神经和阴部神经。三者都含有感觉纤维和运动纤维。

1. 盆神经

盆神经起自荐部脊髓，属于副交感神经。它的感觉纤维能传导膀胱的膨胀和疼痛感觉；运动神经兴奋时，可引起逼尿肌收缩和内括约肌舒张，使尿液从膀胱排出。如这一对神经损伤，则影响逼尿肌的活动，从而使正常的排尿活动不能进行。

2. 腹下神经

腹下神经来自腰部脊髓，属于交感神经。其感觉纤维也传导膀胱的膨胀和疼痛感觉；运动神经兴奋时，引起逼尿肌舒张和内括约肌收缩，有利于尿液在膀胱内贮存。如这一对神经损伤，对膀胱的正常排尿活动影响较小。

3. 阴部神经

阴部神经来自荐神经丛，属于躯体神经。其感觉纤维主要传导尿道的感觉冲动；运动神经兴奋时，可使尿道括约肌收缩，以阻止膀胱内尿液的排出。如这对神经损伤，则于排尿开始后，不能立即随意中断尿流。

由于调节膀胱和尿道活动的神经都来自腰荐部脊髓，所以常把该段脊髓视为低级排尿中枢所在的部位。在机体内，脊髓低级排尿中枢经常受到延髓、脑桥、中脑、下丘脑以及大脑皮层的调节。大脑皮层是支配低级排尿中枢的最高级部位。

(二)排尿反射

当膀胱贮尿达一定量时，膀胱内压升高，于是刺激膀胱壁压力感受器使其兴奋，冲动先沿盆神经和腹下神经中的感觉纤维传到腰荐部脊髓，再由脊髓前行经延髓、脑桥、中脑直至大脑皮层。在脊髓以上直至大脑皮层的各级神经部位，存在有排尿活动的易化区和抑制区。如果易化区兴奋，则产生排尿感觉，在条件许可的情况下，大脑皮层发出冲动，下行传至脊髓，引起低级排尿中枢兴奋，并产生两种效应：一是兴奋盆神经；二是抑制腹下神经和阴部神经。在这两种效应协同作用下，膀胱逼尿肌收缩，内、外括约肌舒张，尿由膀胱经尿道排出体外。如条件不许可，大脑皮层抑制区继续起作用，排尿暂时被抑制。

第四部分　生殖系统

生殖器官

生殖系统的功能是产生生殖细胞(精子或卵子)，繁殖新个体，延续后代，分泌性激素，维持第二性征。生殖系统不仅从胚胎发生和形态结构都与泌尿系统的关系非常密切，而且是宠物繁殖和围产期疾病的基础。

一、雄性犬生殖器官

雄性犬生殖器官由生殖腺(睾丸)、输精管道(附睾、输精管、尿生殖道)、副性腺、交配器官(阴茎和包皮)和阴囊组成(如图 2-68)。睾丸是产生精子和分泌雄性激素的器官，是雄性生殖腺。附睾有贮存和营养精子的作用，前列腺一般包括精囊腺、前列腺和尿道球腺(犬只有前列腺)，其分泌物有营养和增强精子活动的作用。

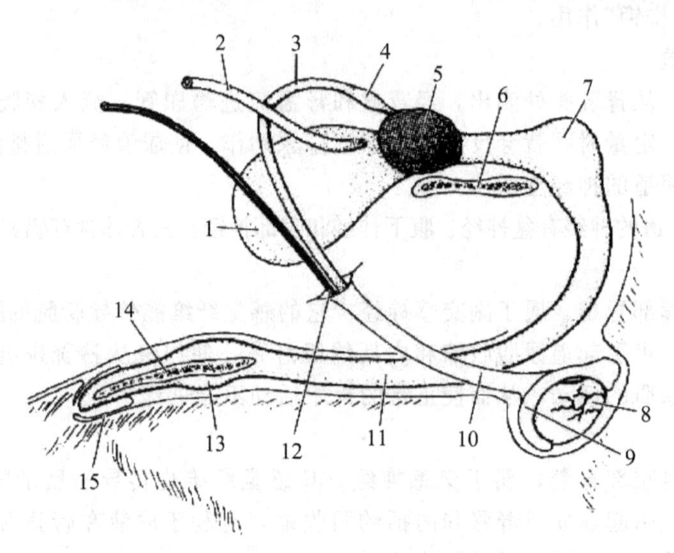

图 2-68 公犬的生殖器官

1. 膀胱；2. 输尿管；3. 输精管；4. 壶腹；5. 前列腺；6. 骨盆联合；
7. 阴茎球；8. 睾丸；9. 附睾；10. 精索；11. 阴茎；
12. 腹股沟管内环；13. 龟头球；14. 阴茎骨；15. 包皮
（韩行敏，宠物解剖生理，2012）

(一)睾丸

1. 睾丸的位置与一般结构

睾丸和附睾(如图 2-69)均位于阴囊内，犬的睾丸比较小，呈卵圆形，长轴自上后方向前下方倾斜，左、右各一。睾丸呈左、右稍扁的椭圆形，表面光滑。外侧面稍隆凸，与阴囊外侧壁接触，内侧面稍平坦，与阴囊中隔相贴。附睾附着的边缘称附睾缘，另一缘为游离缘。血管和神经进入的一端为睾丸头，有附睾头附着。另一端为睾丸尾，有附睾尾附着。

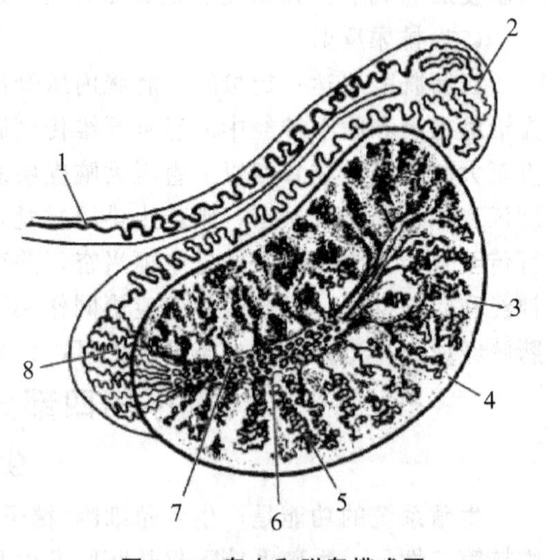

图 2-69 睾丸和附睾模式图

1. 输精管；2. 附睾管；3. 白膜；4. 浆膜；
5. 曲细精管；6. 直细精管；7. 睾丸网；
8. 睾丸输出管
（韩行敏，宠物解剖生理，2012）

睾丸表面大部分由浆膜被覆，称为固有鞘膜。固有鞘膜的深面是一层由致密结缔组织构成的白膜。白膜的结缔组织从睾丸头端呈板状伸入睾丸内，一般沿着长轴向睾丸尾端延伸，形成睾丸纵隔。

在胚胎时期，睾丸位于腹腔内，肾脏附近，出生前后，睾丸和附睾一起经腹股沟管下降至阴囊中，这一过程，称为睾丸下降。如果有一侧或两侧睾丸没下降到阴囊，称单睾或隐睾，会影响生殖功能。

2. 睾丸的组织结构

睾丸具有产生精子和分泌雄性激素的功能，其结构包括被膜、实质和间质。

①被膜。除附睾缘外，睾丸的表面均覆盖着一层浆膜，即睾丸固有鞘膜。浆膜深面为白膜。白膜厚而坚韧，由致密的结缔组织构成。白膜结缔组织在睾丸头处伸入到睾丸实质内，形成睾丸纵隔，贯穿睾丸的长轴。自睾丸纵隔上分出许多呈放射状排列的结缔组织膈，称为睾丸小膈。睾丸小膈伸入到睾丸实质内，将睾丸实质分成许多锥形的睾丸小叶。

②实质。由曲细精管、直细精管和睾丸网构成。在每个睾丸小叶内，有2～3条弯曲的曲细精管(如图2-70)，曲细精管在接近纵隔处变直，称为直细精管。直细精管进入睾丸纵隔内相互吻合呈网状，称为睾丸网。睾丸网汇成睾丸输出管，穿出睾丸头，进入附睾头。曲细精管是产生精子的地方，外层是一薄层基膜，内层是生殖上皮。生殖上皮有两类细胞；一类是处于不同发育阶段的生精细胞，包括精原细胞、初级精母细胞、次级精母细胞、精细胞和精子；另一类叫支持细胞，起支持、营养和分泌等作用。各级生精细胞散布在支持细胞之间，镶嵌在其侧面。

图2-70　睾丸曲细精管切面

1. 毛细血管；2. 间质组织；3. 初级精母细胞；4. 支持细胞；5. 精细胞；6. 次级精母细胞；7. 精子；8. 基膜；9. 间质细胞；10. 精原细胞

(韩行敏，宠物解剖生理，2012)

精原细胞：是生成精子的干细胞，紧靠基膜分布，胞体较小，呈圆形或椭圆形，胞质清亮，核大而圆，染色深。

初级精母细胞：由精原细胞分裂发育形成，位于精原细胞内侧，为1～2层大而圆的细胞。胞核大而圆，多处于分裂时期，有明显的分裂象。

次级精母细胞：初级精母细胞经过第一次减数分裂，产生两个较小的次级精母细胞。细胞较小，呈圆形，胞核大而圆，染色较浅，不见核仁。次级精母细胞存在时间很短，很快进行第二次减数分裂，生成两个精细胞。

精细胞：位置靠近曲细精管管腔，常排成数层。细胞更小，呈圆形，胞核圆而小，染色深，有清晰的核仁。精细胞不再分裂。

精子：精细胞经过一系列复杂的形态变化，变成高度分化的精子，形似蝌蚪。刚形成的精子，常成群地附着在支持细胞的游离端，尾部朝向管腔。精子成熟后，即脱离支持细胞进入管腔。

支持细胞：呈高柱状或锥形，游离端朝向管腔，常有多个精子的头部嵌附着，供给精子营养。

③间质。曲细精管之间的结缔组织，内含有血管、淋巴管、神经和间质细胞。睾丸间质细胞大都成群分布在曲细精管之间，胞体较大呈卵圆形或多边形，胞核大而圆，细胞质嗜酸性，含有脂肪小滴和褐色素颗粒等，间质细胞在性成熟后，能分泌雄性激素，主要是睾丸酮。

(二)附睾

1. 附睾的一般结构

犬的附睾(如图 2-69)较大，紧密附着于睾丸外侧面的背侧方。附睾外面也被覆有固有鞘膜和薄的白膜。附睾可分为附睾头、附睾体与附睾尾。附睾头膨大，由十多条睾丸输出小管组成。睾丸输出小管汇合成一条很长的附睾管，弯曲并逐渐增粗构成附睾体和附睾尾，在附睾尾延续成输精管。附睾尾借睾丸固有韧带与睾丸相连。固有韧带由睾丸尾延续到阴囊(总鞘膜)的部分称阴囊韧带。附睾尾借阴囊韧带与阴囊相连，去势时切开阴囊后，必须切断阻囊韧带，才能摘除睾丸和附睾。

2. 附睾的组织结构

附睾的表面覆盖着一层由结缔组织构成的白膜。白膜的结缔组织伸入附睾内，将附睾分成许多小叶。附睾由睾丸输出小管和附睾管组成。

睾丸输出小管是指从睾丸网发出的一些小管，有 12～25 条，构成睾丸头，并与附睾管相连。

(三)输精管和精索

1. 输精管

输精管由附睾管直接延续而成，由附睾尾沿附睾体至附睾头附近，进入精索后缘内侧的输精管褶中，经腹股沟管入腹腔，然后折向后上方进入骨盆腔，开口于尿生殖道起始部背侧壁的精阜。

犬的输精管在尿生殖褶内形成不明显的壶腹，其黏膜内有腺体(壶腹腺)分布，又称输精管腺部。

2. 精索

精索是一个扁平圆锥形结构，其基部附着于睾丸和附睾，上端达鞘膜管内环，由神经、血管、淋巴管、平滑肌束和输精管等组成，外表被有固有鞘膜。

(四)尿生殖道和副性腺

1. 尿生殖道

雄性动物的尿道几乎全程都兼有排精作用，所以称为尿生殖道。尿生殖道前端接膀胱颈，沿骨盆腔底壁向后延伸，绕过坐骨弓，再沿阴茎海绵体腹侧的尿道沟向前延伸至阴茎头末端，以尿道外口开口于外界。

尿生殖道分骨盆部和阴茎部，二者以坐骨弓为界。在交界处，尿生殖道的管腔稍变窄，称为尿道峡。

(1)尿生殖道骨盆部

尿生殖道骨盆部位于骨盆腔内，在骨盆腔底壁与直肠之间。起始部背侧壁的中央有一圆形隆起，称为精阜。精阜上有一对小孔，为输精管及精囊腺的共同开口。

(2)尿生殖道阴茎部

尿生殖道阴茎部是骨盆部的直接延续，起自坐骨弓，经左、右阴茎脚之间进入阴茎的尿道沟。

犬的尿生殖道骨盆部比较长，前部包藏在前列腺内(可因前列腺肥大而影响排尿)。坐骨弓外的尿道特别发达，呈球形，称尿道球或阴茎球，这是由于该部尿道海绵体特别发达的缘故。

2. 副性腺

一般动物的副性腺包括前列腺、成对的精囊腺和尿道球腺，其分泌物与输精管壶腹部的分泌物以及睾丸生成的精子共同组成精液。犬没有精囊腺和尿道球腺，只有前列腺。犬的前列腺比较大，组织坚实，带黄色，位于耻骨前缘，呈球形，环绕在膀胱颈及尿道起始部。

前列腺的发育程度与动物的年龄有密切的关系，幼龄时较小，到性成熟期较大，老龄时又逐渐退化。

(五)阴囊、阴茎和包皮

1. 阴囊

阴囊为腹壁形成的袋状囊，内有睾丸、附睾及部分精索。阴囊壁的结构与腹壁相似，由以下几层构成(如图 2-71)。

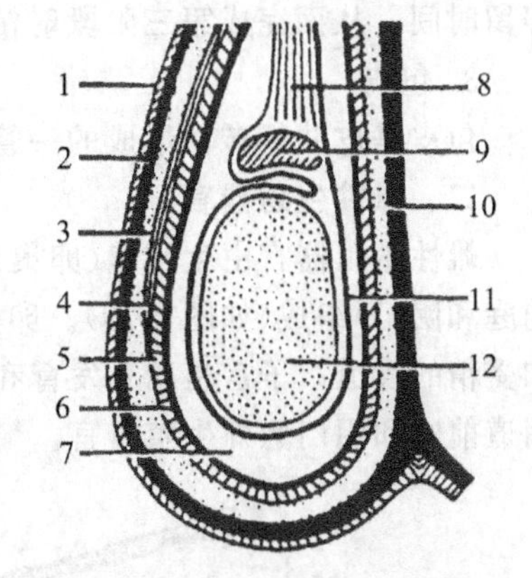

图 2-71　阴囊结构模式图

1. 阴囊皮肤；2. 肉膜；3. 精索外筋膜；4. 提睾肌；5、6. 总鞘膜；7. 鞘膜腔；8. 精索；9. 附睾；10. 阴囊中隔；11. 固有鞘膜；12. 睾丸

(范作良，动物解剖，2001)

①阴囊皮肤：薄而柔软，富有弹性，表面有少量短而细的毛，内含丰富的皮脂腺和汗腺。阴囊表面的腹侧正中有阴囊缝，将阴囊从外表分为左、右两部分，是去势时的定位标志。

②肉膜：肉膜紧贴阴囊皮肤的内面，富含弹性纤维和平滑肌。肉膜在阴囊正中，形成阴囊中隔，将阴囊分为左、右互不相通的两个腔。肉膜具有调节温度的作用，冷时肉膜收缩，使阴囊起皱，面积减小；天热时肉膜松弛，阴囊松弛下垂。

③阴囊筋膜：位于肉膜深面，由腹壁深筋膜和腹外斜肌腱膜延伸而来。将肉膜与总鞘膜较疏松地连接起来。

④睾外提肌：位于阴囊筋膜深面，来自腹内斜肌，包在总鞘膜的外侧面和后缘，与肉膜一同调节阴囊内的温度。

⑤总鞘膜：为阴囊最内层，由腹膜壁层延续而来。总鞘膜在靠近阴囊中隔处，折转而覆盖于精索、睾丸和附睾上，称为固有鞘膜。折转处所形成的浆膜褶，称为睾丸系膜。固有鞘膜和总鞘膜之间的空隙，叫鞘膜腔，内有少量浆液。鞘膜腔上段细窄，形成管状，称为鞘膜管，精索包于其中。鞘膜管通过腹股沟管，以鞘膜管口或鞘膜环与腹膜腔相通。当鞘膜管口较大时，小肠可脱入鞘膜管或鞘膜腔内，形成腹股沟疝或阴囊疝，须手术进行恢复。

犬的阴囊位于腹股沟部与肛门之间的中央部。阴囊部的皮肤常带有色素，且生有稀疏的细毛，正中缝不很清楚。

2. 阴茎

阴茎是交配器官(如图 2-72)，位于腹壁之下，起自坐骨弓，经两股之间，沿中线向前延伸至脐部。阴茎分为阴茎头、阴茎体和阴茎根三部分。阴茎根以两个阴茎脚附着于坐骨弓的两侧，其外侧面覆盖着发达的坐骨海绵体肌，两阴茎脚向前合并成阴茎体。阴茎体圆柱状，占阴茎大部分，在起始部由两条扁平的阴茎悬韧带固着于坐骨联合的腹侧面。阴茎头位于阴茎的前端。

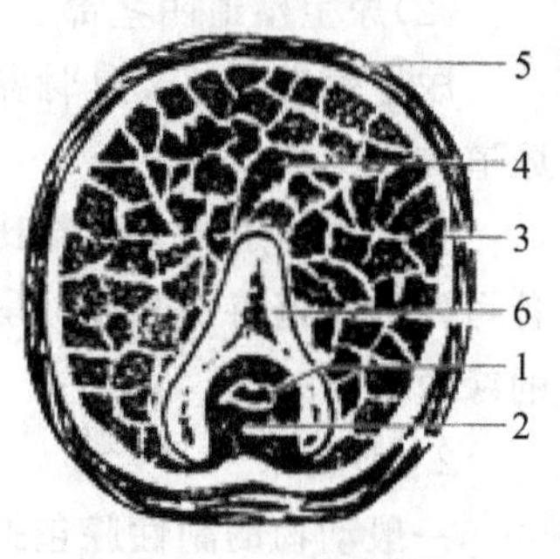

图 2-72 犬阴茎横断面

1. 尿生殖道；2. 尿道海绵体；3. 阴茎白膜；4. 阴茎海绵体；5. 阴茎筋膜；6. 阴茎骨

(韩行敏，宠物解剖生理，2012)

犬的阴茎有两个特殊的结构，即阴茎骨和龟头球。在阴茎后部有一对海绵体，正中由阴茎中隔隔开，中隔前方有棒状的阴茎骨，骨的长度大型犬在 10cm 以上。犬的阴茎龟头后端，有一扩张呈球形部分，称龟头球或阴茎头球，在交配时可被狭窄的阴道末端和膨胀的前庭球锁紧，延长阴茎在母犬阴道中的停留时间，从而完成第三阶段射精。

3. 包皮

包皮是皮肤折转而形成的一管状鞘，有容纳和保护阴茎头的作用。

二、雌性生殖器官

雌性生殖器官由生殖腺(卵巢)、生殖管(输卵管和子宫)、交配器官和产道(阴道、阴道前庭和阴门)组成(如图 2-73)。卵巢是产生卵子和分泌雌性激素的器官；输卵管是输送卵子和受精的管道；子宫是胎儿发育和娩出的器官。卵巢、输卵管、子宫和阴道为内生殖器官。阴道前庭和阴门为外生殖器官。

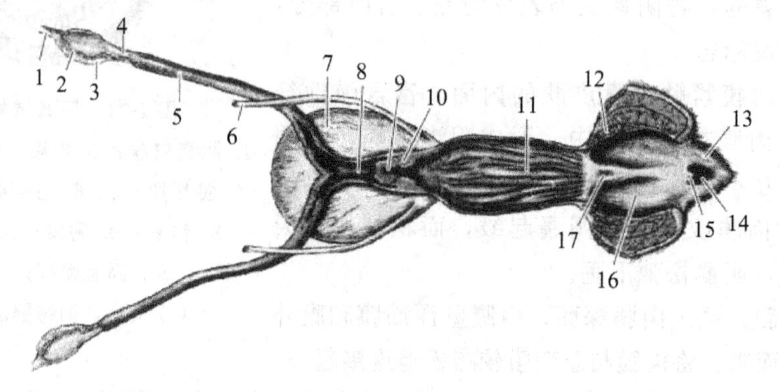

图 2-73 母犬的生殖器官

1. 卵巢悬韧带；2. 输卵管；3. 输卵巢系膜；4. 卵巢固有韧带；5. 子宫角；6. 输尿管；7. 膀胱；8. 子宫体；9. 子宫颈管；10. 子宫颈；11. 阴道；12. 前庭球；13. 阴唇；14. 阴蒂窝；15. 阴蒂；16. 阴道前庭；17. 尿道外口

(韩行敏，宠物解剖生理，2012)

(一)卵巢

1. 卵巢的位置与一般结构

卵巢是成对的实质性器官，是雌性生殖腺，是产生卵子和分泌雌性激素的器官。卵巢由卵巢系膜悬吊在腰椎下面。

犬的卵巢比较小，呈长卵圆形，稍扁平，平均长度约 2cm。每个卵巢的位置，距同侧肾脏的后端 1～2cm 或紧邻，在第 3 或第 4 腰椎的腹侧，或在最后肋骨与髂骨嵴之间的中央部。每个卵巢都隐藏在一个腹膜囊内，并含有适量的脂肪和平滑肌，卵巢内含有卵泡，因此在卵巢表面生成许多隆凸，有许多卵泡含有数个卵子，但缺少明显的卵巢门。

2. 卵巢的组织结构(如图 2-74)

一般包括被膜和实质两部分。被膜是由特殊的生殖上皮和结缔组织所构成的白膜组成，实质又可分为外侧皮质(卵泡区)和侧内髓质(血管区)两部分，两者之间没有明显的界线。

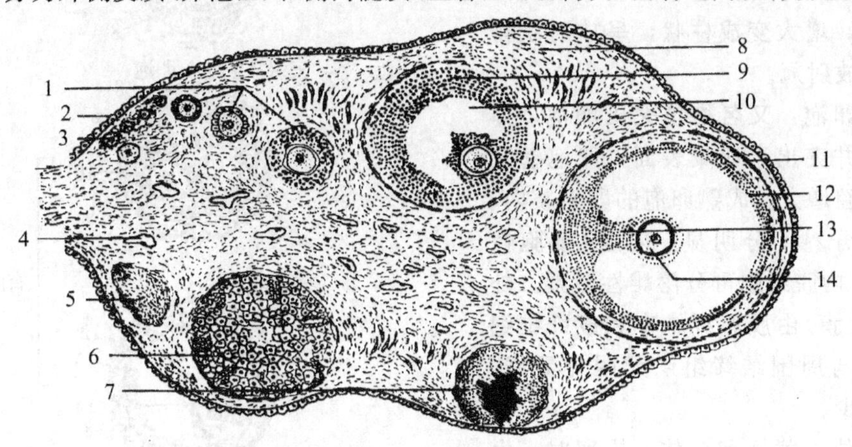

图 2-74　卵巢结构模式图

1. 初级卵泡；2. 生殖上皮；3. 原始卵泡；4. 血管；5. 白体；6. 黄体；7. 血体；8. 基质；9. 次级卵泡；10. 卵泡腔；11. 成熟卵泡；12. 颗粒层；13. 卵丘；14. 卵母细胞

(马仲华，动物解剖及组织胚胎学，第三版，2002)

(1)被膜

被膜由生殖上皮和白膜组成。卵巢表面除卵巢系膜附着部外，都覆盖着一层生殖上皮。在生殖上皮的下面，有一层由致密结缔组织构成的白膜，白膜内为卵巢实质。

(2)皮质

皮质由基质、不同发育阶段的卵泡、黄体和闭锁卵泡等组成。

①基质。皮质内的结缔组织称为基质，由致密结缔组织构成，内含大量的网状纤维和少量的弹性纤维，还有较多的梭形结缔组织细胞。

②卵泡。皮质中有许多不同发育阶段的卵泡，是由中央的卵母细胞和周围的卵泡细胞构成。根据发育程度不同，可分为原始卵泡、生长卵泡(包括初级卵泡和次级卵泡)和成熟卵泡(如图 2-75)。

原始卵泡：由初级卵母细胞及周围单层扁平的卵泡细胞组成，体积小，数量多，位于皮质浅层。雌性动物在出生前，卵巢内就存在大量原始卵泡，出生后则随着年龄增长，数量不断减少。原始卵泡内卵母细胞一般为 1 个，但在多胎动物，有时可见 2～6 个。原始卵泡到动物性成熟，才开始陆续成长发育。

初级卵泡(早期生长卵泡)：卵泡细胞为立方、柱状，进而增殖为多层，称为颗粒细胞。卵母细胞表面出现一层嗜酸性、折光强的膜状结构，称为透明带。透明带主要成分是由卵泡细胞和卵母细胞分泌的黏多糖蛋白和透明质酸。

次级卵泡(晚期生长卵泡)：卵泡细胞之间开始出现一些充有卵泡液的间隙，并逐渐汇合成一个新月形的腔，称为卵泡腔，内有透明的含蛋白质和雌性激素的浅黄色液体，称为卵泡液。卵母细胞及周围的卵泡细胞，被卵泡液挤到卵泡腔一侧，形成卵丘。紧靠透明带表面的颗粒细胞，增大变成柱状，呈放射状排列，称为放射冠。

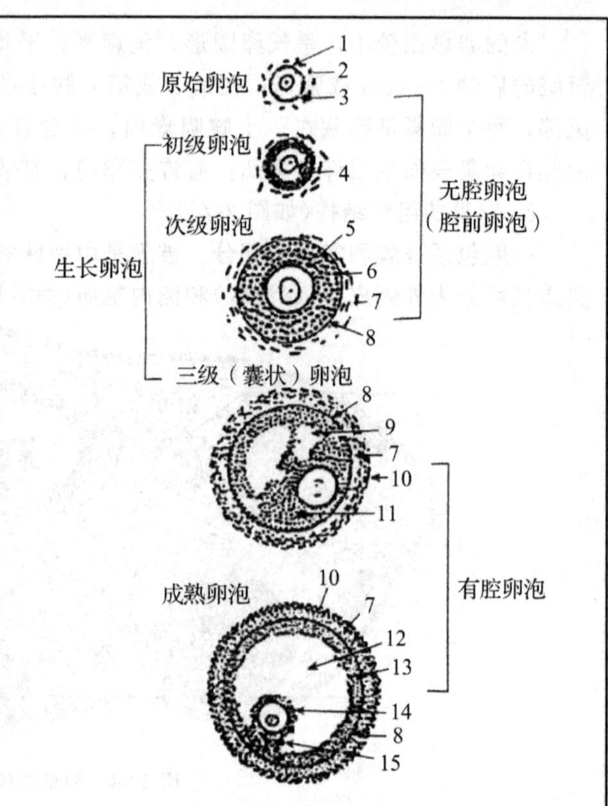

图 2-75 各级卵泡结构模式图

1. 卵子；2. 基质细胞；3. 卵泡细胞；4. 透明带形成；5. 透明带；6. 颗粒层；7. 内膜；8. 基膜；9. 窦；10. 外膜；11. 颗粒；12 卵泡液；13. 颗粒膜；14. 放射冠；15. 卵丘

(张平，动物解剖生理，2017)

成熟卵泡：又名格拉夫氏卵泡，体积增大，并突出于卵巢表面，卵泡壁变薄，卵泡腔增大。成熟卵泡的卵泡膜内、外两层，分界十分明显。内层(细胞性膜)较厚，内膜细胞可分泌雌性激素。外层(结缔性膜)由胶原纤维束和成纤维细胞构成，与周围结缔组织无明显界线，血管也较少。

③红体、黄体和白体。排卵时，由于成熟卵泡破裂，同时会伴随出血，血液进入原来卵泡腔内，称红体(血体)。随着周围血管伸入卵泡，逐渐将血液吸收，卵泡壁塌陷形成皱褶，残留在卵泡壁的卵泡细胞和内膜细胞向内侵入，胞体增大，胞质内出现类脂颗粒，分别演化成粒性黄体细胞和膜性黄体细胞。前者较大、黄体细胞成群分布，其中央有富含血管的结缔组织，周围有卵泡膜外膜包裹，共同形成黄体。

如果排出的卵已受精，黄体可继续发育，并存在到妊娠后期，称为妊娠黄体或真黄体；如动物未妊娠，黄体逐渐退化，此种黄体称发情黄体或假黄体。真黄体或假黄体在完成其功能后即退化，逐渐由结缔组织所代替，形成瘢痕组织，称为白体。

④闭锁卵泡。在正常情况下，卵巢内绝大多数的卵泡都不能发育成熟，而在各发育阶段中逐渐退化。这些退化的卵泡称闭锁卵泡。其中以初级卵泡退化最多，而且退化后不留痕迹。

(3)髓质

髓质为疏松结缔组织，含有丰富的弹性纤维、血管、淋巴管及神经等，而梭形细胞及平滑肌纤维少。

(二)输卵管

1. 输卵管的位置和一般结构

输卵管是位于卵巢和子宫角之间的一对细长而弯曲的管道，被子宫阔韧带外层分出的输卵管系膜所固定，输卵管系膜与卵巢固有韧带之间形成卵巢囊。

输卵管可分为漏斗部、壶腹部和峡部。输卵管前端为漏斗部；漏斗边缘为不规则的皱褶，称输卵管伞；漏斗中央有一口通腹腔，为输卵管腹腔口。壶腹部较长，前端较宽，是精卵受精处，否则卵子继续下移时活力下降，并且包上一层输卵管分泌物，阻碍精子进入，从而失去受精能力。峡部较短，细而直，以输卵管子宫口开口于子宫腔。

犬的输卵管比较短，平均5～8cm，最初一段沿卵巢囊外侧向前走，以后转到囊的内侧，沿内侧面向后走。

2. 输卵管的组织结构

输卵管的管壁从内至外由黏膜、肌层和浆膜构成，无黏膜下组织。

①黏膜。黏膜形成许多纵行的皱褶，适于卵的停留、吸收营养和受精。黏膜上皮是单层柱状上皮，上皮细胞分为有纤毛的柱状细胞和无纤毛的分泌细胞两种。两种细胞相间排列。

②肌层和浆膜。肌层由内环外纵两层平滑肌组成，两层之间没有明显界线，肌层从卵巢端向子宫端逐渐增厚，其中以峡部为最厚。浆膜由疏松结缔组织和间皮组成。

(三)子宫

1. 子宫的位置与一般结构

子宫是一个中空的肌质性器官，富于伸展性，是胎儿生长发育和娩出的器官，子宫借子宫阔韧带附着于腰下部和骨盆腔侧壁，大部分位于腹腔内，小部分位于骨盆腔内(直肠和膀胱之间)，前端与输卵管相接，后端与阴道相通。子宫阔韧带为宽而厚的腹膜褶，含有丰富的结缔组织、血管、神经及淋巴管，其外侧为子宫圆韧带。

犬、猫等动物的子宫均属双角子宫，可分子宫角、子宫体和子宫颈三部分。

子宫角是成对的器官，是子宫的前部，呈弯曲的圆筒状，位于腹腔内，其前端以输卵管子宫口与输卵管相通，后端合并为子宫体。

子宫体位于骨盆腔内，部分在腹腔内，呈圆筒状，背腹向略扁，向前与子宫角相连，向后延续为子宫颈。

子宫颈是子宫后段的缩细部，位于骨盆腔内，壁很厚，黏膜形成许多纵褶，内腔狭窄，称为子宫颈管。前端以子宫颈内口与子宫体相通，后端突入阴道内的部分称为子宫颈阴道部，平时闭合，发情时稍松弛，分娩时扩大。

犬的子宫体很短，子宫角细而长。一个中等体型的犬，子宫体长2～3cm，子宫角长12～15cm，角腔的直径很均匀，没有弯曲，近于直线，全部位于腹腔内。子宫颈很短，子宫颈壁显著增厚。

妊娠犬的子宫角，外观上有许多膨大部，里面含有胎儿，在每两个膨大部之间，由一个变细部位分开。妊娠子宫位于腹腔底面，向前伸展接近胃和肝。

2. 子宫的组织结构

子宫壁没有黏膜下组织，仅由内膜、肌层和浆膜三层组成。

①子宫内膜：子宫内膜也称子宫的黏膜，包括黏膜上皮和固有膜。黏膜上皮为单层柱状上皮，有分泌作用。上皮细胞游离缘有时有暂时性的纤毛。固有膜由富有血管的结缔组织构成，有各种白细胞及巨噬细胞和子宫腺。其分泌物经腺管排至子宫内膜表面，称子宫乳，对早期胚胎有营养作用。子宫颈黏膜上皮分布有许多黏液细胞，妊娠时分泌的黏液可封闭子宫颈管，形成浓稠的黏液栓。

②肌层：又称为子宫肌，由厚的内环行肌和薄的外纵行肌二层构成，两层肌肉之间还

有一血管层，含有丰富的血管和神经。子宫颈的环行肌特别发达，形成子宫颈括约肌，平时关闭，分娩时张开。

③浆膜：是由腹膜延伸而来，被覆于子宫表面，又叫子宫外膜。浆膜在子宫角背侧和子宫体两侧形成浆膜褶，称为子宫阔韧带，或子宫系膜。子宫阔韧带内有卵巢和子宫的血管通过，其中动脉由前向后有子宫卵巢动脉、子宫中动脉和子宫后动脉。这些动脉在怀孕时增粗。

（四）阴道

阴道既是交配器官，也是产道。阴道左右呈扁管状，位于骨盆腔内，在子宫后方，向后延接阴道前庭。其背侧与直肠相邻，腹侧与膀胱及尿道相邻。阴道壁的外层在前部被覆有腹膜，后部为结缔组织的外膜；中层为肌层，由内层环行和外层纵走的平滑肌及弹性纤维构成；内层为黏膜，粉红色，较厚，并形成许多纵褶，没有腺体，衬以复层扁平上皮，发情时上皮增生加厚，浅层细胞可角化，发情后脱落。

（五）阴道前庭和阴门

1. 阴道前庭

母畜生殖道自尿道外口以后是泌尿和生殖系统朝向体外的共同通道，因此也将阴道前庭称为尿生殖前庭。它既是交配器官也是产道，还是尿液排出的通道。阴道前庭与阴道相似，呈扁管状，前端腹侧以一横行的黏膜褶（阴瓣）与阴道为界，后端以阴门与外界相通。在阴道前庭的腹侧壁上，紧靠阴瓣的后方有一尿道外口，在尿道外口后方两侧有前庭小腺的开口，在侧壁上有前庭大腺的开口。另外，阴道前庭黏膜下有一对勃起组织称为前庭球。

2. 阴门

阴门与阴道前庭一同构成雌性动物的外生殖器官，位于肛门腹侧，由左、右两片阴唇构成，两阴唇间的裂缝称为阴门裂。在阴门腹联合前方有一明显的阴蒂窝，内有小而凸出的阴蒂。

犬阴唇比较厚，阴门腹联合较尖锐；黏膜光滑，呈赤色。由于淋巴滤泡的存在，犬阴唇表面常有小隆起。

3. 雌性尿道

母犬的尿道较短，位于阴道腹侧，前端与膀胱颈相接，后端开口于阴道前庭起始部的腹侧壁，是尿道外口。

生殖生理

一、性成熟和体成熟

（一）性成熟

哺乳动物生长发育到一定时期，生殖器官已基本发育完全，能够产生精子和卵子，具备繁殖后代的能力，称为性成熟。性成熟标准是性腺能产生成熟的生殖细胞和分泌性激素，出现各种性反射，能完成交配、受精、妊娠和胚胎发育等生殖过程。犬性成熟后，经过一段时间的发育，公犬能够具有正常性行为，并产生正常的精液和精子，母犬有正常的性周期和排卵。

犬出生后6～10月龄进入初情期，公犬初次射精，母犬初次发情。犬的发情表现为公犬到处排尿，留下自己的气味；喜欢用前腿扒住人的手臂，后腿内侧在人的腿脚处摩擦；爬跨母犬。发情的母犬从阴门中流出分泌物，粉红色；喜欢接近公犬，并愿意接受公犬的爬跨；主动将后躯朝向公犬；有的母犬甚至爬跨其他母犬，或主动嗅公犬的生殖器。

(二)体成熟

性成熟后，机体其他器官系统继续发育，直到具有成年动物固有的形态和结构特点，这一阶段称体成熟。动物性成熟时，虽然具备生殖能力，但身体还未发育完全，不提倡配种和繁殖，体成熟时，不仅生殖功能已达到成熟阶段，而且各器官系统也已达到成熟阶段，此时才允许用于繁殖。过早的繁殖，不但影响自身的生长发育，而且影响胎儿的生长发育，对后代产生不良影响。

公犬的可交配年龄一般是 2 周岁，小型犬可稍提前，可利用年限一般到 10 岁。母犬可交配月龄一般在 18 个月(通常是第三次发情)以后，繁殖期可持续达到 8～9 岁。

(三)性季节

性季节是指发情季节。犬在发情季节中只出现一次发情，属于季节性单次发情动物。野生状态下犬一般在春季 3～5 月和秋季 9～11 月各发情一次。但圈养犬的发情却没有明显的季节性，在全年每个月都有可能发情，两次发情的间隔时间仍然是 6 个月，与野生状态下犬相同，因此可以说犬的性周期是 6 个月。

二、雄性生殖生理

(一)雄性生殖器官的功能

1. 睾丸

睾丸的功能是生成精子和分泌雄性激素。

(1)生成精子

精子的生成和发育是在睾丸的曲细精管内进行。从精原细胞开始，经分裂、生长、成熟和变形等阶段，到最后形成精子。在精子生成过程中，从曲细精管壁上的支持细胞，获得支持和营养。精子生成需要充足的营养和低于腹腔的温度。

精子由头、颈和尾三部分构成，呈蝌蚪状。头部呈扁圆形，含有父系遗传物质 DNA，主要由一个核构成，核前面为顶体，与受精作用有关，后面被核后帽覆盖，此处死精子极易着色，是死活精子鉴别的标志。颈是头和尾的结合部，结构疏松，容易断裂。尾部使精子产生运动，运动形式有三种，即直线前进运动、原地转圈和原地抖动，只有直线前进运动的精子才有受精能力。

(2)分泌雄性激素

睾丸间质细胞在腺垂体间质细胞刺激素的作用下，合成和分泌雄性激素(睾酮、双氢睾酮和雄烯二酮，后两种作用较小，睾酮是最主要的雄性激素)和少量雌性激素。雄性激素的作用主要是刺激雄性动物副性器官的发育和副性征的出现，还能促进骨骼肌生长以及钙、磷沉积和红细胞生成等。

2. 附睾的功能

附睾中具备保存精子的适宜条件，精子在这里停留很长时间，并经历重要的发育阶段而完全成熟。附睾上皮能分泌供精子发育所需的养分，分泌物呈弱酸性，温度较低，适于精子的存活和发育成熟；能吸收精子悬浮液中的水分，浓缩精子悬浮液；附睾尾部较粗，能贮存较多的精子；管壁肌层收缩有力，能使动物在交配前把精子排至输精管。因此附睾有贮存、成熟、浓缩、运输精子等作用。

3. 输精管的功能

输精管的蠕动将精子从附睾尾送到输精管。配种时能将精子排到尿生殖道内。此外，输精管还有分泌精清、贮存精子的作用。

4. 副性腺的功能

副性腺的分泌物组成精清。精清呈弱碱性，内含果糖、蛋白质、磷脂化合物、无机盐和各种酶等。精清主要作用是稀释精子，便于精子运行；为精子提供能量；保持精液正常的 pH 和渗透压；刺激子宫、输卵管平滑肌的活动，有利于精子运行。

(二)公犬的性行为

公犬的性行为主要是爬跨反射、交媾反射和射精反射。

爬跨是公犬的基本性行为方式。公犬愿意爬跨稳定站立的母犬，然后用前肢抱紧母犬的骨盆，随后抽动阴茎。由于阴茎骨的作用，公犬交配时阴茎不需勃起，即可插入母犬的阴道内，在阴茎插入后其抽动速度更快。由于阴茎球海绵体的膨大和在插入后引起母犬阴道肌的收缩，便造成犬科动物交配时所特有的连锁现象。连锁之后公犬爬下来与母犬成相反方向，连锁时间一般为 10～30min，平均 14min。公犬在 1 天之内能连锁的次数的最高纪录为 5 次。图 2-76 为犬的交配姿势示意图。

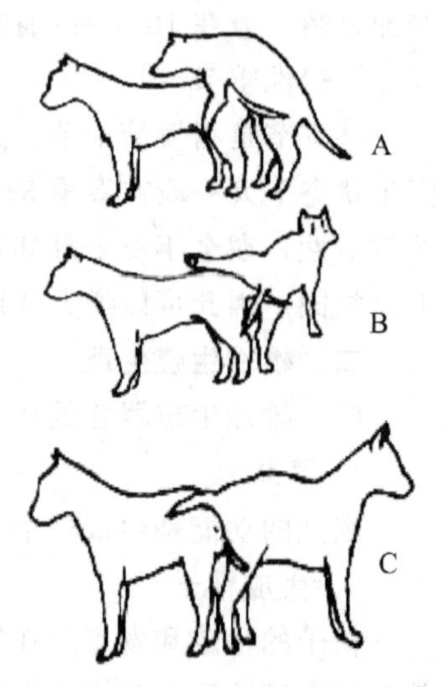

图 2-76 犬的交配姿势

A一爬跨和插入

B一转向 C一连锁

犬的射精在插入后即开始，此时射出的精液量为 0.4～2.9mL，呈清水样液体，没有精子。此后由于阴道的节律性收缩与抽动，使附睾中射出乳白色精液，含有大量精子。一般正常犬的精液的精子密度为每毫升 1 亿个以上。最后一部分精液在连锁阶段射出，主要是前列腺的分泌物。

(三)精液

精液中细胞成分是睾丸产生的精子，即雄性生殖细胞，而液体成分主要是副性腺分泌的精清。表 2-2 所示为犬精液的主要成分和性状。

温度、pH、渗透压、电解质、振动、光照和常用化学药物等环境条件都是可能影响精子生命活动的因素。

表 2-2 犬精液的主要成分和性状

成分和性状	平均值	范围
精子数/(百万/mL)	12.5	1.0～25.0
精液相对密度	1.011	
pH	6.4	6.1～7.0
水分/%	96	96～97
磷总量/(mmol/L)	4.2	
无机磷/(mmol/L)	0.32	
钙/(mmol/L)	150	

续表

成分和性状	平均值	范围
氯/(mmol/L)	0.6	0.5～0.7
钾/(mmol/L)	8	
钠/(mmol/L)	90	56～124
蛋白质/(g/L)	23	11～36
总脂/(g/L)	1.82	

精子在附睾内贮存时活动力微弱，当射精时与副性腺分泌物混合就具有了活动能力，而且在一定范围内，随温度的升高活力增强。但精子的活力与代谢能力有关，活力越强精子消耗的能量越多，存活的时间就越短。精子活动的基本形式有直线运动、摆动和转圈运动，只有直线运动才是正常的活动方式。

三、雌性生殖生理

(一)雌性生殖器官的机能

1. 卵巢的机能

卵巢生成卵子和分泌雌性激素。

①卵子的生成：卵细胞起源于卵巢生殖上皮，它的生成分为增殖、生长和成熟三个阶段。原始卵泡经过初级卵泡、次级卵泡和成熟卵泡几个发育阶段而逐渐突出于卵巢表面。

②分泌雌性激素：卵巢可分泌雌性激素、孕激素和松弛激素。它们和促性腺激素相互作用，相互制约，使卵巢排卵、子宫内膜和阴道黏膜发生周期性变化。此外，卵巢还可分泌极少量雄性激素和抑制素。

2. 输卵管的机能

卵子借助输卵管上皮纤毛的摆动和管壁肌层的收缩，运行到输卵管前端壶腹部，在此处如遇到精子将完成精子和卵子的结合，即受精过程。受精后不久，即开始在输卵管内进行细胞分裂，叫卵裂，卵裂只是数目增多而没有体积增大，约3d变成16～32个细胞的桑葚胚，约4d桑葚胚进入子宫。因此输卵管既可以运输卵子，又是受精和卵裂的部位。

3. 子宫的机能

发情交配时，子宫肌收缩有助于精子向输卵管方向泳动；胚泡种植(着床)前，子宫分泌物滋养发育的胚泡；着床后，子宫是胎盘形成和胎儿发育生长的地方，提供妊娠所需要的环境；分娩时，子宫肌节律性收缩是胎儿娩出的动力；子宫内膜产生一种物质，具有溶解黄体的作用；子宫颈能分泌黏液，在妊娠时变成黏稠状，闭塞子宫颈口，可以防止感染物的进入。

4. 阴道的机能

在某些动物，阴道是接受精子的地方，又是胎儿和胎盘产出的通道。其前庭腺在母畜发情时能分泌黏液，是发情症状之一。

(二)发情周期

发情周期也称性周期，从上一次发情开始到下一次发情开始的间隔时间，称为发情周期。发情周期分为发情前期、发情期、发情后期和休情期四个阶段。

1. 发情前期

母犬在发情前期的前几周有增加食欲和被毛光泽的变化，外出散步时到处嗅闻，并增加排尿次数，喜欢与公犬嬉戏而讨厌与其他母犬靠近，阴门开始有血迹。发情前期可持续5～20d，平均10d。临床表现为阴门肿大，由阴道流出血状液体，对公犬产生吸引力；体内的生殖器充血，卵泡迅速发育，子宫黏膜增生，阴道有角质化上皮细胞和大量红细胞、白细胞散在，阴道上皮增厚。

2. 发情期

发情期持续6～14d，发情后2～3d，母犬开始排卵，是交配的最佳时期，接受公犬的爬跨，允许交配。临床表现为阴唇肿大、阴道排出物减少。这时体内的卵泡发育成熟并排卵，黄体开始发育，子宫有蠕动，并有上皮细胞增殖和分泌现象，雌性激素减少，黄体激素达到最高峰，孕激素开始增加。阴道有角化上皮细胞和红细胞及嗜酸细胞，阴道上皮肥厚。

3. 发情后期

发情后期的母犬已不接受公犬的爬跨，如果未交配或配后未孕，一般可持续30～90d，平均60d。如果怀孕，发情后期则是从妊娠到分娩和泌乳期；如果是假妊娠，此期则是空怀妊娠期。此期黄体开始退化，子宫内膜发生分泌、剥离及修复过程；体内孕激素停止或减少分泌；阴道内出现各种细胞碎片。

4. 休情期

休情期又称乏情期，此期是从母犬断乳算起，如果未孕则从为期60d的发情后期算起。休情期为90～140d，平均130d。行为举止、形体外貌均正常；体内的卵泡缓慢发育，子宫内膜开始微有增殖，雌性激素略有增加；阴道中有泡沫状细胞和各种白细胞；阴道上皮薄。

母犬的性周期为120～240d，平均180d。

(三)排卵

排卵是发情期最重要的生命活动，成熟卵泡破裂，卵细胞和卵泡液同时流出的过程，称为排卵。卵子借助于管壁平滑肌和上皮纤毛的运动进入输卵管的腹腔口。母犬一般在排卵前11d左右，卵泡开始发育，排卵前2～3d内卵泡迅速生长，发育到成熟卵泡阶段。在发情期的1～4d内排卵，每次发情排卵1～8枚。排卵可持续14d，但80%在前2d内排卵。卵子在输卵管中可存活4～8d，在4～5d内可保持受精能力。

(四)受精

受精是指精子和卵子结合形成合子的过程。犬是子宫射精动物，当精子和卵子相遇后，主动进入卵子内部并完成受精。哺乳动物的受精过程主要包括通过放射冠、穿过透明带、通过卵黄膜和形成合子等阶段。图2-77所示为受精及卵裂过程模式图。

1. 溶解放射冠

放射冠是包围在卵子透明带外面的卵丘细胞群，它们以胶样基质相粘连，基质主要由透明质酸多聚体组成。精子获能后短时间内，精子顶体释放出透明质酸酶、放射冠酶和顶体酶等，可以溶解放射冠和透明带。这个过程称为顶体反应，本质上是破坏放射冠的过程。

2. 穿过透明带

精子头部接触透明带时，顶体具有使透明带质膜软化的酶，为精子钻入透明带接触卵黄膜溶解出一条通道。当第一个精子进入透明带触及卵黄膜时，能使卵子从休眠状态中激

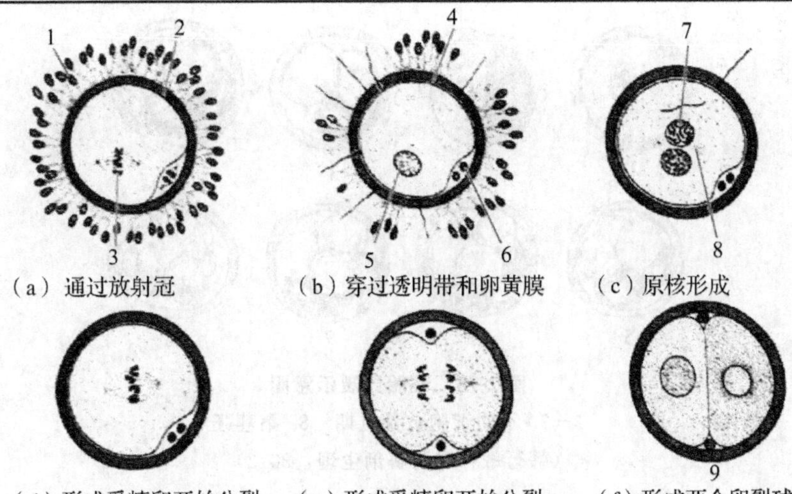

（a）通过放射冠　（b）穿过透明带和卵黄膜　（c）原核形成

（d）形成受精卵开始分裂　（e）形成受精卵开始分裂　（f）形成两个卵裂球

图 2-77　受精及卵裂过程模式图

1. 放射冠；2. 透明带；3. 纺锤体；4. 卵周隙；5. 雌原核；
6. 极体；7. 雄原核；8. 中心体；9. 两个卵裂球

（韩行敏，宠物解剖生理，2012）

活过来，引起卵黄膜收缩，释放出物质使透明带变性硬化，阻止随后到达的精子进入，这一反应叫透明带反应。

3. 通过卵黄膜

穿过透明带的精子与卵子的卵黄膜接触，精子质膜和卵黄膜相互融合，使精子的头部完全进入卵细胞内。

4. 原核的形成与融合

精子进入卵细胞后，头部膨胀，顶体脱落，形成球状的核，核内出现核仁，并形成核膜，构成雄原核。

由于精子进入卵子的刺激，卵子进行第二次减数分裂，排出第二极体。核染色体分散并向中央移动，逐渐形成核膜。原核由最初的不规则最后变为球形有明显核仁的雌原核。

两原核形成后，两原核核膜破裂，染色体混合完成受精全过程。接着发生第一次卵裂，表明新个体发育开始。

(五)妊娠

受精卵在子宫内生长发育为成熟胎儿的过程叫妊娠。在妊娠期，母体和胚胎或胎儿都发生一系列生理变化。

1. 卵裂和胚泡种植(附植或着床)

受精卵沿输卵管向子宫移动的同时，进行细胞分裂，称为卵裂，图 2-78 所示为胚胎卵裂示意图。约 3d 变成 32 个卵裂球时，形成一个实心的球体，形似桑葚，称为桑葚胚。桑葚胚进入子宫，继续分裂，体积扩大，形成中央含有少量液体的空腔，称为胚泡，也称为囊胚，图 2-79 所示为囊胚的形成过程。在胚泡周围形成一层滋养层，供给胚泡迅速增殖所需营养。胚泡在子宫内游离一段时间后，逐渐埋入子宫内膜而被固定，称为种植。种植后胚泡继续生长，由母体供给养料并排出代谢产物。种植前是管理上容易发生流产的时期。犬受精卵在受精 5～12d 发育为桑甚胚，在子宫中游离 6～20d，7～21d 附植。

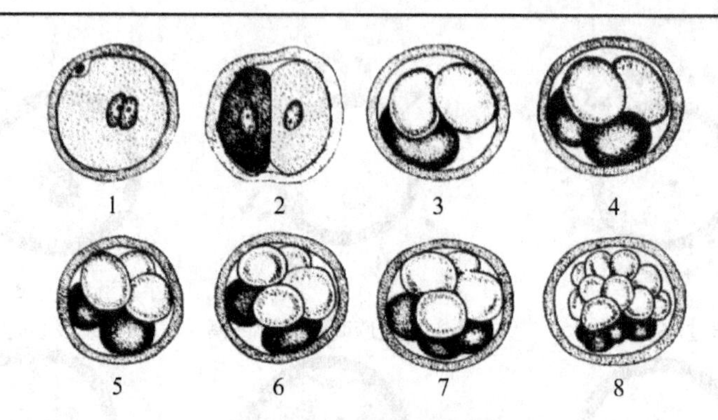

图 2-78 胚胎卵裂示意图

1—7. 不同细胞数量时期 8. 桑葚胚

（韩行敏，宠物解剖生理，2012）

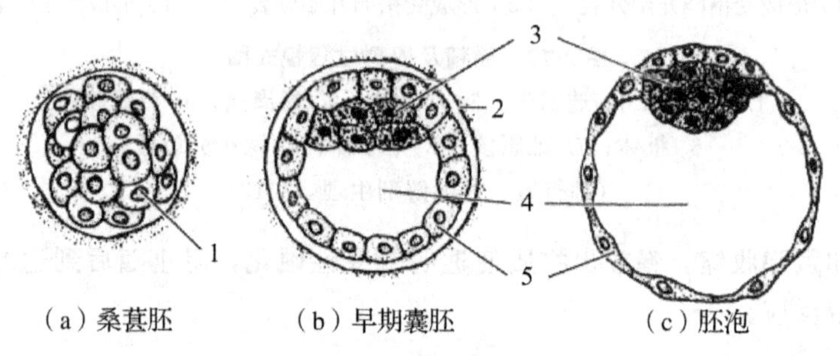

图 2-79 囊胚的形成

1. 卵裂球；2. 透明带；3. 内细胞群；4. 胚泡腔；5. 滋养层

（韩行敏，宠物解剖生理，2012）

2. 胎膜、胎盘和脐带

(1)胎膜(或胎衣)

种植后的胚泡滋养层迅速向外增生，在其表面逐渐形成一个含有胚泡血管组织，由羊膜、尿囊膜和绒毛膜组成的结构，称为胎膜。胎膜是胚胎在发育过程中逐渐形成的一个暂时性器官，在胎儿出生后，即被摒弃。

①羊膜。羊膜在最内层，紧包胚胎的透明囊。羊膜外侧被覆尿膜，两膜之间有血管分布。羊膜囊内有羊水，羊水在初期为水样无色透明，随着妊娠变为乳白色，接近分娩时，变为黏稠。犬羊膜液平均有 8～30mL。

②尿膜。尿膜位于绒毛膜和羊膜之间，似膀胱样。尿膜腔内含尿囊液。犬妊娠末期尿囊液为 10～50mL。

③绒毛膜。绒毛膜是胎膜最外侧的膜，表面覆盖绒毛，它通过胎盘联系胎儿和母体，供给胎儿营养。绒毛膜的外侧面与子宫内膜相接，内侧面与尿膜相接。

(2)胎盘

胎儿的绒毛膜伸入母体的子宫内膜构成胎盘，胎盘主要有保护胎儿、进行物质和气体交换、供给胎儿营养、排泄废物、分泌激素和形成免疫屏障等功能。犬类的胎盘属于带状(环状)胎盘，绒毛形成一个宽带环绕在绒毛膜中部。

(3)脐带

脐带是胎儿与胎膜相连接的带状物，由两条脐动脉、两条脐静脉、脐尿管及卵黄囊的残迹组成。犬的脐带坚韧且短，长10～12cm，不能自然断裂，常常是在胎儿出生后被母体扯断。初生仔犬腹部残留的脐带断端经过数天后，可干燥而自行脱落。

3. 妊娠

妊娠期自受精开始，到分娩结束。母犬的妊娠期为58～60d，但一般情况下很难判断排卵和受精的确切时间，而从配种到分娩需要59～68d，平均63.6d。多胎的妊娠期较短，单胎的妊娠期较长。

母犬妊娠时的多数器官系统都有变化，特别是生殖器官。

(1)妊娠母犬的全身变化

妊娠母犬行动缓慢、谨慎，温驯、安静、嗜睡，喜温暖安静处，食欲增强，采食量明显增加。可能出现孕吐现象，此时，食欲下降，短期内即可恢复正常。妊娠后期腹内压增高，呼吸式、呼吸次数改变，粪尿频数增加，体重增加。

(2)妊娠母犬生殖器官的变化

卵巢中卵泡停止发育，出现妊娠黄体。子宫逐渐扩大，子宫内膜增生，血管分布增加，子宫腺增长，子宫肌层肥厚。后半期，由于胎儿使子宫壁扩张，子宫壁变薄。子宫颈分泌黏稠的黏液，形成子宫栓塞，防止外界细菌、异物进入。阴道黏膜上覆盖有从子宫颈分泌出来的浓稠黏液。在妊娠末期，外阴部水肿并且柔软，为分娩做好准备。

(六)分娩

分娩一般可分为产道扩张期、胎儿产出期和胎衣排出期三个阶段。

1. 产道扩张期

犬的产道扩张期一般为3～24h。母犬表现为轻度的烦躁不安，时起时卧，来回走动，频做排尿姿势，呼吸和脉搏加快，喉咙发出声响，阴道有透明液体流出。子宫的收缩是间歇性的，收缩与舒张交替发生，把这种收缩称为阵缩，是分娩的主要动力。分娩开始时阵缩的特点是收缩较弱，间歇期较长。继而则收缩逐渐加强，间歇期缩短。

2. 胎儿产出期

胎儿产出期指从子宫颈口完全张开到胎儿都排出为止，此期长短主要与产仔数有关。犬的胎儿产出期一般为6～12h。此期的特点除了阵缩的强度和间隔变化之外，还有用力排粪样全身动作(称为努责)，最终迫使胎儿从子宫经阴道排出体外。

犬是多胎动物，每胎产仔数一般为4～9只，少则1～2只，多则16只，最高记录为25只。如产5～6只仔犬，需3～4h。产出几只仔犬后，犬会安静下来，不断地舔舐仔犬。2～3h不见努责，一般不会再有未产胎儿。

3. 胎衣排出期

在胎儿产出时，随胎儿排出到体外的主要是羊膜，并不是全部胎膜。从胎儿排出到胎衣完全排出的时期称为胎衣排出期。此期努责基本消失，阵缩的持续时间和间歇期都变长。一般胎衣在每个胎儿排出15min之内完成，或与下一只仔犬同时娩出。

犬类有吃掉胎衣的习性，胎衣和胎盘营养丰富，含有激素，吞食过多也可导致母犬腹泻。

(七)哺乳

哺乳是哺乳动物最突出的生理特征，哺乳期是宠物养护的重要时期之一。

1. 乳腺发育

妊娠后乳腺组织生长迅速，不仅导管系统增生，而且每个导管的末端开始形成无分泌腔的腺泡。分娩后，乳腺开始泌乳。经过一定时期的泌乳活动后，腺泡的体积又逐渐缩小，分泌腔逐渐消失，细小乳导管萎缩，于是腺体组织逐渐又被脂肪组织和结缔组织所代替，乳房体积缩小，乳汁分泌停止。

2. 乳汁的分泌

血液中的营养物质在乳腺内转化为乳汁，并泌入腺泡腔的过程，称为泌乳。乳的生成过程是在乳腺腺泡和细小输乳管的分泌上皮细胞内进行的。生成乳汁的各种原料都来自血液，其中球蛋白、酶、激素、维生素和无机盐等均由血液直接进入乳中，是乳腺分泌上皮对血浆选择性吸收和浓缩的结果；而乳中的酪蛋白、乳白蛋白、乳脂和乳糖等，则是上皮细胞利用血液中的原料经过复杂的生化反应合成的。乳汁中含有仔犬生长发育所必需的一切营养物质，是仔犬理想的营养物。犬的泌乳期一般约 60d。

3. 排乳

当哺乳或挤乳时，积聚在腺泡和导管系统内的乳汁迅速流向乳池并排出，这一过程称为排乳。

排乳是复杂的反射过程。哺乳或挤乳刺激了乳头的感受器，反射性地引起腺泡和细小输乳管周围的肌上皮收缩，于是腺泡乳流入导管系统，接着乳道或乳池的平滑肌强烈收缩，乳汁就排出体外。

4. 初乳和常乳

分娩后最初 3～5d 以内的乳称为初乳，此后所产生的乳称为常乳。初乳较黏稠、浅黄，如花生油样，稍有咸味和臭味，煮沸时凝固。初乳内含有丰富的蛋白质、无机盐(主要是镁盐)和免疫物质。初乳中的蛋白质可被消化管迅速吸收入血液，以补充仔犬血浆蛋白质的不足。镁盐具有轻泄作用，可促进胎粪的排出。免疫物质被吸收后，使新生幼犬产生被动免疫，增加抵抗疾病的能力。因此，初乳是初生仔犬不可替代的食物。

常乳含有水、蛋白质、脂肪、糖、无机盐、酶和维生素等。蛋白质主要是酪蛋白，其次是白蛋白和球蛋白。当乳变酸时(pH4.7)，酪蛋白与钙离子结合而沉淀，致使乳汁凝固。乳中还含有来自食物的各种维生素和植物性饲料中的色素(如胡萝卜素、叶黄素等)以及血液中的某些物质(抗毒素、药物等)。犬乳中脂肪含量是 107mmol/L，蛋白质是 93g/L，乳糖是 90.5mmol/L。

母犬虽然每年可以繁殖两胎，但生育过密，对母犬和仔犬的体质都有影响。根据母犬的年龄和健康状况，可掌握两年繁殖三胎或一年一胎比较适宜。超过 7 岁的母犬一般不宜再繁殖。

拓展阅读：

材料设备清单

项目二	内脏			学时	34		
项目	序号	名称	作用	数量	型号	使用前	使用后
所用设备	1	投影仪	观看视频图片	1个			
	2	显微镜	肾组织构造观察	40台			
	3	生物信号采集系统	泌尿生理实验	4套			
所用工具	4	手术器械	解剖构造观察和生理实验	4套			
所用药品（动物）	5	活体犬	肾、膀胱体表投影位置确定	2只			
	6	兔	泌尿生理实验	12只			
所用材料	7	切片	观察组织构造	每种40个			
	8	内脏器官模型、标本、新鲜脏器	大体解剖观察	各4套			

作业单

项目二	内脏
作业完成方式	课余时间独立完成。
作业题1	绘出小肠、肝、肺、肾、睾丸和卵巢的组织构造图并标出名称。
作业解答	
作业题2	胃酸有何作用？为何新生仔猪容易出现下痢？
作业解答	
作业题3	肺内的通气部和换气部各包括哪些结构？
作业解答	
作业题4	胸内负压的含义、产生原因及生理意义如何？何谓“气胸”？有什么危害？
作业解答	
作业题5	尿的生成过程如何？血液、原尿和终尿有何区别？
作业解答	
作业题6	给家兔注射25%的葡萄糖，尿量会有什么变化？为什么？
作业解答	
作业题7	阴囊壁由哪几部分构成？公畜去势时切开阴囊后需切断哪些结构？
作业解答	
作业题8	什么是初乳？新生仔犬为何要及时吃上初乳，越早越好？
作业解答	

续表

作业评价	班级		第　组	组长签字		
	学号		姓名			
	教师签字		教师评分		日期	
	评语：					

学习反馈单

项目二	内脏				
评价内容	评价方式及标准				
知识目标达成度	作业评量及标准				
	A(90分以上)	B(80—89分)	C(70—79分)	D(60—69分)	E(60分以下)
	内容完整，阐述具体，答案正确，书写清晰。	内容较完整，阐述较具体，答案绝大部分正确，书写较清晰。	内容欠完整，阐述欠具体，答案部分正确，书写不太清晰。	内容不太完整，阐述不太具体，答案小部分正确，书写较凌乱。	内容不完整，阐述不具体，答案基本不太正确，书写凌乱。
技能目标达成度	实作评量及标准				
	A(90分以上)	B(80—89分)	C(70—79分)	D(60—69分)	E(60分以下)
	能快速准确识别内脏器官一般构造和相关器官组织构造，操作规范。	能准确识别绝大部分内脏器官一般构造和相关器官绝大部分组织构造，操作规范，速度较快。	能准确识别部分内脏器官一般构造和相关器官部分组织构造，操作较规范，速度一般。	个别内脏器官一般构造和相关器官个别组织构造能识别出来，操作欠规范，速度较慢。	内脏器官一般构造和相关组织构造基本上识别不太正确，操作不规范，速度很慢。
素养目标达成度	表现评量及标准				
	A(90分以上)	B(80—89分)	C(70—79分)	D(60—69分)	E(60分以下)
	积极参与线上、线下各项活动，态度认真。分析、解决问题强，具备善待宠物和生物安全意识。	积极参与线上、线下各项活动，态度较认真。分析、解决问题较强，具备一定的善待宠物和生物安全意识。	能参与线上、线下各项活动，态度一般。分析、解决问题一般，善待宠物和生物安全意识一般。	能参与线上、线下部分活动，态度一般。分析、解决问题较差，善待宠物和生物安全意识较差。	线上、线下各项活动参与度低，态度一般。分析、解决问题差，善待宠物和生物安全意识差。
反馈及改进					
针对学习目标达成情况，提出改进建议和意见。					

项目三　循环系统

学习任务单

<table>
<tr><td>项目三</td><td>循环系统</td><td>学　时</td><td>14</td></tr>
<tr><td colspan="4">布置任务</td></tr>
<tr><td>学习目标</td><td colspan="3">1. 知识目标
(1)掌握犬心脏的形态、位置、结构和机能；
(2)简述全身主要血管的分布，了解血液的组成和理化特性；
(3)简述心动周期、血压、脉搏、心率和心音的概念及生理常数；
(4)掌握犬免疫器官的形态、位置、结构和机能。
2. 技能目标
(1)能在犬的离体心脏上识别四个腔的结构；
(2)能在犬活体标本上找到心脏的体表投影位置、常用静脉注射和脉搏检查部位；
(3)能正确地进行心音听诊；
(4)能在犬体标本识别常检淋巴结的位置。
3. 素养目标
(1)培养学生独立分析问题、解决实际问题和继续学习的能力；
(2)具有组织管理、协调关系、团队合作的能力；
(3)培养学生吃苦耐劳、善待宠物、敬畏生命的工匠精神。</td></tr>
<tr><td>任务描述</td><td colspan="3">在解剖实训室利用相关材料设备对犬进行心音听诊，并在犬尸体标本上找到主要淋巴结。
具体任务如下。
1. 犬心脏体壁投影位置观察及心音听诊。
2. 犬淋巴结位置识别。</td></tr>
<tr><td>提供资料</td><td colspan="3">1. 韩行敏．宠物解剖生理．北京：中国轻工业出版社，2012
2. 霍军，曲强．宠物解剖生理．北京：化学工业出版社，2020
3. 李静．宠物解剖生理．北京：中国农业出版社，2007
4. 白彩霞．动物解剖生理．北京：北京师范大学出版社，2021
5. 张平，白彩霞．动物解剖生理．北京：中国化工出版社，2017
6. 范作良．家畜解剖学．北京：中国农业出版社，2001
7. 范作良．家畜生理学．北京：中国农业出版社，2001
8. 黑龙江农业工程职业学院教师张磊负责的宠物解剖生理在线课网址：
9. 黑龙江职业学院教师白彩霞负责的动物解剖生理在线精品课网址：</td></tr>
</table>

对学生要求	1. 能根据学习任务单、资讯引导，查阅相关资料，在课前以小组合作的方式完成任务资讯问题。 2. 以小组为单位完成学习任务，体现团队合作精神。 3. 严格遵守实训室和实习牧场规章制度，避免安全隐患。 4. 对犬心音听诊位置和淋巴结位置进行学习。 5. 严格遵守操作规程，做好自身防护，防止疾病传播。

任务资讯单

项目三	循环系统
资讯方式	通过资讯引导、观看视频，到本课程及相关课程的精品课网站、图书馆查询，向指导教师咨询。
资讯问题	1. 叙述心腔的构造，并说明心音产生的原因。 2. 简述主动脉及主要分支情况。 3. 简述门静脉在血液循环中的作用。 4. 简述胎儿血液循环的主要特征。 5. 凝血过程分哪几个步骤？实际工作中有哪些抗凝和促凝的措施？ 6. 结合组织液的生成与回流，说明水肿发生的机理。 7. 影响心输出量的因素有哪些？ 8. 微循环是由哪儿部分组成的？ 9. 影响静脉回流的因素有哪些？ 10. 简述各类白细胞形态特征和生理功能。 11. 犬体表浅层主要有哪些淋巴结？位置在哪里？ 12. 什么叫机体的内环境？它的稳定有何生理意义？ 13. 为什么检查淋巴结可以判断动物是否有疾病？ 14. 什么叫淋巴小结，主要存在哪些器官或组织中？ 15. 什么是单核吞噬细胞系统？它的主要功能是什么？ 16. 简述犬淋巴结和脾的组织结构特点。 17. 血液、组织液、淋巴液三者之间有何关系？
资讯引导	所有资讯问题可以到以下资源中查询。 1. 韩行敏主编的《宠物解剖生理》。 2. 李静主编的《宠物物解剖生理》。 3. 霍军，曲强主编的《宠物解剖生理》。 4. 白彩霞主编的《动物解剖生理》。 5. 宠物解剖生理在线课网址：

资讯引导	6. 动物解剖生理在线精品课网址： 7. 本模块工作任务单中的必备知识。

案例单

项目三	循环系统	学时	14
序号	案例内容	相关知识技能点	
1.1	7月份，一只金毛雄性猎犬，整天趴在家里不愿活动，强行驱赶时气喘明显，咳嗽加剧，精神委靡，食欲减退。来动物医院就诊，临床症状是病犬体重30.8kg，体温38.5℃；气喘明显，呼吸数40次/分，偶尔咳嗽，无鼻液；牙龈、舌苔略发绀；心脏听诊，心率达140次/分，心室收缩期可听到杂音；胸肺部听诊，肺泡呼吸音增强，其他见明显异常。经过诊断为犬恶性丝虫病，并发心内膜炎。	此案例涉及与本单元内容相关的知识点和技能点为：心脏听诊位置、心率、心音、心内膜。	

工作任务单

项目三	循环系统
任务1　犬心脏体壁投影位置观察及心音听诊 任务描述：在实训室利用活体犬，确定心脏的体壁投影位置，并进行心音听诊。 准备工作：在实训室准备活体犬、听诊器、一次性手套和实验服等。 实施步骤如下。 1. 先采用扎口(或口套)保定法将犬保定。 2. 确定犬心脏体表投影及心音听诊位置。让实验犬站立或右侧卧保定后，于左侧肩关节水平线下，3～6肋间的肘窝处，用听诊器听诊心音，并分辨第一、第二心音。 3. 脉搏的检查。在犬大腿近端内侧找到股动脉，手指按压并检查脉搏。 4. 通过互联网、在线开放课学习相关内容。 **任务2　识别犬淋巴结和脾位置** 任务描述：在实训室利用犬的尸体识别主要淋巴结和脾。 准备工作：在实训室准备犬的新鲜尸体标本、方盘、手术刀、剪刀、镊子、脱脂棉、一次性手套和实验服等。	

实施步骤如下。

1. 在犬的尸体标本上找到腮腺淋巴结、下颌淋巴结、颈浅淋巴结、腋淋巴结、髂下淋巴结、腹股沟浅淋巴结、腹腔淋巴结和肠系膜淋巴结，并观察形态、构造。

2. 在胃的左侧找到脾脏，并观察形态、构造。

3. 通过互联网、在线开放课学习相关内容。

必备知识

循环系统包括血液循环系统和淋巴循环系统。从管道通联关系上看，淋巴系统是血液循环系统的辅助性回流系统；但从功能上看，淋巴系统与血液循环的关系十分密切，是完成机体运输和免疫的系统，只不过血液循环和淋巴循环之间有着运输和免疫的相对分工而已。

第一部分　心血管系统

心脏

血液循环系统由心脏、血管(包括动脉、毛细血管和静脉)和血液组成。其中心脏是血液循环的动力器官。在神经和体液的调节下，心脏推动血液在血管内周而复始地流动，将营养物质和氧气运到全身各组织细胞利用，同时把组织细胞产生的代谢产物，运到排泄器官排出体外。体内各种内分泌腺分泌的激素也是通过血液运输到全身，对机体的生长、发育和生理功能起着调节作用，即所谓体液调节，此外还有保护机体和调节体温等作用。

一、心脏的形态位置

心脏(如图 2-80)是一个中空的肌质器官，外形呈倒立的圆锥形，前缘凸，后缘较平直。心脏上部大且位置比较固定，称为心基，有进出心脏的大血管，下部小且游离，称为心尖。心脏表面有一条环绕心脏的冠状沟，是心房和心室之间的分界标志。在心室的左前方，有一条左纵沟，右后方有一条右纵沟，左、右纵沟是左、右心室的外表分界。右前部是右心室，左后部是左心室。在冠状沟和纵沟内有给心脏提供营养的血管，表面由脂肪填充。

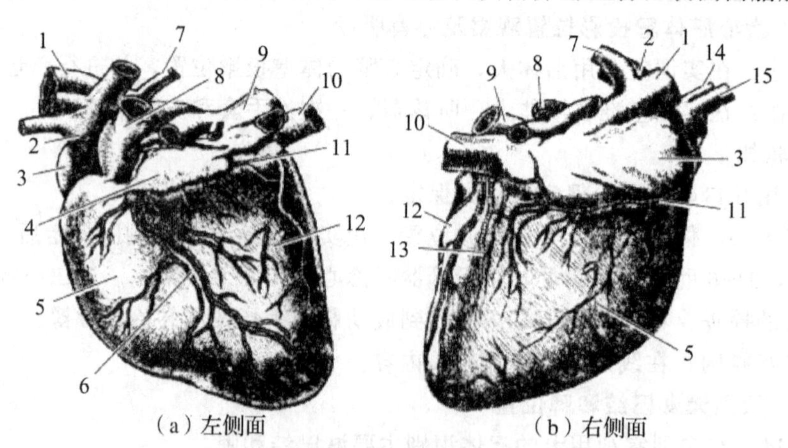

(a) 左侧面　　(b) 右侧面

图 2-80　犬的心脏

1. 前腔静脉；2. 主动脉；3. 右心耳；4. 左心耳；5. 右心室；6. 左纵沟；7. 奇静脉；8. 肺动脉；9. 肺静脉；10. 后腔静脉；11. 冠状沟；12. 左心室；13. 右纵沟；14. 左锁骨下动脉；15. 臂头动脉

中型犬的心脏重约150g，相当于体重的1%，一般猎犬心脏比较大；而运动少、比较肥胖的犬，其心重仅为体重的0.5%。

心脏位于胸腔纵隔内，夹于左、右两肺之间，略偏左侧。心在胸腔内处于第3～7肋骨处，左、右不对称，心尖朝向后下方，且略偏向左方，可达第6～7肋软骨。

二、心脏的构造

心脏被房中隔、室中隔和房室口分为右心房、右心室、左心房和左心室四个腔。

(一)右心房

右心房位于心基的右前上部，房壁薄内腔大，由右心耳和静脉窦两部分构成。右心耳是心房侧壁突出形成的锥形盲囊，囊壁内有许多排列不规则的肉嵴，称为梳状肌，可防止静脉血液在此形成涡流。静脉窦是前、后腔静脉汇成的膨大部，两静脉开口之间有奇静脉的开口。前、后腔静脉开口之间有一发达的肉柱，称为静脉间嵴，有分流前、后腔静脉血液，避免相互冲击的作用。后腔静脉开口处还有心静脉的开口。在后腔静脉开口处附近的房中隔上有一卵圆窝，是胎儿时期卵圆孔的遗迹。右心房下方有右房室口，借此与右心室相通。

(二)右心室

右心室位于心脏的右前下部，顶端向下，不能到达心尖，心室内腔较小，室壁薄。其入口为上部的右房室口，出口为左上部的肺动脉口。右房室口由成密结缔组织构成的纤维环围成，纤维环上有3个尖瓣，称为右房室瓣或三尖瓣。瓣膜的作用是当心室收缩时，血液挤压瓣膜合拢，关闭房室口，防止血液回流入心房。肺动脉口位于右心室的左上方，由此连通肺动脉。肺动脉口也由纤维环围成，纤维环上附着3片半月形的瓣膜，称肺动脉瓣或半月瓣。瓣膜游离端朝向肺动脉端。当心室舒张时，肺动脉血液推动瓣膜合拢，关闭肺动脉口，防止肺动脉血液回流入心室。右心室内有横过心室腔的心横肌，有防止心室过度舒张的作用。

(三)左心房

左心房位于心基的左后上部，其构造与右心房相似。左心耳也呈锥形盲囊，囊壁内也有梳状肌。在左心房后侧及右侧一般有6个肺静脉开口。左心房下方有左房室口，与左心室相通。

(四)左心室

左心室位于心脏的左后下部，心室内腔大，室壁厚，下端构成心尖。左心室入口为后上方的左房室口，出口为前上方主动脉口。左房室口也有纤维环围成，环上附着2个大尖瓣，称为左房室瓣或二尖瓣，其结构与作用同右房室瓣。主动脉口位于左心室的前上方，由此连通主动脉。主动脉口也由纤维环围成，纤维环上附着3片半月形的瓣膜，称为主动脉瓣或半月瓣，其作用同肺动脉瓣。

图2-81所示为心脏内血液流向示意图。

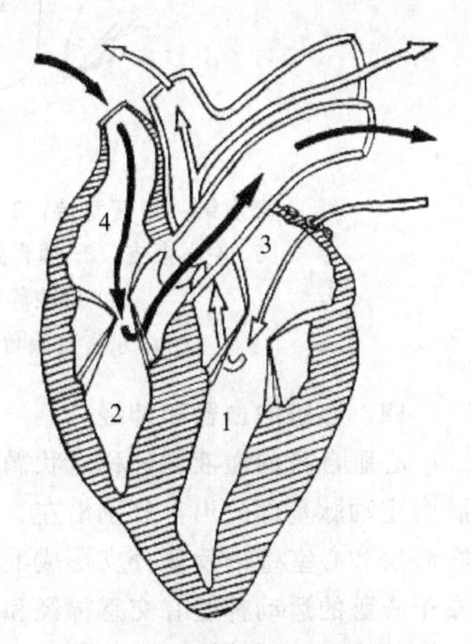

图2-81　心脏内血液流向示意图

1. 左心室；2. 右心室；3. 左心房；4. 右心房

(五)心壁的构造

心壁是指心腔壁，由外向内分为心外膜、心肌和心内膜三层。

心外膜为被覆于心肌外表面的一层浆膜，是心包膜的脏层，由单层扁平上皮和结缔组织构成。

心肌是心壁中最厚的一层，主要由心肌纤维构成，呈红褐色。心肌被房室口的纤维环分隔为心房肌和心室肌两个独立的肌系，因此，心房肌和心室肌能够交替舒缩。心房肌较薄，心室肌较厚，左心室壁厚度约为右心室的3倍。

心内膜是紧贴于心肌内表面的结缔组织膜，薄而光滑，并与血管内膜相延续。心瓣膜是由心内膜折叠成的双层结构，中间有一层由结缔组织填充。心内膜深面有血管、淋巴管、神经和心脏传导系统的分支。

三、心脏的传导系统

心脏传导系统由特殊心肌纤维构成(如图2-82)。特殊心肌纤维可自动产生兴奋、传导兴奋，使心脏有节律性的收缩和舒张活动。心脏传导系统由窦房结、房室结、房室束和浦肯野纤维组成。窦房结是心跳的起搏点，位于前腔静脉和右心耳之间的界沟内心处膜下，有分支到心房肌，并发出结间束与房室结相连，窦房结自律性最高。房室结位于房中隔右房侧的心内膜下。房室结沿室中隔向下延续为房室束，并在室中隔上部分为左、右两束，到左、右心室心内膜下，再分支形成许多细小的浦肯野纤维，与普通心肌纤维相连。

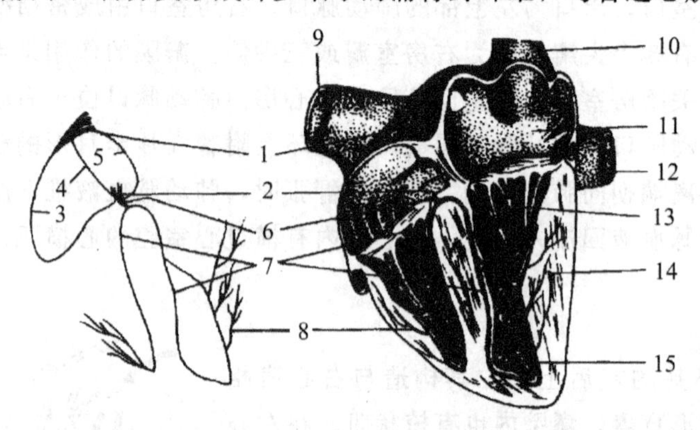

图2-82　心脏的传导系统

1. 窦房结；2. 房室结；3. 结间前束；4. 结间中束；5. 结间后束；6. 房室束；7. 左右束支；8. 浦肯野纤维；9. 前腔静脉；10. 肺静脉；11. 左心室；12. 后腔静脉；13. 腱索；14. 心肌；15. 心内膜

(山东省畜牧兽医学校，家畜解剖生理，第三版，2000)

四、心脏的血管和神经

心脏自身的血液循环称冠状循环，由心冠状动脉、毛细血管和心静脉构成。心冠状动脉由主动脉基部分出，分别沿左、右冠状沟和室间沟分支行走，称为左、右冠状动脉，并在心房和心室壁内反复分支形成毛细血管。毛细血管网最后汇集成心静脉返回右心房。分布于心脏的运动神经有交感神经和迷走神经。交感神经可兴奋窦房结，加强心肌活动。迷走神经作用与交感神经相反。

五、心包

心包(如图2-83)是包于心脏外的锥形囊，囊壁由浆膜和纤维膜构成，有保护心脏的作用。

浆膜：分为壁层和脏层。壁层在纤维膜的内面，在心基部折转移行脏层；脏层紧贴于心肌外表面，构成心外膜。壁层和脏层之间的空隙为心包腔，内有少量的心包液，起润滑作用，以减少心脏搏动时的摩擦。

纤维膜：是一层坚韧的结缔组织膜，在心基部与进出心脏的大血管的外膜相连；在心尖部与心包胸膜共同形成心包胸骨韧带，将心包固定于胸骨的背面。

心包位于纵隔内，被覆于心包外的纵隔胸膜称为心包胸膜。

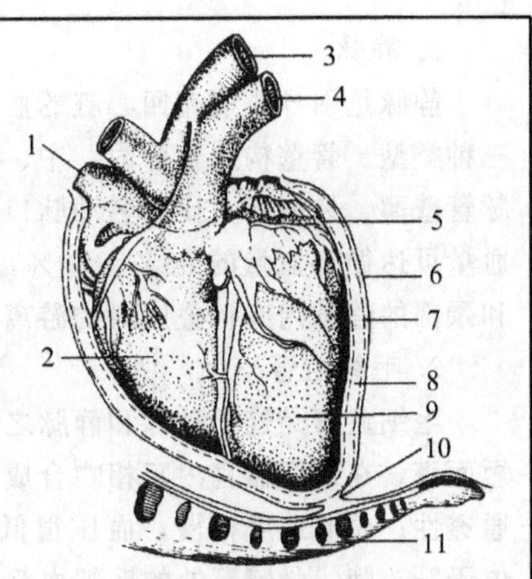

图 2-83　心包的构造

1. 前腔静脉；2. 右心室；3. 主动脉；4. 肺动脉；5. 心包脏层；6. 纤维膜；7. 心包壁层；8. 心包腔；9. 左心室；10. 胸骨心包韧带；11. 胸骨

（山东省畜牧兽医学校，家畜解剖生理，第三版，2000）

血管

一、血管的种类和构造

根据血管的结构和功能不同，分动脉、静脉和毛细血管三种。

1. 动脉

动脉是引导血液出心脏，并向全身输送血液的管道。管壁厚、管腔小，富有弹性，空虚时不塌陷，出血时呈喷射状。

按照管径大小，动脉可分为大、中、小三类。大动脉管壁坚韧而富有弹性和扩张性，又称弹性血管；中动脉是将血液输送至各组织器官，又称为分配血管(如图 2-84)；小动脉管壁富含平滑肌，在神经和体液的调节下可做舒缩活动以改变管径大小，从而改变血流阻力，又称阻力血管。三者互相移行，无明显界限。

动脉管壁分为内、中、外三层膜。内膜最薄，表面衬以光滑的内皮，可减少血流阻力。中膜较厚，大动脉的中膜主要由弹性纤维组成，富有弹性；中动脉由平滑肌和弹性纤维组成；小动脉由平滑肌组成。外膜较中膜薄，由结缔组织构成。

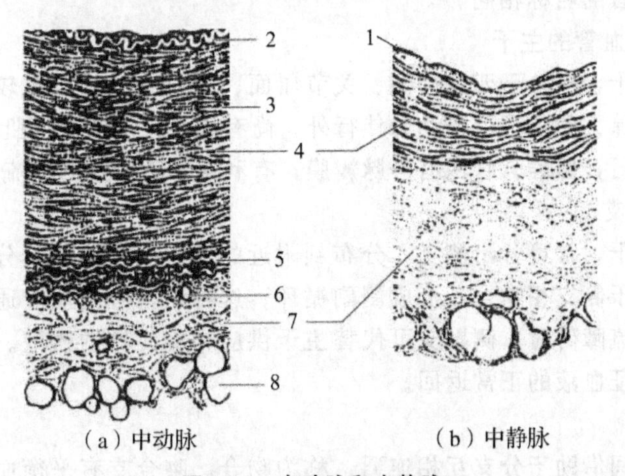

（a）中动脉　　（b）中静脉

图 2-84　中动脉和中静脉

1. 内膜；2. 内弹性膜；3. 平滑肌；4. 中膜；5. 外弹性膜；6. 营养血管；7. 外膜；8. 脂肪细胞

（韩行敏，宠物解剖生理，2012）

2. 静脉

静脉是引导血液流回心脏的血管，多与动脉相伴行。静脉也分大、中(如图 2-84)、小三种类型。管壁构造也分内、中、外三层，但中膜很薄，弹性纤维不发达，外膜较厚。静脉管壁薄、易塌陷，比同名动脉口径大，出血时呈流水状。静息状态下，静脉系统容纳的血量可达循环血量的 60%～70%，故静脉又称容量血管。大部分静脉特别是分布在四肢部和颈部的静脉内有折叠成对的游离缘向心脏方向的半月状静脉瓣，可防止血液逆流。

3. 毛细血管

毛细血管是连于动脉和静脉之间的微细血管，毛细血管几乎遍布全身各处。毛细血管短而密，在组织器官内互相吻合成网；管壁仅由一层内皮细胞构成，非常薄，具有很大的通透性；血流速度很慢，血压很低，是血液和组织之间进行物质交换的主要场所。另外，位于肝、脾、骨髓等处的毛细血管形成管腔大而不规则的膨大部，称为血窦。皮下毛细血管破裂常导致皮下弥散性出血。

二、血管分布

(一)血管的分布规律及命名原则

1. 血管分布无处不在，基本规律是体现机体的单轴性和两侧对称性

其主干位于脊柱的腹侧且与之平行，而分出的侧支往往对称地分布于左右两侧。如四肢的血管左右非常对称且基本同名。

2. 动脉和静脉血管都表现为近心端粗大，远心端细小

如动脉中以主动脉口径最大，管壁最厚，随着分支，越分越细小。静脉则以前腔静脉和后腔静脉口径最大，远心端则是越远越细小。

3. 血管的名称基本上以血管所处的位置、走向、分布命名

如臂动脉、股动脉、正中动脉、颈总动脉等都是根据位置确定的名称。离开了原来位置的血管，则很难确认其名称。

4. 动脉、静脉和神经常伴行

在伴行处，三者的名称相同。

5. 动脉、静脉血管的主干

动脉血管的主干，多位于四肢内侧、关节屈面、脊柱腹侧，位置较深，不易受到外界损伤。而静脉血管除大的主干可与动脉伴行外，尚有许多位于皮下、肌间等易受到挤压处，这些静脉无动脉伴行，但静脉管内有静脉瓣膜，有利于静脉血液的回流。

6. 侧支和侧副支

动脉血管的主干，常可分出侧支，分布到附近的器官。有些主干分出的侧支常与主干平行，其末端与主干侧支相吻合，形成侧副循环。这种结构可使血液通过侧副支再回流到主干中，当主干血流障碍时，侧副支可代替主干供应相应区域的血液。静脉血管的侧副支循环更丰富，以保证血液的正常返回。

7. 吻合

相邻的血管之间借助于分支互相连通，称为吻合。吻合支有平衡血压、调节和转变血流方向、保证该器官血液供应的作用，如四肢的终动脉弓。

8. 调节

在主动脉弓和颈动脉窦的血管壁上，有各种理化感受器，可感知血液的理化变化(如血

压、pH、离子浓度、氧、二氧化碳的浓度、渗透压、温度等)，而后通过神经不断调节机体内环境的恒定。

(二)血液循环路径

1. 肺循环(小循环)

其循环途径为：右心室→肺动脉→肺毛细血管→肺静脉→左心房。把含二氧化碳较多的静脉血由右心室经肺动脉运到肺脏。在肺内形成毛细血管网，而后汇集成肺静脉，再把含有氧气较多的动脉血经肺静脉运回左心房。肺循环的主要作用是完成氧和二氧化碳的气体交换。

肺循环是血液从右心室冲开动脉瓣，经肺动脉口压入肺动脉，经肺动脉进入肺脏的毛细血管网，而后汇集成肺静脉(犬为6条)返回左心房。此循环又称为小循环。

肺动脉：肺动脉起于右心室的肺动脉口，在左、右心耳之间沿主动脉弓的左侧向后上方延伸至心基的后上方分为左、右两支，分别与左、右支气管一起从肺门入肺。肺动脉在肺内随支气管进行分支，最后在肺泡周围形成毛细血管网，在此进行气体交换。

肺静脉：肺静脉由肺部毛细血管网汇合而成，随肺动脉和支气管行走，最后汇成6支，由肺门出肺后注入左心房。

2. 体循环(大循环)

其循环途径为：左心室→主动脉→体毛细血管→前、后腔静脉→右心房。把含有氧气较多的动脉血从左心室运出，经主动脉到达全身各组织器官，再将含有二氧化碳较多的静脉血经前、后腔静脉运回右心房。体循环的主要作用是完成营养物质和代谢产物之间的物质交换。

体循环是指血液从左心室压开主动脉瓣，通过主动脉口进入主动脉，再通过主动脉的分支进入全身各处毛细血管网，而后汇集成前腔静脉和后腔静脉，分别进入右心房。这个循环途径又称为大循环。

(1)动脉

①主动脉。主动脉是体循环动脉的总干，起于左心室的主动脉口，起始部向前直行，称为升主动脉，然后再转向后方，形成一锐角弯曲的弓，称为主动脉弓，在其根部发出左、右冠状动脉后，向后移行为胸椎腹侧的胸主动脉，穿过膈的主动脉裂孔进入腹腔，称为腹主动脉。腹主动脉在第五、六腰椎腹侧分为左、右髂外动脉和左、右髂内动脉。

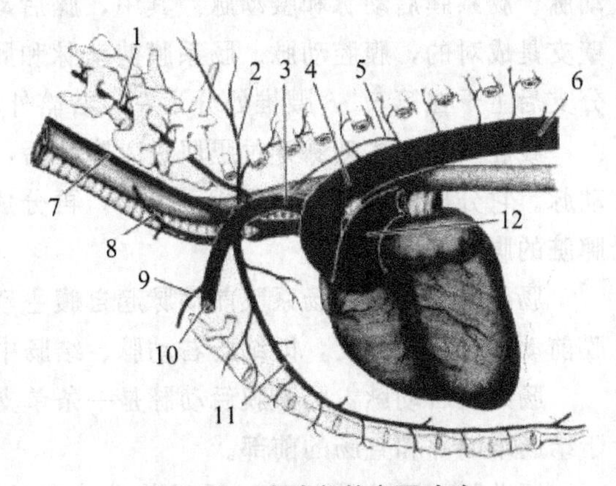

图 2-85　犬胸部的主要动脉

1. 椎动脉；2. 颈深动脉；3. 左锁骨下动脉；4. 主动脉弓；5. 支气管食管动脉；6. 胸主动脉；7. 颈总动脉；8. 颈浅动脉；9. 胸廓外动脉；10. 腋动脉；11. 胸廓内动脉；12. 肺动脉

(韩行敏，宠物解剖生理，2012)

②胸部的动脉。主动脉弓在根部发出左、右冠状动脉，顶部有两个大血管分支。第一个大的分支偏向右侧，称为臂头动脉；第二个分支较小，偏向左侧，称为左锁骨下动脉。图2-85所示为犬胸部的主要动脉。

臂头动脉：臂头动脉自主动脉发出后向前行，分出左颈总动脉，然后分出右颈总动脉。其主干绕过第 1 肋骨成为右锁骨下动脉，出胸腔后进入右前肢。左锁骨下动脉向前行于食管的左侧，然后绕过第 1 肋骨出胸腔，进入左前肢。

左锁骨下动脉：自主动脉发出后，向前下方及外侧延伸，在胸腔内发出椎动脉、肋颈动脉、胸廓内动脉和颈浅动脉后，延续为到前肢的腋动脉。

③头颈部的动脉（如图 2-86）。头颈部的动脉主要是颈总动脉和椎动脉，还有锁骨下动脉的一些分支。

右和左双侧颈总动脉在环椎翼下分出枕动脉、颈内动脉和颈外动脉。

枕动脉：枕动脉沿舌下神经后方上行至副乳突，其外侧面有颈内动脉、迷走神经和交感神经经过。

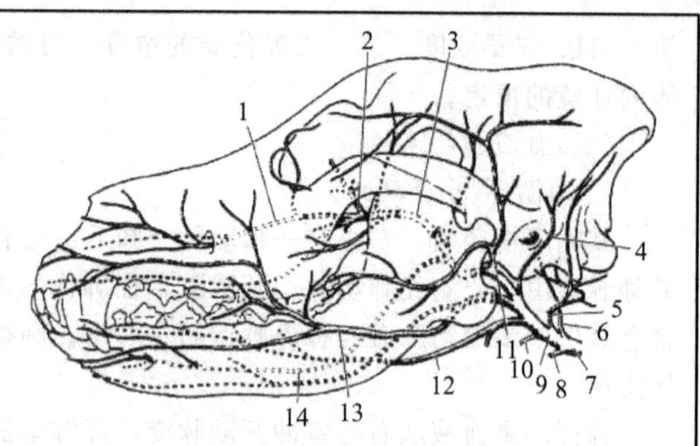

图 2-86　犬头部的动脉

1. 眶下动脉；2. 眼外动脉；3. 上颌动脉；4. 耳后动脉；5. 枕动脉；6. 颈内动脉；7. 颈总动脉；8. 喉前动脉；9. 颈外动脉；10. 咽升动脉；11. 颞浅动脉；12. 舌动脉；13. 面动脉；14. 下齿槽动脉

（韩行敏，宠物解剖生理，2012）

颈内动脉：颈内动脉穿过后破裂孔进入颈椎管，由颈动脉孔入脑腔后，在脑腹侧形成脉管丛，由其分支与大脑中动脉和眼外动脉相连。

颈外动脉：颈外动脉是颈总动脉的延续，沿咽的侧壁走行，从枕颌肌下穿出，在窝后突的后方，分为颞浅动脉和颌内动脉。此外，还发出副支，如颌外动脉、舌动脉、舌下动脉和耳后动脉（耳大动脉）。

④腰腹部的动脉。腹主动脉是由胸主动脉穿过膈肌的主动脉裂孔后延续而成的，主干位于腰椎腹侧。其分支主要有膈后动脉、腹腔动脉、肠系膜前动脉、肾动脉、睾丸或卵巢动脉、肠系膜后动脉和腰动脉。其中，膈后动脉、肾动脉、睾丸或卵巢动脉和腰动脉属于壁支是成对的，腹腔动脉、肠系膜前动脉和肠系膜后动脉是脏支，不是成对的。发出上述分支后主干在第 5、6 腰椎处分为左、右髂外动脉和左、右髂内动脉再延续为荐中动脉。

腹腔动脉：主动脉穿过膈肌进入腹腔后，从腹主动脉腹侧面发出的一条血管即为腹腔动脉。它分出肝动脉后，形成一短干，再分成胃动脉和脾动脉。脾动脉分出胰脏支，到达脾脏的腹侧。

肠系膜前动脉：肠系膜前动脉起自腹主动脉干，位于腹腔动脉分出部位的后方。肠系膜前动脉有 3 个分支，即结肠右动脉、结肠中动脉和回盲结肠动脉。

肠系膜后动脉：肠系膜后动脉是一条单支，在结肠系膜内下行，随即分成两支，分布于结肠末端部和直肠的前部。

肾动脉：肾动脉起于肠系膜前动脉起始部之后，是一对比较大的动脉，分为左、右两支。

精索动脉或子宫卵巢动脉：精索动脉或子宫卵巢动脉起自腹主动脉，在肠系膜后动脉起始处附近。左、右各有一支，较细长。公犬精索动脉通过腹股沟进入阴囊，分布到睾丸及附睾。

⑤骨盆及尾部的动脉。骨盆部的动脉主要是髂内动脉，尾部主要是荐中动脉。髂内动脉分出脐动脉，最后分为臀后动脉和阴部内动脉。荐中动脉分布于骨盆腔器官、荐臀部、尾部的肌肉和皮肤。

⑥四肢的动脉(如图 2-87)。前肢动脉主要是由锁骨下动脉延续而来的腋动脉，后肢动脉主要是由腹主动脉发出的髂外动脉。

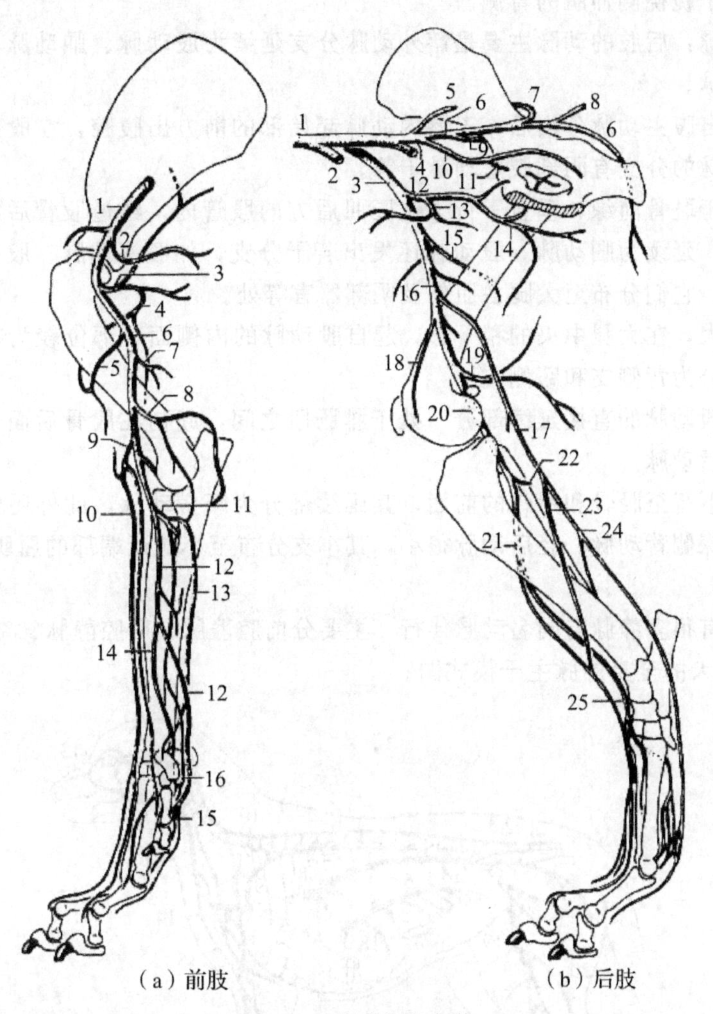

(a) 前肢　　(b) 后肢

图 2-87　犬四肢的动脉

(a)1. 腋动脉；2. 胸廓外动脉；3. 肩胛下动脉；4. 旋臂后动脉；5. 旋臂前动脉；6. 臂动脉；7. 臂深动脉；8. 尺侧副动脉；9. 臂浅动脉；10. 肘横动脉；11. 骨间总动脉；12. 正中动脉；13. 尺动脉；14. 桡动脉；15. 掌心浅动脉弓；16. 掌心深动脉弓

(b)1. 腹主动脉；2、3. 髂外动脉；4. 髂内动脉；5. 荐中动脉；6. 臀后动脉；7. 臀前动脉；8. 外侧尾动脉；9. 髂腰动脉；10. 阴部内动脉；11. 阴道动脉；12. 股深动脉；13. 阴部腹壁动脉干；14. 旋股内侧动脉；15. 旋股外侧动脉；16. 股动脉；17. 隐动脉；18. 膝降动脉；19. 股后远动脉；20. 腘动脉；21. 胫前动脉；22. 胫后动脉；23. 隐动脉近前支；24. 隐动脉后支；25. 足背动脉

(韩行敏，宠物解剖生理，2012)

前肢的动脉：前肢的动脉主要是由腋动脉分支或延续为桡动脉、尺侧副动脉、臂动脉和正中动脉。

腋动脉在肩关节内侧，从肩胛下肌和大圆肌之间向后下延伸，主要发出胸廓外动脉、肩胛上动脉和肩胛下动脉，后臂二头肌后缘延续为臂动脉。

臂动脉发出臂浅动脉、桡动脉和尺侧副动脉后，延续为正中动脉。臂浅动脉于前臂部与头静脉并行于腕桡侧伸肌的背侧。

后肢的动脉：后肢的动脉主要是髂外动脉分支延续为股动脉、腘动脉、隐动脉、胫前动脉和胫后动脉。

髂外动脉自腹主动脉分出后，于髂内动脉起始部的前方出腹腔，在股部近端延续为股动脉。髂外动脉的分支有阴部腹壁动脉干等。

股动脉起于耻骨前缘，垂直下行于缝匠肌后方的股管内，经过股骨后面的脉管沟，至腓肠肌二头间，延续为腘动脉。股动脉还发出若干分支，如股深动脉、股前动脉、隐动脉和股后动脉等。它们分布至大腿各肌肉及阴部器官等处。

隐动脉较大，在大腿中央的稍下方，起自股动脉的内侧面，部位较为靠近表层，下行至小腿的近端分为背侧支和跖侧支。

腘动脉是股动脉的直接延续部分，处于腓肠肌之间，起初在股骨后面下行，然后分为胫前动脉和胫后动脉。

胫前动脉下行至胫骨和跗骨的前面，其延续部分为跖骨动脉，此外还分出第 5 跖背侧动脉和 3 个跖深侧背动脉。胫后动脉很小，其小支分布至小腿近端部的屈肌上。

(2)静脉

全身各部有很多静脉与同名动脉伴行，主要分前腔静脉、后腔静脉、奇静脉和心静脉。图 2-88 所示为犬的全身静脉主干模式图。

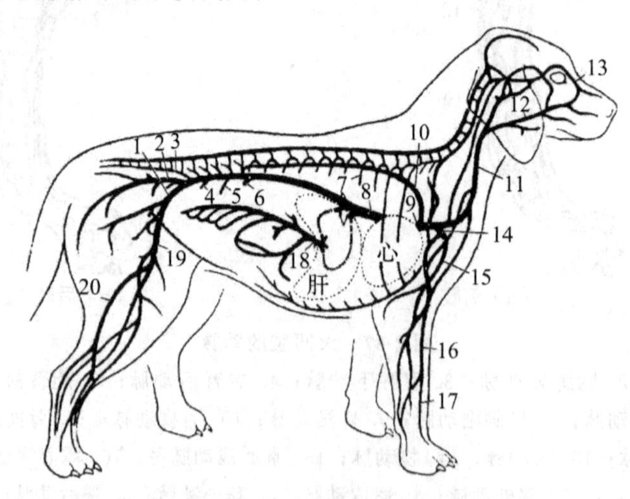

图 2-88　犬的全身静脉主干模式图

1. 髂外静脉；2. 髂内静脉；3. 荐中静脉；4. 旋髂深静脉；5. 睾丸或卵巢静脉；6. 肾静脉；7. 肋间静脉；8. 后腔静脉；9. 前腔静脉；10. 脐静脉；11. 颈外静脉；12. 面静脉；13. 眼角静脉；14. 腋静脉；15. 臂静脉；16. 头静脉；17. 副头静脉；18. 门静脉；19. 股静脉；20. 外侧隐静脉

(韩行敏，宠物解剖生理，2012)

①前腔静脉及其属支

前腔静脉主要汇集头颈部、前肢和胸壁静脉的血液，在胸前口处由左、右臂头静脉汇合而成，其中每个臂头静脉由颈静脉和锁骨下静脉汇合而成。

颈外静脉。颈外静脉是颈静脉主干，也是颈部的主要静脉。它由颌内静脉与颌外静脉在颌下腺的后缘处汇合而成。

颈内静脉。颈内静脉很细，处于颈部深层，纵走于胸头肌与胸骨舌骨肌之间，靠近颈总动脉的内侧。常由咽静脉和甲状腺静脉连合形成。

颌内静脉。颌内静脉在颌下腺后缘与颌外静脉汇合成颈外静脉，颌内静脉沿颌下腺后缘，延伸至耳下腺。

颌外静脉。颌外静脉较细，其主干位于颌下腺的腹侧，接受面总静脉、舌静脉和舌下静脉等来自面部及下颌部的血液。

臂静脉与桡静脉和尺静脉。臂静脉和桡静脉均与同名动脉伴行。尺静脉常为 2 支，在腕下部与骨间静脉的一支相连，形成浅静脉弓。

头静脉。头静脉在前臂部与尺动脉伴行，处于前臂外侧，又行于皮下，适合于采血和注射药物。

奇静脉。奇静脉是一支单静脉，起自第 1 腰静脉，有来自脊髓、腰肌、膈等处的静脉汇入。在胸腔内沿胸椎右侧向前行，沿途有肋间静脉、食管静脉和支气管静脉汇入。奇静脉沿气管和食管的右侧向前延续，进入前腔静脉。

②后腔静脉及其属支

后腔静脉收集后肢、骨盆壁、骨盆腔器官、腹壁、腹腔器官和膈的静脉血液，在骨盆入口处由左、右髂总静脉汇合而成，沿腹主动脉右侧向前延伸，经过肝的腔静脉窝(在此处接受肝静脉)，穿过膈的腔静脉孔进入胸腔内，经右肺心膈叶和副叶之间入右心房。后腔静脉在延伸途中接受腰静脉、睾丸静脉或卵巢静脉、肾静脉和肝静脉等属支。除肝静脉外，其他属支均与同名动脉伴行。

③门静脉

门静脉(如图 2-89)引导胃、小肠、大肠(直肠后部除外)、胰和脾等处的静脉血液入肝。

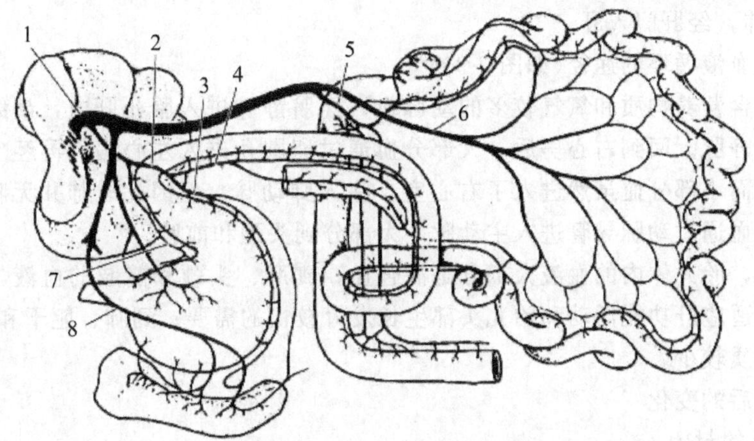

图 2-89 犬的门静脉半模式图(背侧观)

1. 门静脉；2. 胃十二指肠静脉；3. 胃右大网膜静脉；4. 胰十二指肠静脉；5. 回结肠静脉；6. 肠系膜前静脉；7. 胃左静脉；8. 脾静脉

门静脉与肝动脉一起经肝门入肝，在肝内反复分支汇入窦状隙，最后又集合为数支肝静脉而导入后腔静脉，其汇流支包括肠系膜后静脉、脾静脉、胃十二指肠静脉、胰静脉等，它们大都与同各动脉相伴行。

④心静脉

心脏的静脉分为心大静脉、心中静脉和心小静脉，心大静脉和心中静脉与冠状动脉并行，开口于冠状窦，心小静脉在冠状沟附近直接开口于右心房。

三、胎儿血液循环

胎儿需要的全部营养物质和氧都是通过胎盘由母体供应，代谢产物也是通过胎盘经母体排出。

(一)胎儿心血管的构造特点

1. 卵圆孔

胎儿心脏的房中隔上有一卵圆孔，沟通左、右心房。由于卵圆孔的左侧有一卵圆孔瓣，且右心房的血压高于左心房，所以血液只能从右心房流向左心房。

2. 动脉导管

胎儿的主动脉和肺动脉之间以一动脉导管连通，因此来自右心室的大部分血液通过动脉导管流入主动脉，仅有少量血液入肺。

3. 静脉导管

胎儿的脐静脉经由肝的腹侧缘进入肝脏后，除与入肝血管及窦状隙连通外，还直接延续为静脉导管汇入后腔静脉，保证了脐静脉的胎盘来血迅速到达胎儿体循环，而不至于过久地停留于肝内。

4. 脐动脉和脐静脉

胎盘是胎儿与母体进行气体及物质交换的特有器官，以脐带与胎儿相连。脐带内有两条脐动脉和一条脐静脉。

脐动脉由髂内动脉分出，沿膀胱侧韧带到膀胱顶，再沿腹腔底壁向前延伸至脐孔，进入脐带，经脐带到胎盘，分支形成毛细血管网。

脐静脉由胎盘毛细血管汇集而成，经脐带由脐孔进入胎儿腹腔，沿肝的镰状韧带(正中矢状面上)延伸，经肝门入肝。

(二)胎儿血液循环的途径(如图 2-90)

胎盘内富含营养物质和氧气较多的动脉血，经脐静脉进入胎儿肝内，最终汇成数支肝静脉注入后腔静脉。回到右心房后，大部分血通过卵圆孔进入左心房，再经左心室到主动脉及其分支，而小部分血虽然进入了右心室，注入肺动脉。但因此时肺并无呼吸活动，所以仍有一部分血通过动脉导管进入主动脉，大部分到头颈和前肢。

由此可见，胎儿体内的血液大部分是混合血，到肝、头颈和前肢的血液，含氧和营养物质较多，以适应肝功能活动和胎儿头部生长发育较快的需要；到肺、躯干和后肢的血液，含氧和营养物质较少。

(三)出生后的变化

1. 卵圆孔的封闭

由于肺静脉回左心房的血液量增多，内压增高，致使卵圆孔瓣膜与房中隔粘连，结缔组织增生、变厚，卵圆孔闭锁形成卵圆窝。此后，心脏的左半部和右半部完全分开。

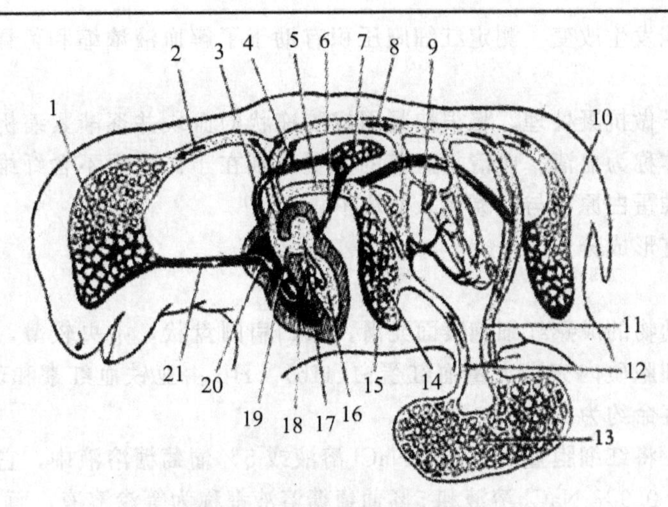

图 2-90　胎儿血液循环模式图

1. 臂头干；2. 肺干；3. 后腔静脉；4. 动脉导管；5. 肺静脉；6. 肺毛细血管；7. 腹主动脉；8. 门静脉；9. 骨盆部和后肢毛细血管；10. 脐动脉；11. 胎盘毛细血管；12. 脐静脉；13. 肝毛细血管；14. 静脉导管；15. 左心室；16. 左心房；17. 右心室；18. 卵圆孔；19. 右心房；20. 前腔静脉；21. 头、颈部毛细血管

（董常生，家畜解剖学，第三版，2001）

2. 动脉导管的封闭

由于开始呼吸、肺扩张、肺内血管的阻力减少、肺动脉压降低，动脉导管因管壁肌组织收缩，而发生功能性闭锁，形成动脉导管索或动脉韧带。

3. 静脉导管的封闭

胎儿出生后静脉导管可退化封闭，但有的犬可出现静脉导管闭锁不全而造成的门静脉一腔静脉旁路，需要进行手术矫正。

4. 脐动脉和脐静脉的变化

胎儿出生后，脐带被切断，脐动脉、脐静脉血流停止，血管逐渐闭塞萎缩，脐动脉成为膀胱圆韧带，脐静脉成为肝圆韧带。

血液

动物有机体含有大量的水分，这些水分及溶解于水中的物质称为体液，占体重的60%～70%。其中存在于细胞内的称细胞内液，约占体重的40%～45%；存在于细胞外的称细胞外液，约占体重的20%～25%，包括血浆、组织液、淋巴液和脑脊液等。细胞内液是细胞内各种生化反应进行的场所，细胞外液也称机体的内环境，细胞与外界环境之间的物质交换只能通过细胞外液间接进行。

一、血液的组成

正常血液为红色黏稠的液体，由有形成分(包括红细胞、白细胞和血小板)和液体成分血浆组成，二者合起来称为全血。

如果将加有抗凝剂(草酸钾或枸橼酸钠)的血液置于离心管中离心沉淀后，能明显地分成三层：上层淡黄色液体为血浆；下层为深红色的红细胞；在红细胞与血浆之间有一白色薄层为白细胞和血小板。全血中被离心压紧的红细胞所占的容积百分比，称红细胞压积或红细胞比容。其正常值，大多数动物在34%～45%之间。当血浆量或红细胞数发生改变时，均可使红细胞压积发生改变。测定红细胞压积有助于了解血液浓缩和稀释的情况，帮助诊断疾病。

离体血液如不做抗凝处理，将很快凝固成胶冻状的血块并逐渐紧缩析出淡黄色的透明液体，此透明液体称为血清。血清与血浆的主要区别在于血清中不含纤维蛋白原，因为血浆中的可溶性纤维蛋白原参与血凝而入血块中。

(一)血液的有形成分

1. 红细胞

大多数哺乳动物的成熟红细胞表面光滑，双凹扁圆盘状，中央较薄，边缘较厚，无细胞核和细胞器，细胞质内充满大量血红蛋白(Hb)。Hb由亚铁血红素和珠蛋白结合而成。犬红细胞的平均寿命约为120d。

正常情况下，将红细胞置于0.9% NaCl溶液或5%葡萄糖溶液中，它能维持正常形态而不变形，所以，0.9% NaCl溶液和5%葡萄糖溶液都称为等渗溶液，而0.9% NaCl溶液又称生理盐水。如将红细胞置于高渗溶液中，则红细胞内的水分逐渐外移而皱缩，严重时会丧失功能；如将红细胞放入低渗溶液中，则溶液中的水分逐渐渗入红细胞内，引起其膨胀甚至破裂，血红蛋白释放到溶液中，这种现象称为溶血。正常情况下，红细胞具有悬浮于血浆中并不很快下沉的特性，称为红细胞的悬浮稳定性。

红细胞的主要功能是结合和运输 O_2 和 CO_2；对血液酸碱度具有缓冲作用，这些作用主要是通过形态正常的红细胞内的血红蛋白来完成的。

红骨髓是生成红细胞的主要器官。造血过程中需要供应造血原料和促进红细胞成熟的物质，如蛋白质、铁、维生素 B_{12}、叶酸和 Cu^{2+} 等，一旦这些物质供应不足或摄取不足，造血将发生障碍，出现营养性贫血。

2. 白细胞

白细胞(WBC)是血液中无色、有核的细胞，体积一般比红细胞大。白细胞分为两类：一是粒细胞，包括嗜中粒细胞、嗜酸粒细胞和嗜碱粒细胞；另一类是无颗粒的白细胞，包括淋巴细胞和单核细胞两种。

(1)有粒细胞

①嗜中粒细胞。嗜中粒细胞是粒细胞中数量最多的一种，胞质呈淡粉红色，内含细小的淡紫红色中性颗粒。根据发育过程和核型，嗜中粒细胞可分为幼稚型、杆状核和分叶核三种类型。核的形状因细胞的成熟程度不同而异，幼稚型的核多呈肾形，分化为马蹄形，称杆状核的嗜中粒细胞。随着细胞的进一步成熟，核通常分为几个叶，叶间有染色质丝相连，称分叶核的嗜中粒细胞。

嗜中粒细胞具有很强的变形运动和吞噬能力，当机体的局部受到细菌侵害时，聚集到病变部位吞噬细菌和清除组织碎片，也能吞噬机体本身各种坏死的细胞及衰老、受损的红细胞。骨髓中储备着大量的嗜中粒细胞，血管中约一半附在小血管壁上，一半随血液循环。在急性化脓性炎症时，嗜中粒细胞显著增多。

②嗜酸粒细胞。嗜酸粒细胞数量较少，细胞呈圆球形。胞质内充满粗大的圆形嗜酸颗粒，一般染成亮橘红色。

嗜酸粒细胞能以变形运动穿出毛细血管进入结缔组织，在过敏性疾病或某些寄生虫疾病时明显增多。它能吞噬抗原抗体复合物，释放组胺酶，灭活组胺，从而减轻过敏反应。

③嗜碱粒细胞。嗜碱粒细胞数量最少，细胞呈球形。胞质中存在中等大小、染色很深的碱性颗粒。颗粒内含有肝素和组织胺。嗜碱粒细胞参与体内的脂肪代谢，食物中脂肪在肠吸收后，周围血液中的嗜碱粒细胞数随即增加，释放出肝素，阻止血凝。嗜碱粒细胞释放的组织胺能引起局部毛细血管舒张，血管通透性增强，加强渗出，促进炎性反应，也与某些异物引起过敏反应的症状有关。

(2)无颗粒的白细胞

①单核细胞。单核细胞是体积最大的白细胞，呈圆形或椭圆形。胞核呈肾形、马蹄行或扭曲折叠的不规则形，着色较浅。胞质较多，呈弱嗜碱性，染浅灰蓝色。

单核细胞由骨髓产生释放至血液后，很快进入肝、脾和淋巴结等很多器官组织内，转变为体积大、含溶酶体多、吞噬能力强的巨噬细胞。

②淋巴细胞。淋巴细胞是淋巴中唯一的细胞成分，数量较多，细胞呈球形，胞核圆形、椭圆形或肾形。淋巴细胞按其直径大小可分为大、中、小三种。中淋巴细胞和大淋巴细胞核多为圆形，核染色质较疏松，着色较浅，有时可见核仁，胞质相对较多，胞核周围的淡染晕比较明显；小淋巴细胞核多为圆形或椭圆形，核的一侧有小凹陷，核染色质呈致密的块状，染成深蓝紫色。胞质很少，仅在核周围有一薄层，呈嗜碱性，染成天蓝色。健康动物血液中，大淋巴细胞极少，中淋巴细胞较少，主要是小淋巴细胞。

3. 血小板

血小板由骨髓内巨核细胞的胞质脱落而成，表面有完整的细胞膜，但无胞核，体积比红细胞小。血小板在血液中呈两面凸起的圆盘形或椭圆形。在血涂片上，其形状不规则，常成群分布于血细胞之间。中央部分有蓝紫色颗粒，称为颗粒区。颗粒中贮存有5－羟色胺(5－HT)等。

血小板参与黏着、聚集、收缩、释放等生理反应，对保持血管内皮细胞的完整以及在血管创伤修复、生理止血过程中发挥重要作用。

犬的红细胞数为550万～850万个/mm^3，血红蛋白含量在13～13.5g/100mL，白细胞总数为6000～17000个/mm^3。中性分叶核粒细胞为60%～77%，中性杆状核粒细胞为30%，嗜酸粒细胞为2%～10%，嗜碱粒细胞为0～1%，淋巴细胞为20%～30%，单核细胞为4%～10%，血小板为15万～30万个/mm^3。

(二)血浆

血浆占血液容积的55%～66%，犬血浆的相对密度为1.029～1.034。血浆除绝大部分是水(91%～92%)外，还含有无机盐和蛋白质等有机物。离体血液如不做抗凝处理，将很快凝固成胶冻状的血块，并逐渐紧缩析出淡黄色的血清。血清与血浆主要区别在于，血浆中含有可溶性的纤维蛋白原，而血清中没有。

1. 血浆蛋白

血浆蛋白是血浆中多种蛋白质的总称，血浆蛋白分为白蛋白(又称清蛋白)、球蛋白和纤维蛋白原等。血浆蛋白主要生理功能是运输、免疫、参与血液凝固和纤维蛋白溶解过程以及维持血液胶体渗透压。血浆中除蛋白质之外的含氮物质常被称为血浆非蛋白含氮化合物(或血浆非蛋白氮)，主要有氨基酸、氨、尿素和尿酸等。另外，血浆中还含有糖类、脂肪和维生素等。血液中的糖绝大多数情况下都是葡萄糖。体内各组织细胞活动所需的能量大部分来自葡萄糖，所以血糖必须保持一定的水平才能维持体内各器官和组织的需要。健康犬类血糖为3.30%～6.70%，血清无机磷为0.81～1.87mmol/L，血清氯化物为104～116mmol/L，血清钠为138～156mmol/L，血清钾为3.80～5.80mmol/L，血清钙为2.57～2.97mmol/L，血清镁为0.79～1.06mmol/L，血浆总蛋白为60～78g/L，白蛋白为29～40g/L。

2. 血糖

血液中所含的葡萄糖称为血糖，为0.06%～0.16%。

3. 血脂

血液中脂肪为0.1%～0.2%，多以中性脂肪的形式存在，部分以磷脂、胆固醇和胆固醇脂的形式存在。

4. 无机盐

血浆中无机盐的含量为0.8%～0.9%，均以离子状态存在于血液中，少数以分子或与蛋白质结合状态存在。主要的阳离子有Na^{+}、K^{+}、Ca^{2+}和Mg^{2+}；主要的阴离子有Cl^{-}、HCO_3^{-}、HPO_4^{2-}和SO_4^{2-}；主要的微量元素有铜、锌、锰、碘、钴等，它们主要存在于有机化合物分子中。这些无机离子对维持血浆胶体渗透压、维持体液酸碱平衡、维持神经肌肉的正常兴奋性都有重要作用。

5. 其他物质

①血浆中微量的活性物质，主要包括维生素、激素、酶等物质虽然含量甚微，但对机体的代谢及生命活动却有重要的作用。

②非蛋白含氮化合物，主要是蛋白质代谢的中间产物或终末产物，如尿酸、尿素、肌酐、氨基酸、氨、胆色素等，需要依靠血液运输到排泄系统排出，一旦排泄障碍也会使机体患病。

③血浆中不含氮的有机物，如葡萄糖、甘油三酯、磷酸、胆固醇和游离脂肪酸等，它们与糖代谢和脂类代谢有关。

二、血液的理化特性

(一)血液的黏滞性和相对密度

血液流动时，由于内部分子间相互摩擦产生阻力，表现流动缓慢和黏着的特性，称为黏滞性。相对密度是决定相对黏度的主要因素，如以水的黏度为1，则血液的黏度为4～5。血液黏滞性是形成血压的重要因素之一。血液的相对密度主要与红细胞数量和血浆蛋白浓度有关。

(二)血液的渗透压

使水或低浓度溶液的水分子透过半透膜向高浓度溶液中渗透的力量称为渗透压。渗透压的高低取决于溶液中溶质颗粒的多少，而与溶质的种类和颗粒的大小无关。血液的透压由晶体渗透压和胶体渗透压两部分构成。晶体渗透压是由血浆中的无机离子、尿素和葡萄糖等晶体物质构成的，约占总渗透压的99.5%，主要影响细胞内外水分交换；胶体渗透压主要由血浆蛋白构成，仅占总渗透压的0.5%，主要影响血浆和组织液间的水分交换。血液总渗透压与0.9%的NaCl溶液或5%的葡萄糖溶液相等，凡与血液总渗透压相等的溶液都称为等渗溶液。

(三)血液的酸碱度

动物的血液pH为7.35～7.45，呈弱碱性。在正常情况下，血液pH之所以保持稳定，是因为血液中含有许多既可中和酸又可中和碱的缓冲对，如 $NaHCO_3/H_2CO_3$、Na_2HPO_4/NaH_2PO_4、Na^+蛋白质/H^+蛋白质等，其中以 $NaHCO_3/H_2CO_3$ 最为重要。临床上把每100mL 血浆中含有的 $NaHCO_3$ 的量称为碱贮。在一定范围内，碱贮增加表示机体对固定酸的缓冲能力增强。

三、血液凝固

血液由液体状态凝结成血块的过程，称为血液凝固，简称凝血。血浆中呈溶胶状态的纤维蛋白原转变成为凝胶状态的纤维蛋白，纤维蛋白呈丝状交错重叠，将血细胞网罗其中，成为胶冻样血凝块。

(一)凝血过程

血浆与组织中直接参与凝血的物质，统称为凝血因子。到目前为止，除血小板外，已发现有 12 种凝血因子，除因子Ⅲ需由损伤组织释放外，其余都存在于血浆中。凝血过程大体上经历三个主要步骤：第一步为凝血酶原激活物的形成；第二步为凝血酶原激活物催化凝血酶原转变为凝血酶；第三步为凝血酶催化纤维蛋白原转变为纤维蛋白，至此血凝块形成。根据其发生原因和参与因子的不同，凝血酶原激活物的形成有内源性和外源性两条途径。内源性途径只需血浆中的因子参加，即可形成凝血酶原激活物；外源性途径除血浆中的凝血因子外，尚需受损伤组织释放的因子Ⅲ的发动，才能形成凝血酶原激活物。

(二)血液中的抗凝物质和纤维蛋白溶解

血浆中含有多种抗凝血物质，主要是肝素和抗凝血酶。纤维蛋白被分解液化的过程，称为纤维蛋白溶解，简称纤溶。纤溶系统的物质主要包括纤溶酶原及其激活物。体内局部凝血过程所形成的血凝块中的纤维蛋白，在完成其防止出血的功能之后，最终需要清除，以利于组织再生和血流通畅，这就需要纤溶物质来完成。

(三)抗凝和促凝措施

在实际工作中，需要采取一些措施促进凝血过程(减少出血、提取血清)或防止、延缓凝血过程(如存储血、化验血、避免血栓形成、获取血浆等)。

1. 抗凝或延缓血凝的方法

(1)低温

血液凝固是一系列酶促反应，而酶的活性受温度影响最大，把血液置于较低温度下可降低酶促反应而延缓凝固。另外，低温还能增强抗凝剂的效能。

(2)加入抗凝剂(去除 Ca^{2+})

在凝血的三个阶段中，都有 Ca^{2+} 的参与。如果除去 Ca^{2+} 可防止血凝。血液化验时常用的抗凝剂有草酸钾、草酸铵、柠檬酸盐等，可与血浆中 Ca^{2+} 结合成不易溶解的草酸钙。

(3)血液与光滑面接触

将血液置于特别光滑的容器内或预先涂有石蜡的器皿内，可以减少血小板的破坏，延缓血凝。

(4)使用肝素

肝素在体内、外都有抗凝血作用。

(5)使用双香豆素

双香豆素的主要结构与维生素 K 很相似，但作用与维生素 K 相对抗，双香豆素可阻止某些凝血因子在肝内合成，故注射于循环血液后能延缓血凝。

(6)脱纤维

若将流入容器内的血液，迅速用木棒搅拌，或容器内放置玻璃球加以摇晃，由于血小板迅速破裂等原因，加快了纤维蛋白的形成，并使形成的纤维蛋白附着在木棒或玻璃球上，这种去掉纤维蛋白原的血液称为脱纤血，不再凝固。

此外，水蛭素具有抗凝血酶的作用。皮肤被水蛭叮咬时，常因有水蛭素的存在，出血不易凝固。

2. 加速血凝的方法

(1)升高温度

血液加温后能提高酶的活性，加速凝血过程。

(2)提高创面粗糙度

提高创面粗糙度可促进凝血因子的活化，促使血小板解体释放凝血因子，最后形成凝血酶原激活物。

(3)注射维生素 K

肝脏在合成凝血酶原的过程中，首先合成凝血酶原前体。在有充足维生素 K 存在时，凝血酶原前体在肝脏进一步转化成凝血酶原，并释放入血，维生素 K 还可促进某些凝血因子在肝脏合成。因此，维生素 K 对出血性疾病具有加速血凝和止血的作用。

四、血量

绝大部分血液在心血管系统中循环流动着，这部分称为循环血量；其余部分主要是红细胞，贮存在肝、脾和皮肤中，称为贮存血量；当动物剧烈运动或大出血时，贮存血量可释放出来，以补充循环血量之不足。

犬的总血量一般占体重的 7.7%(5.6%～8.3%)，即体重的 1/13 左右，其中全身循环血量占 50%，脾脏贮藏量占 16%，肝脏贮藏量占 20%，皮肤贮藏量占 10%，其他占 4%.

血量的相对恒定对于维持正常血压、保证各器官的血液供应非常重要。如一次失血量不超过总血量的 10%，对生命活动没有明显影响，所失血液中的水和无机盐可在 1～2h 内由组织间液渗入血管得到补充，血浆蛋白由肝脏加速合成，可在几天内恢复，红细胞也能在一个月内恢复，如一次失血量达 20%，就会对生命活动产生显著影响。如一次急性失血量达 25%～30%，可引起血压急剧下降，导致脑和心脏等重要器官的血液供应不足而危及生命。

心脏生理

一、心肌细胞的生理特性

心肌细胞具有独特的生理特性，所以能有节律地收缩和舒张并完成泵血。心肌具有兴奋性、自律性、传导性和收缩性等特性。

(一)兴奋性

心肌细胞具有对刺激发生反应的能力，即具有兴奋性。心肌细胞发生一次兴奋后，兴奋性也要经历有效不应期、相对不应期和超长期的变化之后，才恢复正常。

(二)自律性

心脏在没有神经支配的情况下，在若干时间内仍能维持自动而有节律地跳动的特性称为自动节律性。自动节律性源于心脏的传导系统。构成心脏传导系统的细胞均有自律性，但自律性高低不一。窦房结的 P 细胞自律性最高，一般情况，每分钟可发生兴奋 60～100

次左右；其次是房室交界和房室束及其分支，每分钟 40～60 次；浦肯野纤维自律性最低，每分钟发生兴奋不足 20 次。由于窦房结自律性最高，它产生的节律性冲动按一定顺序传播，引起其他自律细胞以及心房、心室肌细胞的兴奋，产生与窦房结一样的节律性活动，因此窦房结成为心脏正常活动的起搏点。其他自律细胞的自律性依次降低，在正常情况下不自动产生兴奋，只起传导兴奋的作用，所以是潜在的起搏点。以窦房结为起搏点的心脏节律性活动，称为窦性心律。当窦房结的功能出现障碍，兴奋传导阻滞或某些自律细胞的自律性异常升高时，潜在起搏点也可自动产生兴奋而引起部分或全部心脏的活动。这种以窦房结以外为起搏点的心脏活动，称为异位心律。

(三)传导性

由于心肌细胞具有兴奋沿着细胞膜向外传播的特性，所以由窦房结发出的兴奋可以按一定途径传播到心脏各部，顺次引起整个心脏的全部心肌细胞进入兴奋状态。

兴奋在心脏不同部位的传导速度各不相同，具有快一慢一快的特点。窦房结发出的兴奋经心房传导组织(结间束)，迅速传给左、右心房，激发两心房同步收缩。之后，兴奋以 1.7m/s 的速度通过窦房结之间的传导组织，传到房室交界。但是，兴奋通过房室交界的速度变慢，仅为 0.02m/s，并有约 0.07s 的短暂延搁，称为房一室延搁。这一延搁具有重要的生理意义，它可使兴奋到达心房和心室的时间前后分开，保证心房完全收缩把全部血液送入心室，使心室收缩时有充足的血液射出。随后，心室传导组织传导速度又变快，期中浦肯野纤维传导速度最快。因此，兴奋经房一室延搁后，迅速传导心室肌，使左右心室同步收缩。

(四)收缩性

心肌的收缩性是指心房和心室工作细胞具有接受刺激产生收缩反应的能力。正常情况下，心肌工作细胞仅接收来自窦房结节律兴奋的刺激。心肌不产生强直收缩。

二、心动周期、心率和心音

(一)心动周期

心脏每收缩和舒张一次，称为一个心动周期。心脏内部四个腔的收缩和舒张几乎是同步的。每个心动周期分为三个时期：心房收缩期(心室舒张)、心室收缩期(心房舒张)和舒张期(心房和心室都舒张)。由于在心动周期中心室收缩时间长，收缩力也大，它的收缩与舒张是推动血液循环的主要因素。

(二)心率

每一分钟内心脏搏动的次数，称为心率。心率快慢直接影响每个心动周期的时间，心率越快，每个心动周期的持续时间越短；心率越慢，心动周期持续时间就越长。由于在一个心动周期中，心脏收缩的时间较短，因此，在心率加快心动周期缩短的情况下，被缩短的主要是心脏舒张期。由此可见，过快的心率不利于心脏的舒缓休息。犬的正常心率为 70～120 次/min。

(三)心音

在心动周期中，因心肌收缩、瓣膜关闭和血流冲击心室壁所引起的震动称为心音。心音可直接或间接听到，分第一心音和第二心音。第一心音是类似“嗵”的声响，持续时间长，音调低，发生在心室收缩期，又称心缩音或缩期心音，是由于心室收缩，房室瓣关闭、振动，动脉壁受到从心室射出的血流的冲击所产生的。第二心音是类似“嗒”的声响，持续时间短，音调较高，发生在心室舒张期，又称心舒音或舒期心音，是由于心室舒张，半月瓣(主动脉瓣和肺动脉瓣)关闭、振动，动脉根部受到倒流的血液的冲击所产生的。

三、心输出量

一个心动周期中一侧心室射出的血量，称每搏输出量。正常情况下，两侧心室的射血量是相等的。每分钟射出的血量，称为每分输出量，等于每搏输出量与心率的乘积。一般所说的心输出量即是指每分射出血量。

心输出量的大小取决于每搏输出量和心率，心室收缩力越强，每搏输出量越大，心输出量也越大。交感神经兴奋，或血液中去甲肾上腺素水平升高，均可使心室收缩力增强，心输出量增加。静脉回心血量在一定范围内增大时，心室充盈良好，心室舒张末期容积增大，心肌收缩力量加强，每搏输出量增加；反之，每搏输出量减少。

在一定范围内，心率加快心输出量增加。但心率过快时，由于心动周期缩短，特别是舒张期缩短，这样就造成心室还没有被血液完全充盈的情况下进行收缩，结果每搏输出量减少。此外，心率过快会使心脏过度消耗供能物质，从而使心肌收缩力降低。

四、心电图

在每一个心动周期中，从窦房结发出的兴奋，按一定途径顺序向整个心脏传导，这种兴奋所伴随的生物电变化通过身体各部组织传导到全身，使身体各部在每一心动周期中都发生有规律的电变化。用引导电极放置在犬类肢体或躯干的一定部位所记录到的心电变化曲线，称为心电图(ECG)。

以 II 导联(左后肢连正极，右前肢连负极)为例，心电图主要由 P 波、QRS 波群和 T 波构成，如图 2-91 所示。

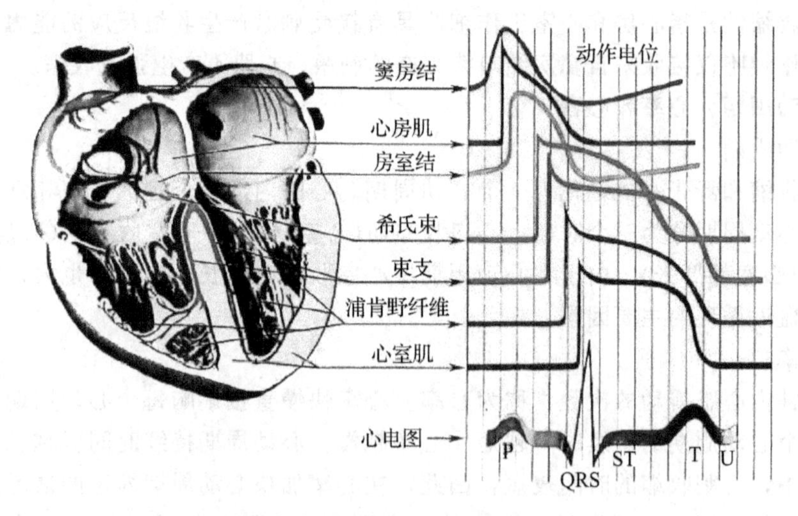

图 2-91 II 导联心电图

一般认为 P 波的前半部表示右心房肌去极化时的电位变化，后半部表示左心房肌去极化时的电位变化。P 波的持续时间(P 波时限)表示兴奋在两个心房内传导的时间。

QRS 波群又称 QRS 综合波、QRS 复波、心室综合波或心室波群。由向下的 Q 波、陡峭向上的 R 波与向下的 S 波组成，代表心室肌去极化过程中产生的电位变化。QRS 波群的宽度(QRS 波群时限)表示激动在左、右心室肌传导所需的时间。

T 波是继 QRS 波群后的一个振幅较低、时限较长的波，代表左、右心室肌复极化过程的电位变化。T 波可为正向、负向或双向几种。

血管生理

血管是运输血液的管道，可分为动脉、毛细血管和静脉三大类。大动脉是弹性血管，小动脉是阻力血管，毛细血管是交换血管，静脉是容量血管。

一、动脉血压和动脉脉搏

(一)动脉血压

血压是指血管内的血液对于单位面积血管壁的侧压力，也即压强。按照国际标准计量单位规定，压强的单位为帕(Pa)，帕的单位较小，血压数值通常用千帕(kPa)表示(1mmHg=0.133kPa)。

通常所说的血压，是指大循环系统中的动脉血压。在每一心动周期中，动脉血压随心室的舒缩活动而发生波动。心室收缩时，动脉血压所达到的最高值称为收缩压；心室舒张时，动脉血压下降所达到的最低值称为舒张压；收缩压与舒张压的差值称为脉搏压，简称脉压，可按下式计算：

平均动脉压=舒张压+1/3 脉搏压

动脉血压数值以收缩压/舒张压 kPa 的方式表示。犬的正常血压一般是 16/9.3kPa。

循环系统内足够的血液充盈量是形成动脉血压的前提，而心脏射血和外周阻力是动脉血压形成的两个基本条件。

在一定范围内，心率加快时，心输出量增加，血压升高，但心率过快时心舒期过短，心室充盈不足，每搏输出量显著减少，血压反而下降；如果心输出量不变，而血管收缩，外周阻力增加时，动脉血流向外周的阻力加大，使心舒期之末动脉内血量增加，使舒张压升高；大动脉管壁弹性扩张主要是起缓冲血压的作用，使收缩压降低，舒张压升高，脉搏压减小；循环血量增加可使血压升高。

(二)动脉脉搏

每次心室收缩时，血液射向主动脉，使主动脉内压在短时间内迅速升高，富有弹性的主动脉管壁向外扩张。心室舒张时，主动脉内压下降，血管壁又发生弹性回缩而恢复原状。因此，心室的节律性收缩和舒张使主动脉壁发生同样节律扩张和回缩的振动。这种振动沿着动脉系统的管壁以弹性压力波的形式传播，形成动脉脉搏。每分钟脉搏数等于心率。凡能够影响动脉血压的因素都能够影响动脉脉搏。犬的脉搏一般在股动脉处触诊。

二、静脉血压与静脉血流

(一)静脉血压

血液通过毛细血管后，绝大部分能量都消耗于克服外周阻力，因而到了静脉系统后血压已所剩无几，到腔静脉时血压更低，到右心房时血压已接近于零。通常将右心房和胸腔内大静脉内的血压称为中心静脉压；将各器官静脉的血压称为外周静脉压。中心静脉压的高低取决于心泵血功能与静脉回心血量之间的相互关系。

(二)静脉血流

单位时间内，由静脉回流到心脏的血量等于心输出量。心输出量取决于外周静脉压和中心静脉压的压力差，以及静脉管内外的阻力。

动物躺卧时，全身各静脉大都与心脏在同一水平，所以单靠静脉系统中各段静脉的血压差就足以推动血液回流入心脏；但在站立时，由于重力影响，大量血液将沉积在心脏水平以下的腹腔和四肢的末梢静脉中，而不利于静脉血回流，以致影响心输出量，这就需要外力作用来克服重力的影响。这些外力主要是骨骼肌收缩的挤压作用和胸内负压的抽吸作用。

三、微循环

微循环是指微动脉和微静脉之间的血液循环。血液循环的血液与组织之间的物质交换功能就是通过微循环实现的。

微循环有三条途径从微动脉流向微静脉，即营养通路、直捷通路和动－静脉短路。图2-92所示为微循环结构模式图。

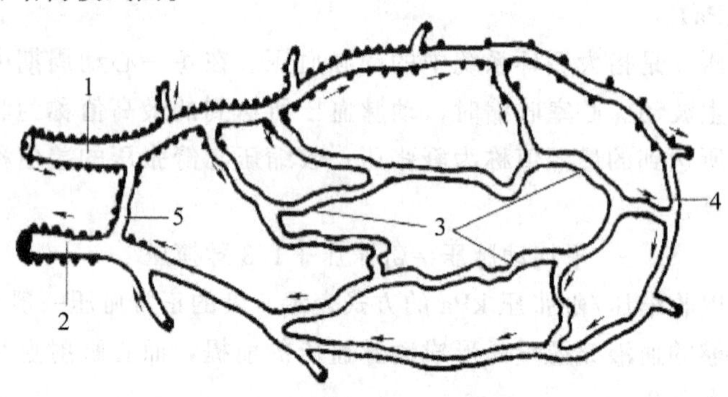

图 2-92　微循环结构模式图

1. 微动脉；2. 微静脉；3. 营养通路；4. 直捷通路；5. 动－静脉短路

(一)营养通路

营养通路(迂回通路)是血液从微动脉经后微动脉和由真毛细血管构成的毛细血管网到微静脉的通路。此通路迂回曲折，穿插于细胞间隙，血流缓慢，并且毛细血管管壁薄，通透性好，所以是血液和组织细胞进行物质交换的主要部位。

(二)直捷通路

直捷通路指血液从微动脉经后微动脉和通血毛细血管进入微静脉的通路。通血毛细血管比一般的真毛细血管稍粗，中途不分支，路程短血流速度快。物质交换作用不大，其主要功能是在静息状态时保证血液能及时通过微循环区而不至于在真毛细血管滞留，不会影响静脉回流，使血压能维持正常。直捷通路在骨骼肌组织的微循环中较为多见。

(三)动－静脉短路

动－静脉短路是血液从微动脉经动－静脉吻合支直接流回微静脉的通路。此通路的血管壁厚，血流迅速，完全不进行物质交换。在一般情况下，动－静脉短路经常处于关闭状态。这条通路多见于皮肤、耳郭、肠系膜和肝、脾等器官中。

四、组织液的生成与回流

存在于血管外组织细胞间隙中的液体，称为组织液(细胞间液)。组织液呈胶冻状，不能自由流动，不会因重力作用而流至身体的低垂部位，同时也无法用注射器抽出。组织液是组织细胞与血液之间进行物质交换与气体交换的媒介。

组织液是血浆成分通过毛细血管的滤过作用进入细胞间隙而生成的，所以组织液的成分与血浆相似，但蛋白成分比较少。这种滤过作用的动力来源于有效滤过压，而有效滤过压的形成取决于四个相互作用的力：毛细血管血压、组织液静水压、血液的胶体渗透压和组织液胶体渗透压。其中毛细血管血压和组织液胶体渗透压是促使血浆从血液向组织液过滤的力，称滤过压；而血液胶体渗透压和组织液静水压是促使组织液向血液回渗的力，称回流压。两种力量的差(滤过压－回流压)即有效滤过压。有效滤过压如果为正，则滤过压大于回流压，组织液由血管生成；有效滤过压如果为负，则回流压大于滤过压，组织液向血管回流。图 2-93 所示为组织液生成与回流示意图。

有效滤过压可用公式表示为：

有效滤过压＝(毛细血管血压＋组织液胶体渗透压)－(组织液静水压＋血浆胶体渗透压)

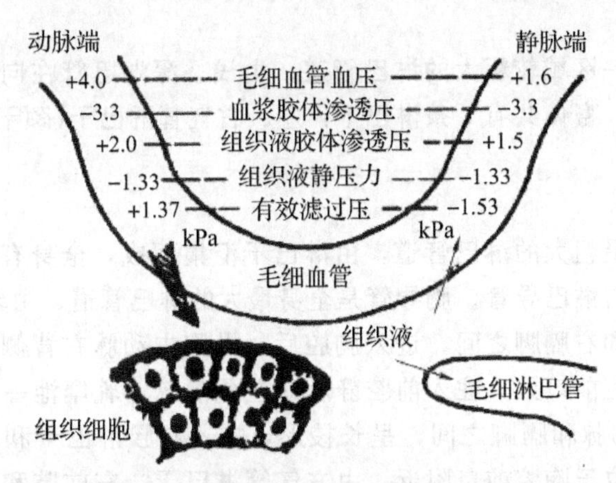

图 2-93 组织液生成与回流示意图

一般情况下，其他三个因素较稳定，而血压在毛细血管动脉端较高，所以血浆中的液体向组织间隙滤过，生成组织液。而静脉端的毛细血管血压较低，所以组织液中的一部分会渗回血液中。

上述四种力量发生变化，均可引起组织液数量的变化。另外，组织液的生成与回流是以毛细血管的通透性为前提的，当毛细血管通透性改变时，也必将影响组织液生成的质和量。如当组织缺氧、组织胺增多时，因毛细血管通透性加大、滤过作用加强，因而组织液生成增加；而患肾炎时，因形成蛋白尿，导致血浆蛋白丢失过多，使血浆胶体渗透压下降，组织液生成过多而形成水肿。

第二部分 淋巴循环系统

淋巴器官

淋巴循环系统由淋巴、淋巴管道、淋巴组织和淋巴器官组成，它不仅与心血管系统有着密切的关系，而且又是机体免疫防御体系。淋巴是液态结缔组织；淋巴管道是起始于组织间隙、最后注入静脉的管道系统；淋巴组织存在于其他器官管壁之内，含有大量淋巴细胞的网状组织，包括弥散淋巴组织、孤立淋巴小结和集合淋巴小结；淋巴器官是以淋巴组织为主形成的实质性器官，分为中枢淋巴器官和外周淋巴器官。

一、淋巴管道

淋巴管道为淋巴通过的管道，可分为毛细淋巴管、淋巴管、淋巴干和淋巴导管。

(一)毛细淋巴管

毛细淋巴管是淋巴管道的起始部，由单层内皮细胞构成的闭锁管道，以盲端起始于组织间隙，彼此吻合成网，除脑、脊髓、骨髓、软骨、上皮、角膜以及晶状体外，几乎遍及全身。

(二)淋巴管

淋巴管由毛细淋巴管汇合而成，形态结构与小静脉相似；但管径较细，数量较多，形成广泛的吻合。淋巴管内膜突入腔内形成丰富的瓣膜，瓣膜保证淋巴向心流动。四肢的淋巴管瓣膜较多，致使淋巴管外形呈串珠状。淋巴管在向心流动的过程中，通常要通过一个或多个淋巴结。

(三)淋巴干

淋巴干为身体某一区域较粗大的淋巴管道，由浅、深淋巴管在向心过程中经过一系列的淋巴节后汇集而成。畜体共有 5 条淋巴干：左、右气管淋巴干(颈干)，左、右腰淋巴干，单一的内脏淋巴干。

(四)淋巴导管

淋巴导管是体内最粗大的淋巴管道，由淋巴干汇集而成，全身有两条淋巴导管，即胸导管(左淋巴导管)和右淋巴导管。胸导管是全身最大的淋巴管道，由乳糜池向前延续而成。胸导管位于腹主动脉和右膈脚之间，进入胸腔后，沿胸主动脉右背侧前行，经食管和气管的左侧向下行，于胸腔前口处，注入前腔静脉或左颈静脉。乳糜池一般位于最后胸椎和前 3 个腰椎腹侧、腹主动脉和膈脚之间，呈长梭形，左、右腰淋巴干和内脏淋巴干的淋巴注入其中。右淋巴导管位于胸腔前口附近，由右气管淋巴干、右前肢和胸腔右半部器官的淋巴管汇合而成。收集右侧头颈部、肩带部、前肢和右半胸壁以及右心、右肺的淋巴，一般注入前腔静脉或颈静脉。

二、淋巴器官

淋巴器官分为中枢淋巴器官和周围淋巴器官。犬类的中枢淋巴器官包括骨髓和胸腺，是免疫细胞发生、分化和成熟的场所，其共同特点是发生早、退化早；胸腺包括淋巴结、脾和血淋巴结等，它们是 T 细胞、B 细胞定居和抗原进行免疫应答的场所，其特点是发育较迟，形成于胚胎晚期，终身存在。

(一)骨髓

红骨髓是肉食动物形成各类淋巴细胞、巨噬细胞和各种血细胞的场所。淋巴细胞在骨髓内即可分化、成熟为 B 淋巴细胞，然后进入血液和淋巴，参与机体的免疫反应。

(二)胸腺

胸腺是犬猫形成成熟 T 细胞的中枢淋巴器官，位于颈部和胸腔纵隔内，呈红色或粉红色，质地柔软。胸腺还兼有内分泌功能，其网状上皮细胞可分泌胸腺素。犬的颈部胸腺早期退化，而胸部的胸腺则比较发达，分为较大的右叶和较小的左叶，沿胸骨分布于心前纵隔，向后伸达心包。胸部的胸腺在犬出生 2～3 个月以后开始退化，2～3 岁后被结缔组织或脂肪组织所代替，但并不完全消失。

(三)脾

脾脏是体内最大的淋巴器官，占全身淋巴组织总量的 25%，形态较长而狭窄，近似镰刀形，深红色。当胃充满时，脾的长轴方向与最后肋骨一致，较松弛地附着于大网膜上。

脾有造血、贮存血液、调节血量、参与识别和清除衰老死亡的红细胞等功能。

(四)淋巴结

淋巴结分布于淋巴管的行程中，大小不一，小的直径只有几毫米，大的可达几厘米。淋巴结的形状多样，有球形、卵圆形、肾形、扁平状等。淋巴结是位于淋巴管经路上的唯一淋巴器官，所以淋巴回流时必须通过淋巴结。淋巴结单个或成群地分布在身体的一定部位，多位于凹窝或安全部位，如腋窝、关节的屈侧、脏器门以及大血管附近。

图 2-94 所示为犬颈及胸前部的淋巴流向，图 2-95 所示为犬腹腔的淋巴流向；图 2-96 所示为犬乳房的淋巴流向。

1. 头颈部的主要淋巴结

(1)下颌淋巴结

下颌淋巴结位于咬肌与颌下腺之间的角部，外表仅被皮肤和皮肌所覆盖。一般在两侧各有 2 个或 3 个。

(2)腮腺淋巴结

腮腺淋巴结小而圆，位于咬肌后缘的上部与腮腺间，部分或全部被腮腺所覆盖。

(3)咽后淋巴结

咽后淋巴结包括较大的咽后内侧淋巴结和较小的咽后外侧淋巴结。

(4)颈浅淋巴结

颈浅淋巴结位于肩关节前上方，肩胛横突肌的深面，在冈上肌的前缘，包埋于脂肪内；每侧有 1～3 个，常有 2 个；一般为卵圆形，长约 2.5cm。

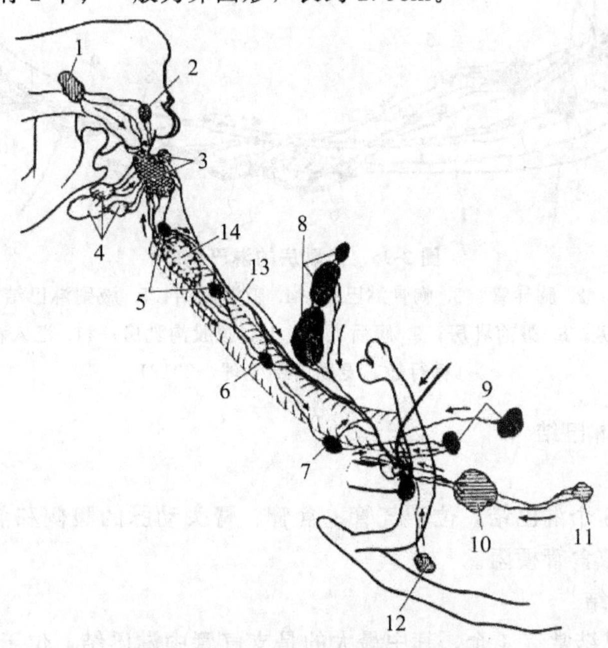

图 2-94　犬颈及胸前部的淋巴流向

1. 腮腺淋巴结；2. 咽后外侧淋巴结；3. 咽后内侧淋巴结；4. 下颌淋巴结；5. 颈深前淋巴结；6. 颈深中淋巴结；7. 颈深后淋巴结；8. 颈浅淋巴结；9. 纵隔前淋巴结；10. 腋淋巴结；11. 腋副淋巴结；12. 胸骨淋巴结；13. 气管淋巴干；14. 甲状腺

(韩行敏，宠物解剖生理，2012)

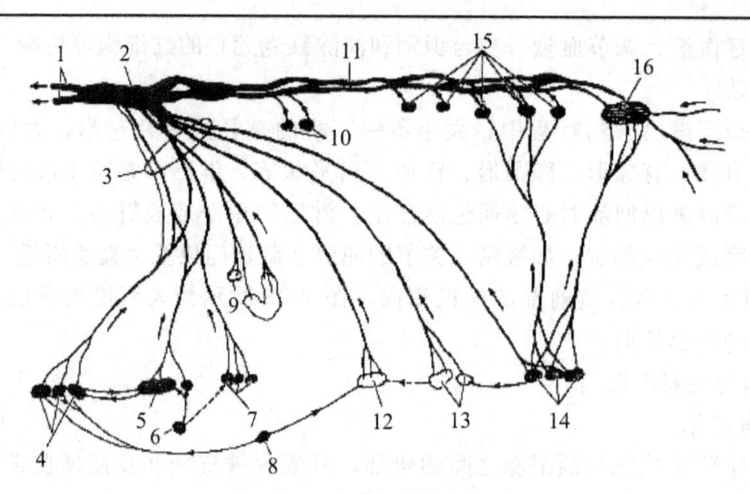

图 2-95　犬腹腔的淋巴流向

1. 胸导管；2. 乳糜池；3. 内脏淋巴干；4. 肝右淋巴结；5. 肝左淋巴结；6. 胃淋巴结；7. 脾淋巴结；8. 胰十二指肠淋巴结；9. 空肠淋巴结；10. 肾淋巴结；11. 腰淋巴干；12. 腹腔右淋巴结；13. 腹腔中淋巴结；14. 肠系膜后淋巴结；15. 腰淋巴结；16. 髂内淋巴结

（韩行敏，宠物解剖生理，2012）

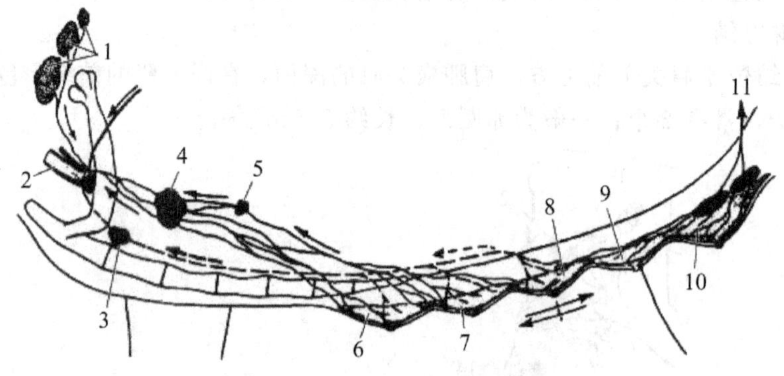

图 2-96　犬乳房的淋巴流向

1. 颈浅淋巴结；2. 胸导管；3. 胸骨淋巴结；4. 腋淋巴结；5. 腋副淋巴结；6. 胸前乳房；7. 胸后乳房；8. 腹前乳房；9. 腹后乳房；10. 腹股沟乳房；11. 汇入荐髂淋巴结

（韩行敏，宠物解剖生理，2012）

2. 胸部的主要淋巴结

(1)纵隔淋巴结

一般有 2 个或 3 个淋巴结，位于气管、食管、臂头动脉的腹侧和前腔静脉的左侧。纵隔淋巴结肿大可导致食管梗阻。

(2)支气管淋巴结

犬的支气管淋巴结常有 4 个，其中最大的是支气管中淋巴结，位于主支气管的分叉处，呈 V 形。左支气管淋巴结位于左侧支气管的分歧处；右支气管淋巴结比较小，位于右支气管的表面；尖叶支气管淋巴结位于尖叶支气管根部的前方；小的淋巴结沿支气管分布于肺内。

3. 腹腔内的主要淋巴结

(1)肝门淋巴结

肝门淋巴结数目不固定，多分布在沿肝门静脉及其汇入支途上。

(2)肠系膜淋巴结

肠系膜淋巴结主要有2个长淋巴结，自空肠、回肠系膜根起，沿小肠动脉及静脉排列。

(3)结肠淋巴结

结肠淋巴结数目一般有5～8个，分布在结肠系膜内。

此外，腹腔内还有脾淋巴结、胃淋巴结和胰十二指肠淋巴结等。

4. 骨盆腔内淋巴结

(1)髂内淋巴结

髂内淋巴结一般为2个大淋巴结。在大型犬，该淋巴结的长度5～6cm，宽2cm。其中右侧的一个位于后腔静脉及髂总静脉的后部，左侧的位于主动脉及左髂总静脉的附近。

(2)髂外淋巴结和荐淋巴结

髂外淋巴结位于腰小肌的腹面，在髂内、外静脉的分支处。荐淋巴结位于盆腔顶壁，常埋于脂肪内。

5. 四肢的淋巴结

腋淋巴结位于大圆肌远端内侧的脂肪内。在大型犬，呈圆盘状，约2.5cm宽，有时还有1个小的淋巴结。

腘淋巴结在腓肠肌周围的脂肪内，相当于膝关节内侧，卵圆形，长4.5cm，宽3cm。

淋巴器官的组织结构

一、淋巴结的组织结构(图2-97)

淋巴结由被膜和实质构成。被膜是结缔组织薄膜，含有少量的弹性纤维和平滑肌纤维。被膜伸入淋巴结实质形成许多小梁并相互连接成网，与网状组织共同构成淋巴结的支架。小梁之间为淋巴组织和淋巴窦。淋巴结的实质可分为皮质和髓质两部分。

皮质位于淋巴结的外周，颜色较深，由淋巴小结、副皮质区和皮质淋巴窦构成。髓质位于中央部和门部，颜色较淡，由髓索和髓质淋巴窦组成。髓索是排列成索状的淋巴组织，彼此吻合成网状；髓质淋巴窦位于髓索之间和髓索与小梁之间，接受来自皮质淋巴窦的淋巴，并将其汇入输出淋巴管。

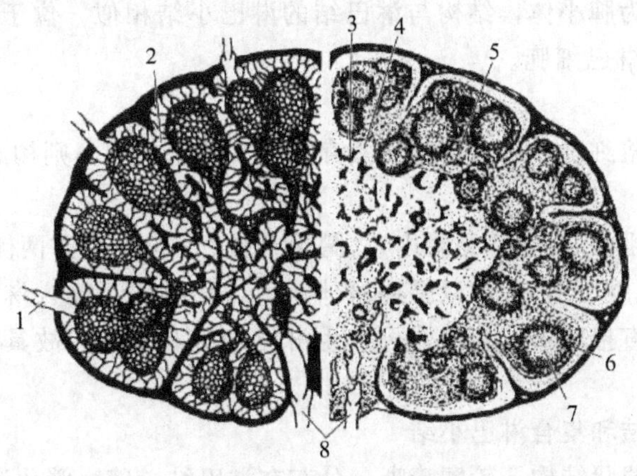

图2-97　淋巴结的组织结构

1. 输入淋巴管；2. 皮质淋巴窦；3. 髓索；4. 髓质淋巴窦；

5. 副皮质区；6. 淋巴小结；7. 生发中心；8. 输出淋巴

(韩行敏，宠物解剖生理，2012)

病原体、异物等有害成分侵入机体内部浅层结缔组织时，很容易随组织液进入遍布全身的毛细淋巴管，随淋巴流到达淋巴结，在淋巴窦中充分与窦内的巨噬细胞接触，绝大多数被清除或局限在淋巴结中，淋巴结有效地防止了有害成分进入血液循环。

二、脾的组织结构

脾的组织结构如图 2-98 所示，它是体内最大的免疫器官，含有大量的淋巴细胞和巨噬细胞，是机体细胞免疫和体液免疫的中心，表面有结缔组织被膜，脾脏实质比较柔脆，分为红髓和白髓。

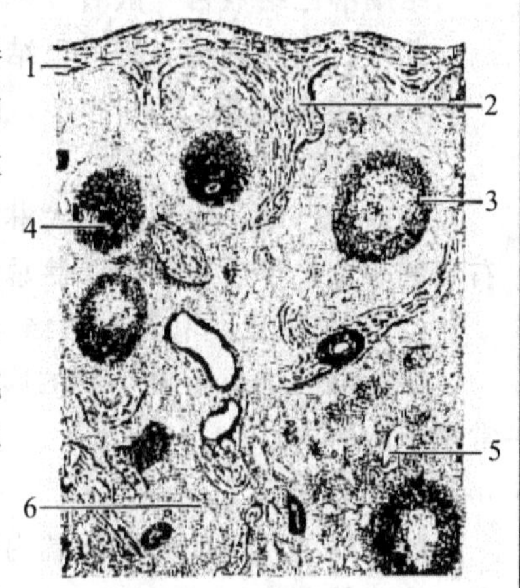

图 2-98 脾的组织结构

1. 被膜；2. 脾小梁；3. 脾小体；4. 中央动脉；5. 脾窦；6. 脾索

(一)被膜

脾脏的被膜是富含弹性纤维和平滑肌的结缔组织膜，其表面覆以浆膜。被膜伸入脾脏内部形成小梁，并吻合成网状，构成网状支架。被膜和小梁内的平滑肌舒缩，对脾脏的贮血量有重要的调节作用。

(二)实质

脾脏的实质又称脾髓，由淋巴组织组成，分为红髓和白髓。

1. 红髓

红髓位于白髓周围，由脾索和脾窦组成，因含有许多红细胞而呈红色。脾索为彼此吻合成网的淋巴组织索，除网状细胞外，还有 B 淋巴细胞、巨噬细胞、浆细胞和各种血细胞。脾窦即为血窦，分布于脾索之间，窦壁内皮细胞之间有裂隙，基膜也不完整，这些均有利于血细胞从脾索进入脾窦。

2. 白髓

白髓是淋巴细胞聚集之处，主要由密集的淋巴组织构成，沿着动脉分布，分散于红髓之间。它分为动脉周围淋巴鞘和淋巴小结。动脉周围淋巴鞘为长筒状，淋巴组织紧包在穿行的中央动脉周围，相当于淋巴结的副皮质区，主要是 T 细胞定居的地方，是脾的胸腺依赖区；淋巴小结又称为脾小体，结构与淋巴结的淋巴小结相似，位于淋巴鞘的一侧，也有生发中心。主要是 B 淋巴细胞。

三、淋巴组织

许多淋巴细胞及浆细胞和巨噬细胞密集存在于网状组织内，则构成了淋巴组织。

(一)扁桃体

扁桃体分为舌扁桃体(舌根部黏膜内)、腭扁桃体(舌腭弓后方两侧的扁桃体窦内)和咽扁桃体(咽腔背侧壁黏膜下)，其中以腭扁桃体最大。扁桃体无输入淋巴管，又处于暴露位置，故抗原可从口腔直接感染。扁桃体可产生淋巴细胞和抗体，故具有抗细菌、抗病毒的防御功能。

(二)孤立淋巴小结和集合淋巴小结

孤立淋巴小结是球状结构，轮廓清晰，分布在淋巴结、脾、消化道和呼吸道的黏膜上。如果是多个淋巴小结聚成团的，则称为集合淋巴小结，如回肠黏膜的集合淋巴小结。

(三)弥散淋巴组织

弥散淋巴组织是以网状细胞和网状纤维为支架，内含淋巴细胞、浆细胞及巨噬细胞，所形成的一片以淋巴细胞为主的淋巴组织，主要分布于咽、消化管、呼吸道和泌尿生殖道等与外界接触较频繁的部位或器官的黏膜内。它们形成屏障，以抵御外来细菌或异物的侵袭。当抗原刺激使弥散淋巴组织增大时，则其会出现淋巴小结。

四、淋巴

淋巴是液态结缔组织，只是它只有淋巴细胞一种有形成分，其他与血液几乎完全相同。淋巴液来源于组织液，组织液来源于血液，而淋巴液最后又回到了血液。

淋巴细胞由淋巴器官产生，是机体免疫应答功能的重要细胞成分，淋巴细胞不但能识别外来的“非己”物质，而且能辨别自己体内的成分。这种能力是淋巴细胞的主要特征，淋巴细胞可分为T细胞、B细胞、K细胞和NK细胞等。

(一)T细胞

T细胞是胸腺依赖性淋巴细胞的简称。T细胞是骨髓的淋巴干细胞在胸腺分化、成熟的，该细胞成熟后进入血液和淋巴液，参与细胞免疫。

(二)B细胞

B细胞是骨髓依赖性淋巴细胞(或囊依赖性淋巴细胞)的简称。B细胞是淋巴干细胞直接在骨髓分化、成熟的。B细胞进入血液和淋巴后，在抗原刺激下分化成浆细胞，并产生抗体，参与体液免疫。

(三)K细胞

K细胞又称杀伤细胞，是被发现较晚的淋巴样细胞，其分化途径尚不明确，具有非特异性杀伤功能。它能杀伤与抗体结合的靶细胞，且杀伤力较强。

(四)NK细胞

NK细胞又称自然杀伤细胞，它不依赖抗体，不需抗原作用即可杀伤靶细胞，尤其是对肿瘤细胞及病毒感染细胞具有明显的杀伤作用。

淋巴器官的机能

一、中枢淋巴器官的机能

(一)骨髓

哺乳动物的B淋巴细胞直接在骨髓内分化、成熟，然后进入血液和淋巴中发挥作用。

(二)胸腺

来自骨髓的淋巴干细胞在胸腺中受胸腺素和胸腺生成素等的诱导作用，增殖分化，大部分经过2～3天便死于胸腺内，只有小部分成熟为具有免疫功能的T细胞，而后进入周围淋巴器官，参与细胞免疫。

二、周围淋巴器官的机能

(一)脾

1. 造血

胚胎期脾能产生各种血细胞，成年后仅能产生淋巴细胞和单核细胞。但当机体大失血或某种疾病时脾又能产生各种血细胞。

2. 滤血

脾内有大量巨噬细胞，除了能清除进入血液的细菌和抗原物质外，还能吞噬、分解衰老的红细胞和白细胞等。

3. 储血和调节血量

脾窦和脾索内都可以储存血液。

4. 免疫

脾内B淋巴细胞较多，可产生抗体，参与机体的免疫过程。

(二)淋巴结

1. 滤过与吞噬

淋巴结收集相应区域的淋巴液，在淋巴液流经淋巴结时，各种病原微生物、毒素、细胞残屑等可在淋巴窦内过滤、吞噬而被清除。

2. 免疫

在淋巴结输出液中的抗体及淋巴细胞比输入液中的多。这是由于当机体受抗原刺激时，淋巴结皮质浅层的B淋巴细胞分裂增殖，经淋巴母细胞分化为浆细胞，并向髓质聚集产生大量抗体，参与体液免疫；皮质深层的T淋巴细胞可分化为效应T淋巴细胞，经淋巴管输出，发挥细胞免疫作用。

3. 造血

骨髓纤维化时，脾脏及淋巴结都是髓外造血器官，可产生红细胞、粒性白细胞和血小板。

三、淋巴的机能

1. 调节血浆和组织细胞之间的体液平衡

淋巴的回流虽然缓慢，但对组织液的生成与回流平衡却起着重要的作用，如果淋巴回流受阻，可引起淋巴淤积而出现组织液增多，局部肿胀等症状。

2. 免疫、防御、屏障作用

淋巴在循环、回流入血过程中，要经过淋巴循环系统的许多器官，而且液体中含有大量免疫细胞，能有效地参与免疫反应，清除细菌、异物等抗原，产生抗体。

3. 回收组织液中的蛋白质

由毛细血管动脉端滤出的血浆蛋白不能逆浓度差从组织间隙重吸收进入毛细血管，只有经过毛细淋巴回流。据测定，每天经淋巴回流入血的血浆蛋白约占循环血浆蛋白总量的四分之一。

4. 运输脂肪

脂肪微粒主要经肠绒毛内毛细淋巴管回收，而后经过乳糜池－胸导管回流入血。因而胸导管内的淋巴液呈白色乳糜状，小肠绒毛的中央乳糜管和胸导管起始端的乳糜池的名称即是由此而来的。

 拓展阅读：

材料设备清单

项目三	循环系统				学时	14	
项目	序号	名称	作用	数量	型号	使用前	使用后
所用设备	1	投影仪	观看视频图片	1个			
所用工具	2	手术器械	解剖构造观察	1套			
所用药品（动物）	3	犬尸体标本	考核器官体表投影位置	1只			
	4	活体犬	心脏听诊	犬1只			
所用材料	5						

作业单

项目三	循环系统					
作业完成方式	课余时间独立完成。					
作业题1	犬心脏的位置、形态和构造是怎样的？					
作业解答						
作业题2	犬主动脉及其分支是什么样的？					
作业解答						
作业题3	常检的犬的体表浅层淋巴结主要有哪些？					
作业解答						
作业题4	淋巴结和脾脏的组织结构特点是怎样的？					
作业解答						
作业评价	班级		第　组		组长签字	
	学号		姓名			
	教师签字		教师评分		日期	
	评语：					

学习反馈单

项目三	循环系统				
评价内容	评价方式及标准				
知识目标达成度	作业评量及规准				
	A(90分以上)	B(80－89分)	C(70－79分)	D(60－69分)	E(60分以下)
	内容完整，阐述具体，答案正确，书写清晰。	内容较完整，阐述较具体，答案基本正确，书写较清晰。	内容欠完整，阐述欠具体，答案大部分正确，书写不清晰。	内容不太完整，阐述不太具体，答案部分正确，书写较凌乱。	内容不完整，阐述不具体，答案基本不太正确，书写凌乱。
技能目标达成度	实作评量及规准				
	A(90分以上)	B(80－89分)	C(70－79分)	D(60－69分)	E(60分以下)
	解剖操作规范；能正确识别循环器官的形态位置构造，操作规范。	解剖操作基本规范；基本能正确识别循环各器官形态位置构造，操作规范，速度较快。	解剖操作不太规范；能正确识别大部分循环器官的形态位置构造，操作较规范，速度一般。	解剖操作规范度差；仅能正确识别个别循环器官的形态位置构造，操作欠规范，速度较慢。	解剖操作不规范；不能正确识别循环器官的形态位置构造，操作不规范，速度很慢。
素养目标达成度	表现评量及规准				
	A(90分以上)	B(80－89分)	C(70－79分)	D(60－69分)	E(60分以下)
	积极参与线上、线下各项活动，态度认真。处理问题及时正确，生物安全意识强，不怕脏不怕臭。	积极参与线上、线下各项活动，态度较认真。有一定处理问题能力和生物安全意识，不怕脏不怕臭。	能参与线上、线下各项活动，态度一般。处理问题能力和生物安全意识一般。不太怕脏怕臭。	能参与线上、线下部分活动，态度一般。处理问题能力和生物安全意识较差。有些怕脏怕臭。	线上、线下各项活动参与度低，态度一般。处理问题能力和生物安全意识较差，怕脏怕臭。
反馈及改进					
针对学习目标达成情况，提出改进建议和意见。					

项目四 神经和内分泌系统

学习任务单

<table>
<tr><td>项目四</td><td>神经和内分泌系统</td><td>学 时</td><td>10</td></tr>
<tr><td colspan="4">布置任务</td></tr>
<tr><td>学习目标</td><td colspan="3">1. 知识目标
(1)理解中枢神经、外周神经的形态结构；
(2)掌握眼和耳的形态结构；
(3)熟知内分泌器官的形态结构。
2. 技能目标
(1)能在标本或挂图上识别脑、脊髓的形态结构；
(2)能分析条件反射的形成条件；
(3)能找到内分泌器官的具体解剖位置。
3. 素养目标
(1)培养学生独立分析问题、解决实际问题和继续学习的能力；
(2)具有组织管理、协调关系、团队合作的能力；
(3)培养学生吃苦耐劳、善待宠物、敬畏生命的工匠精神。</td></tr>
<tr><td>任务描述</td><td colspan="3">在解剖实训室利用解剖器械对各种动物进行解剖，并观察主要脏器的形态、颜色、质地、位置和构造，认知其机能。
具体任务如下。
识别犬神经和内分泌腺主要形态结构。</td></tr>
<tr><td>提供资料</td><td colspan="3">1. 韩行敏．宠物解剖生理．北京：中国轻工业出版社，2012
2. 霍军，曲强．宠物解剖生理．北京：化学工业出版社，2020
3. 李静．宠物解剖生理．北京：中国农业出版社，2007
4. 白彩霞．动物解剖生理．北京：北京师范大学出版社，2021
5. 张平，白彩霞．动物解剖生理．北京：中国化工出版社，2017
6. 范作良．家畜解剖学．北京：中国农业出版社，2001
7. 范作良．家畜生理学．北京：中国农业出版社，2001
8. 黑龙江农业工程职业学院教师张磊负责的宠物解剖生理在线课网址：
9. 黑龙江职业学院教师白彩霞负责的动物解剖生理在线精品课网址：</td></tr>
</table>

对学生要求	1. 能根据学习任务单、资讯引导，查阅相关资料，在课前以小组合作的方式完成任务资讯问题。 2. 以小组为单位完成学习任务，体现团队合作精神。 3. 严格遵守实训室和实习牧场规章制度，避免安全隐患。
对学生要求	4. 对神经器官、内分泌器官进行研究学习。 5. 严格遵守操作规程，做好自身防护，防止疾病传播。

任务资讯单

项目四	神经和内分泌系统
资讯方式	通过资讯引导、观看视频，到本课程及相关课程的精品课网站、图书馆查询，向指导教师咨询。
资讯问题	1. 简述犬神经系统的组成和功能。 2. 简述交感神经与副交感神经的机能。 3. 什么叫条件反射？它是怎样形成的？有何生产实践意义？ 4. 支配腹侧壁肌肉的神经有哪些？ 5. 简述犬眼睑的各部分组成。 6. 简述眼球壁的结构。 7. 简述中耳和内耳的结构。 8. 简述激素的概念及其作用特点。 9. 腺垂体内分泌哪些激素？有什么机能？ 10. 神经垂体内贮存哪些激素？有什么机能？ 11. 简述下列几种激素的机能：甲状腺激素、降钙素、甲状旁腺素、糖皮质激素、盐皮质激素、肾上腺素、去甲肾上服素，胰岛素和胰高血糖素。
资讯引导	所有资讯问题可以到以下资源中查询。 1. 韩行敏主编的《宠物解剖生理》。 2. 李静主编的《宠物物解剖生理》。 3. 霍军，曲强主编的《宠物解剖生理》。 4. 白彩霞主编的《动物解剖生理》。 5. 宠物解剖生理在线课网址： 6. 动物解剖生理在线精品课网址： 7. 本模块工作任务单中的必备知识。

案例单

<table>
<tr><td>项目四</td><td>神经和内分泌系统</td><td>学时</td><td>10</td></tr>
<tr><td>序号</td><td>案例内容</td><td colspan="2">相关知识技能点</td></tr>
<tr><td>1.1</td><td>某犬养殖场的一只2岁金毛犬，近来流涎、斜视，该犬在发病前4个月曾被流浪犬咬伤过，从未进行任何疫苗注射。该犬所在地区散养犬及流浪犬很多，两年前此地曾有人因被疯狗咬伤而后死亡。
来到动物医院，该犬通过临床检查发现体温无明显变化，心率89次/min，呼吸也无明显变化；精神高度沉郁，躲在阴暗的角落里，对主人的吆唤毫无反应；尾巴夹在两后肢之间，目光呆滞斜视，叫声嘶哑，消瘦，被毛粗乱无光；饮食欲废绝，舔食泥土及动物的粪便，口唇下垂，丝缕状流涎。几天后死亡，经过尸体剖检，取延脑、大脑皮层、海马回、小脑和脊髓病料电镜观察和试纸检测，诊断为狂犬病。</td><td colspan="2">此案例涉及与本单元内容相关的知识点和技能点为：延脑、大脑皮层、海马回、小脑和脊髓；精神异常有兴奋和抑制两个过程。</td></tr>
</table>

工作任务单

<table>
<tr><td>项目四</td><td>神经和内分泌系统</td></tr>
<tr><td colspan="2">任务　识别犬神经和内分泌腺主要形态结构
任务描述：在实训室学习犬脑、脊髓的形态和结构，以及甲状腺和肾上腺的形态位置。
准备工作：在实训室准备犬脑、脊髓标本和模型，甲状腺和肾上腺的标本和模型，手术刀、剪刀、镊子、脱脂棉、一次性手套和实验服等。
实施步骤如下。
1. 脑的结构观察。
在标本和模型上，观察延髓、脑桥、中脑、间脑、大脑和小脑；观察大脑半球、脑沟、脑回，观察小脑半球、蚓部。
2. 脊髓的结构观察。
在标本和模型上，观察脊髓颈膨大、腰膨大、脊髓圆锥、终丝和马尾；观察硬膜、蛛网膜、软膜、硬膜外腔、硬膜下腔和蛛网膜下腔。观察脊髓背侧柱、腹侧柱、外侧柱、中央管、背侧索、外侧索和腹侧索。
3. 甲状腺和肾上腺的形态位置观察。
观察犬甲状腺和肾上腺的形态位置，注意其与周围器官间的位置关系。
4. 通过互联网、在线开放课学习相关内容。</td></tr>
</table>

必备知识

第一部分　神经系统

神经器官

神经系统是机体的调节系统，既能调节动物体内各器官系统的活动，使之协调成为统一整体，又能使机体适应外界环境的变化，保证机体与环境的相对平衡。

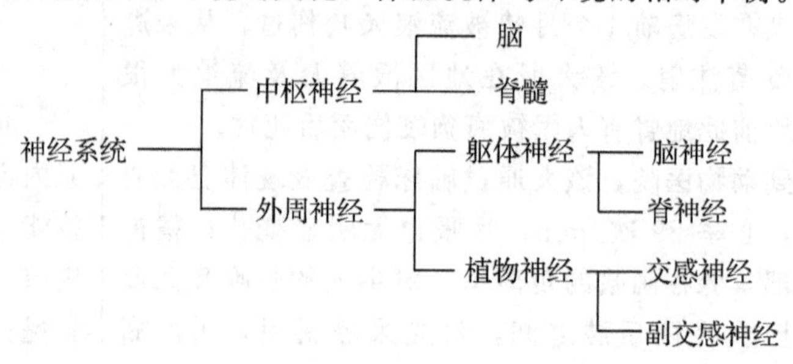

神经系统结构和功能的基本单位是神经元。神经元借突触彼此连接，构成了整个中枢和外周神经。细胞体大部分位于中枢内，构成脑和脊髓的灰质；小部分形成外周神经节(外周神经中神经元胞体集中的地方)；突起即神经纤维，在中枢形成脑、脊髓的白质，在外周形成神经或神经干。神经与感受器和效应器相联系，形成各种末梢器官。

一、中枢神经

(一)脊髓

1. 形态和位置

脊髓位于椎管内，呈背腹稍扁的圆柱状，前端经枕骨大孔与延髓相连，后端达荐骨中部，可分为颈髓、胸髓、腰髓和荐髓。其中有两个膨大，即颈、胸交界处的颈膨大，由此发出支配前肢的神经；腰、荐交界处的腰膨大，此处发出支配后肢的神经。腰膨大之后则逐渐缩小呈圆锥状，称脊髓圆锥，向后伸出一根细丝，叫终丝。终丝与其左右两侧的神经根聚集成马尾状，合称马尾。图 2-99 为脊髓分段模式图。

脊髓背侧有一背正中沟，腹侧有一正中裂。脊髓两侧发出成对的脊神经根，每一脊神经根又分为背根和腹根。较粗的背根上有一膨大部，称脊神经节，是感觉神经元的胞体所在处。在此发出的感觉神经纤维，专管感觉，又称感觉根。腹根是由腹角运动神经元发出的运动神经纤维，专管运动，称为运动根。背根和腹根在椎间孔处合并为脊神经出椎间孔。

2. 脊髓的结构

在脊髓横断面(如图 2-100)上，可见脊髓是由中央呈蝴蝶形颜色较深的灰质和外周颜色较浅的白质构成。在灰质中央有一个脊髓中央管，前通第四脑室，后达脊髓圆锥的终室。

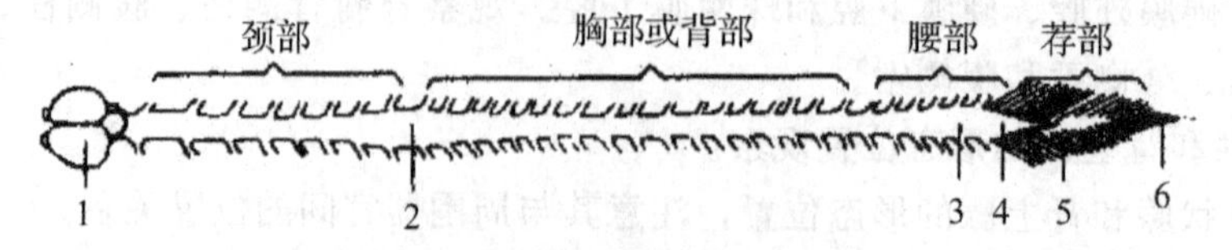

图 2-99　脊髓分段模式图

1. 大脑半球；2. 颈膨大；3. 腰膨大；4. 脊髓圆锥；5. 马尾；6. 终丝

(山东省畜牧兽医学校，动物解剖生理，第三版，2000)

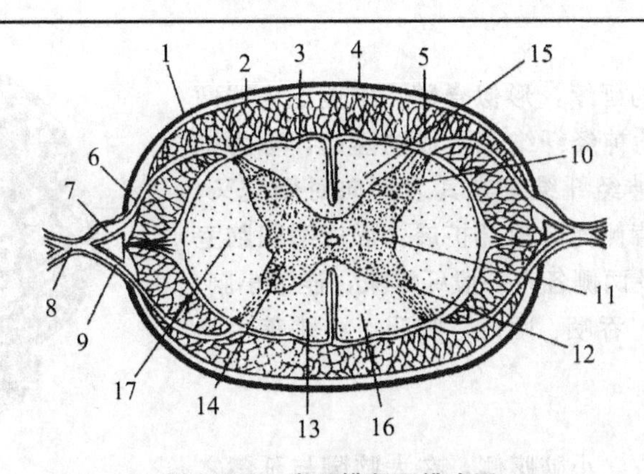

图 2-100　脊髓横断面模式图

1. 硬膜；2. 蛛网膜；3. 软膜；4. 硬膜下腔；5. 蛛网膜下腔；6. 背根；7. 脊神经节；8. 脊神经；9. 腹根；10. 背角；11. 侧角；12. 腹角；13. 白质；14. 灰质；15. 背索；16. 腹索；17. 侧索

（山东省畜牧兽医学校，动物解剖生理，第三版，2000）

(1)灰质

灰质由大量神经元的胞体构成。从横断面上看，灰质分为一对背角和一对腹角，在胸腰段脊髓灰质还形成一对侧角。从脊髓纵向观，背角形成背侧柱，腹角形成腹侧柱，侧角形成侧柱。背角主要由联络神经元胞体构成；腹角主要由运动神经元胞体构成；侧角主要由交感神经元胞体构成。

(2)白质

白质主要由神经纤维构成，被灰质分成背侧索、腹侧索和侧索。背侧索主要由感觉神经元发出的上行纤维束构成；腹侧索主要由运动神经元发出的下行纤维束构成；侧索由脊髓背侧柱的联络神经元的上行纤维束和来自大脑与脑干的中间神经元的下行纤维束构成。一般靠近灰质柱的白质都是一些短的纤维，主要联络各段脊髓。

(3)脊神经根

脊神经根是脊髓两侧发出成对的脊神经根，每一脊神经根又分为背侧根(或感觉根)和腹侧根(或运动根)。背侧根较粗，上有脊神经节。脊神经节由感觉神经元的胞体构成，其外周突髓脊神经伸向外周；中枢突构成背侧根，进入脊髓背侧索或背侧柱内，与中间神经元发生突触。腹侧根较细，由腹侧柱和外侧柱内的运动神经元轴突构成。背侧根和腹侧根在椎间孔处合为脊神经。

(二)脑

脑是神经系统的高级中枢，位于颅腔内，通过枕骨大孔与脊髓相连。脑分为大脑、小脑和脑干三部分。大脑位于前方，脑干位于大脑和脊髓之间，小脑位于脑干背侧。大脑与小脑之间有大脑横裂将二者分开。图 2-101 为脑髓背面图，图 2-102 为脑髓腹面图。

1. 脑干

脑干由后向前依次为延髓、脑桥、中脑及其前端的间脑。脑干后连脊髓，前接大脑，是脊髓与大脑、小脑连接的桥梁。

脑干联系着视、听、平衡等专门感觉器官；又是内脏活动的反射中枢；也是联系大脑高级中枢与各级反射中枢的重要径路；同时也是大脑、小脑、脊髓以及骨骼肌运动中枢之间的桥梁。

(1)延髓

延髓是脊髓向前的延续，形似脊髓，腹侧正中线两侧各有一纵行的由运动神经纤维束形成的隆起，称为锥体。锥体大部分运动神经纤维束在其后部向对侧交叉，称为锥体交叉。延髓背侧面的前部扩展，形成第四脑室底壁后半部分。背侧及两侧各有一股纤维束，连于小脑。延髓中含有唾液分泌、吞咽、呕吐、呼吸、心跳等生命中枢。

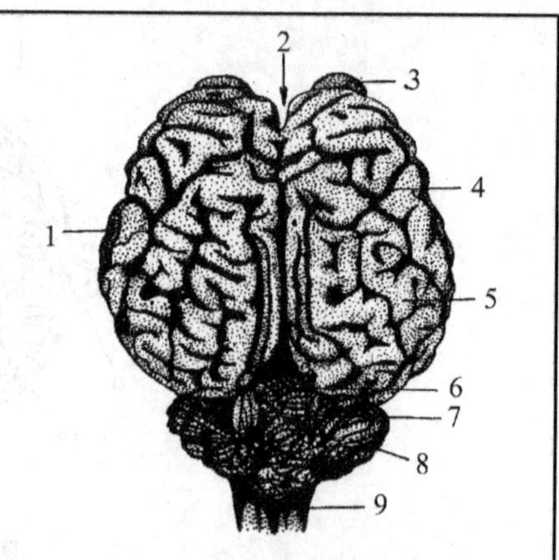

图 2-101 脑髓背面

1. 大脑半球；2. 大脑纵裂；3. 嗅球；4. 脑沟；5. 脑回；6. 大脑横裂；7. 小脑蚓部；8. 小脑半球；9. 延髓

(董常生，动物解剖学，第三版，2001)

(2)脑桥

脑桥位于延髓前方，小脑腹侧，在大脑脚与延髓之间。腹侧面为横向隆起，内含横向纤维，是连接大脑和小脑的重要通道。

(3)中脑

中脑位于脑桥前方，间脑后方。中脑内有一空腔，称为中脑导水管，后端与第四脑室相通，前端与间脑的第三脑室相通。中脑导水管将中脑分为背侧的四叠体和腹侧的大脑脚。大脑脚是中脑腹侧面两条短粗的纵行纤维柱。四叠体由前后两对丘形隆起组成，前方一对较大，称前丘；后方一对较小，称后丘。前丘与后丘分别与视觉、听觉反射有关。后丘的后方有滑车神经(IV)根，是唯一从脑干背侧发出的脑神经。

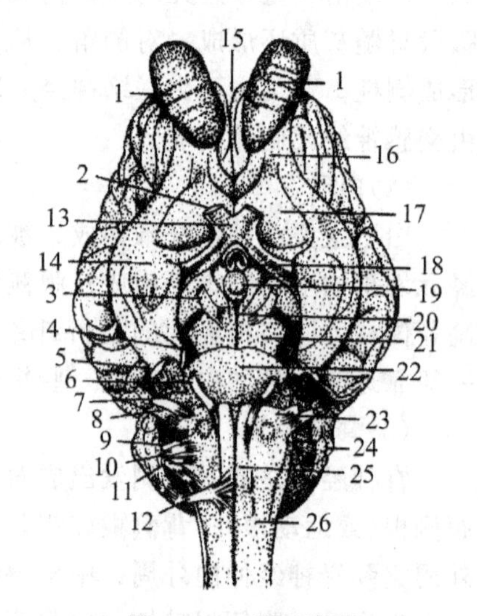

图 2-102 脑髓腹面

1. 嗅球；2. 视神经；3. 动眼神经；4. 滑车神经；5. 三叉神经；6. 外展神经；7. 面神经；8. 听神经；9. 舌咽神经；10. 迷走神经；11. 副神经；12. 舌下神经；13. 视交叉；14. 梨状叶；15. 纵裂；16. 嗅束；17. 嗅三角；18. 漏斗与灰结节；19. 乳头体；20. 脑间窝；21. 大脑脚；22. 脑桥；23. 斜方体；24. 小脑；25. 锥体；26. 延髓

(董常生，动物解剖学，第三版，2001)

(4)间脑

间脑位于中脑和大脑之间，大部分被两侧的大脑半球所覆盖，间脑主要分为丘脑和下丘脑，内有第三脑室。

丘脑后部外侧有两个隆起，分别称为内侧膝状体和外侧膝状体。内侧膝状体是听觉冲动通向大脑皮层的联络站；外侧膝状体是视觉冲动通向大脑皮层的联络站。在丘脑的背侧后方与中脑的四叠体之间，有一椭圆形小体，叫松果体，属于内分泌腺。

下丘脑(丘脑下部)位于丘脑腹侧，包括第三脑室侧壁下部的一些灰质核团，是植物性神经系统的皮质下中枢。

第三脑室：位于间脑内，呈环形，围绕着丘脑间连合，向后通中脑导水管，其背侧壁为第三脑室脉络丛。

2. 小脑

小脑位于延髓和脑桥背侧，略呈球形。小脑表面有许多凹陷的沟和凸出的回。小脑分为中间较窄且卷曲的蚓部和两侧膨大的小脑半球。小脑灰质主要覆盖于小脑半球的表面。小脑白质在深部，呈树枝状分布，白质中有分散存在的神经核。

3. 大脑

由左、右两个完全对称的大脑半球组成，两个大脑半球借巨大的横行纤维束构成的胼胝体相连。两个大脑半球内，分别有一个呈半环形狭窄腔隙，叫侧脑室。两侧脑室分别以室间孔与第三脑室相通。大脑半球由顶部的大脑皮质、内部的白质、基底核以及前底部的嗅脑等组成。

图 2-103 为脑正中切面；图 2-104 为脑室系统半模式图。

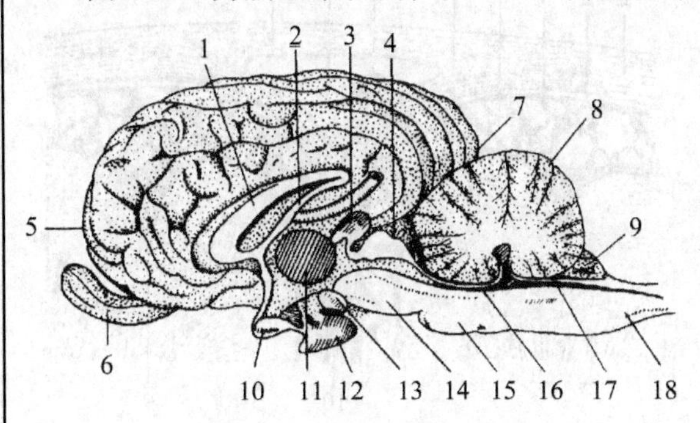

图 2-103 脑正中切面

1. 胼胝体；2. 穹窿；3. 松果体；4. 四叠体；5. 额极；6. 嗅球；7. 枕球；8. 小脑；9. 脉络丛；10. 视交叉；11. 丘脑中间块；12. 脑垂体；13. 乳头体；14. 大脑脚；15. 脑桥；16. 前髓帆；17. 后髓帆；18. 延髓

（董常生，动物解剖学，第三版，2001）

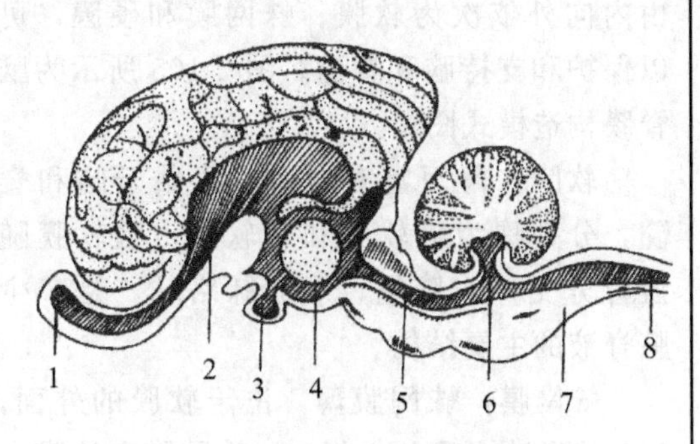

图 2-104 脑室系统半模式图

1. 嗅球室；2. 侧脑室；3. 脑垂体腔；4. 第三脑室；5. 中脑导水管；6. 第四脑室；7. 延髓；8. 脊髓中央管

（董常生，动物解剖学，第三版，2001）

(1)大脑皮质

大脑皮质是表层的灰质，由神经细胞的胞体构成，其表面凹凸不平，凹处为沟，凸起处为回，以此来增加大脑皮质的面积。大脑皮质分为五个叶，半球的背外侧前部为额叶，有运动中枢；背侧部为顶叶，有感觉中枢；外侧部有颞叶，有听觉中枢；后部为枕叶，有视觉中枢；大脑半球内侧面因其位置在大脑和间脑交界处的边缘，所以称为边缘叶，有内脏活动的高级中枢。

(2)白质

白质位于皮质深层，由三种纤维构成。联合纤维是联系左、右半球的神经纤维，构成胼胝体；联络纤维是联系同侧半球的神经纤维；投射纤维是联系大脑皮质与皮层下中枢的上、下行纤维。以上这些纤维把脑的各部与脊髓联系起来，再通过外周神经与各个器官联系起来，因而大脑皮质能支配所有的活动。

(3)基底核(纹状体)

基底核是大脑白质中基底部的灰质核团，主要有尾状核和豆状核，两核之间有由白质(上、下行的投射纤维)构成的囊。基底核、尾状核、内囊和豆状核，都有灰质、白质交错呈花纹状，故又称纹状体。基底核在大脑皮质控制下，可调节骨骼肌的运动。

(4)嗅脑

嗅脑主要包括位于大脑腹侧最前端的嗅球(接受来自鼻腔嗅区的嗅神经，其功能与嗅觉有关)以及沿脑腹侧面延续的嗅回、梨状叶、海马等。其中梨状叶、海马和大脑半球内侧面，合称边缘叶，边缘叶与皮层下的一些结构，共同构成大脑边缘系统。

(5)侧脑室

侧脑室分别位于左、右大脑半球内，有室间孔与第三脑室相通。侧脑室底壁的前部为尾状核，后部为海马，顶壁为胼胝体。在尾状核与海马之间有侧脑室脉络丛。

(三)脑脊膜、脑脊液和血脑屏障

1. 脑脊膜

脑脊膜是在脑和脊髓表面的三层膜，由内向外依次为软膜、蛛网膜和硬膜，可以保护和支持脑和脊髓。图 2-105 所示为脑脊膜构造模式图。

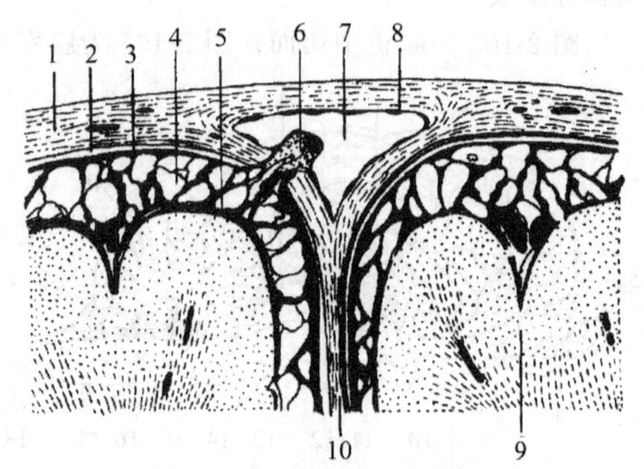

图 2-105 脑脊膜构造模式图

1. 硬膜；2. 硬膜下腔；3. 蛛网膜；4. 蛛网膜下腔；5. 软膜；6. 蛛网膜绒毛；7. 静脉窦；8. 内皮；9. 大脑皮质；10. 大脑镰

(山东省畜牧兽医学校，动物解剖生理，第三版，2000)

软膜：薄而富有血管，紧贴于脑和脊髓，分别称为脑软膜和脊软膜。脑软膜随血管分支伸入脑室，形成脉络丛，是产生脑脊液的主要结构。

蛛网膜：蛛网膜薄，位于软膜的外面，且分出无数小梁与之相连。蛛网膜和软膜之间的腔隙，称为蛛网膜下腔，内含脑脊液。

硬膜：是一层较厚而坚韧的致密结缔组织，位于蛛网膜的外面。在脑部，脑硬膜紧贴颅腔壁，无间隙。脊髓部分的脊硬膜与椎管内面骨膜之间形成的腔隙称硬膜外腔，腔内充满大量的脂肪和疏松结缔组织。兽医临床上常用硬膜外腔麻醉的方法麻醉脊神经根。硬膜外腔麻醉的部位常在腰荐间隙或第一、二尾椎之间。硬膜与蛛网膜之间的腔隙称为脑或脊硬膜下腔，内含少量脑脊液。

2. 脑脊液

脑脊液是由各脑室脉络丛产生的无色透明的液体，充满于脑室、脊髓中央管和蛛网膜下腔等。

脑脊液的产生与吸收保持动态平衡，如果这种平衡受到破坏，便可引起脑积水和颅内压升高，使脑组织受到压迫，而出现神经症状。

脑脊液的主要作用有：维持脑组织渗透压和颅内压的相对恒定；保护脑和脊髓减少或免受外力的震荡；供给脑组织营养；参与代谢产物的运输等作用。

3. 脑、脊髓的血管

脑的血液主要来自颈动脉、枕动脉、椎动脉，这些血管在脑底部吻合成一动脉环，由此分出小动脉分布于脑。脊髓的血液来自椎动脉、肋间动脉及腰动脉等的脊髓分支。

二、外周神经

外周神经是神经系统的外周部分，即除脑、脊髓外所有神经干、神经节、神经丛及神经末梢的总称。它们一端连于脑或脊髓，另一端同动物体各器官的感受器或效应器相连。将来自感受器的内外环境的刺激冲动，传至中枢，再把中枢神经冲动传递到各效应器官(肌肉或腺体)。外周神经可分为脑神经、脊神经和植物性神经。

(一)脑神经

脑神经共有十二对，多数从脑干发出，通过颅骨的一些孔出颅腔。其中有的是感觉神经，比如第Ⅰ对、Ⅱ对、Ⅷ对；有的是运动神经，比如第Ⅲ对、Ⅳ对、Ⅵ对、Ⅺ对、Ⅻ对；有的是含感觉和运动纤维的混合神经，比如第Ⅴ对、Ⅶ对、Ⅸ对、Ⅹ对。

脑神经名称的记忆口诀：一嗅二视三动眼，四滑五叉六外展，七面八听九舌咽，十迷一副舌下全。

表 2-3 为脑神经分布简表。

表 2-3　脑神经分布简表

顺序及名称	连脑部位	性质	分布范围	机能
第Ⅰ对嗅神经	嗅球	感觉	鼻黏膜嗅区	嗅觉
第Ⅱ对视神经	间脑	感觉	视网膜	视觉
第Ⅲ对动眼神经	中脑	运动	眼球肌	眼球运动
第Ⅳ对滑车神经	中脑	运动	眼球肌	眼球运动
第Ⅴ对三叉神经	脑桥	混合	头部肌肉、皮肤、泪腺、结膜、口腔、齿髓、舌、鼻腔等	头部皮肤、口、鼻腔、舌等感觉，咀嚼运动
第Ⅵ对外展神经	延髓	运动	眼球肌	眼球运动
第Ⅶ对面神经	延髓	混合	鼻唇肌、耳肌、眼睑肌、唾液腺等	面部感觉、运动唾液的分泌
第Ⅷ对位听神经	延髓	感觉	内耳	听觉和平衡觉
第Ⅸ对舌咽神经	延髓	混合	舌、咽	咽肌运动、味觉、舌部感觉
第Ⅹ对迷走神经	延髓	混合	咽、喉、食管、胸腔、腹腔内大部分器官和腺体等	咽、喉和内脏器官的感觉和运动
第Ⅺ对副神经	延髓和颈部脊髓	运动	斜方肌、臂头肌、胸头肌	头、颈、肩带部的运动
第Ⅻ对舌下神经	延髓	运动	舌肌和舌骨肌	舌的运动

(二)脊神经

脊神经因神经根与脊髓相连而得名。脊神经是混合神经，内含感觉纤维和运动纤维。在椎管中，每一束脊神经由感觉根(背侧根)和运动根(腹侧根)合并而成。脊神经按部位不同分为颈神经、胸神经、腰神经、荐神经和尾神经。胸、腰、荐、尾神经，分别穿过其相对应椎骨的椎间孔出椎管。脊神经出椎间孔后，分为背侧支和腹侧支。背侧支分布于脊椎背侧的肌肉和皮肤；腹侧支分布于脊柱腹侧和四肢的肌肉及皮肤。

犬有 35～38 对脊神经，其中颈神经 8 对、胸神经 13 对、腰神经 7 对、荐神经 3 对和尾神经 4～7 对。图 2-106 所示为犬全身的脊神经模式图。

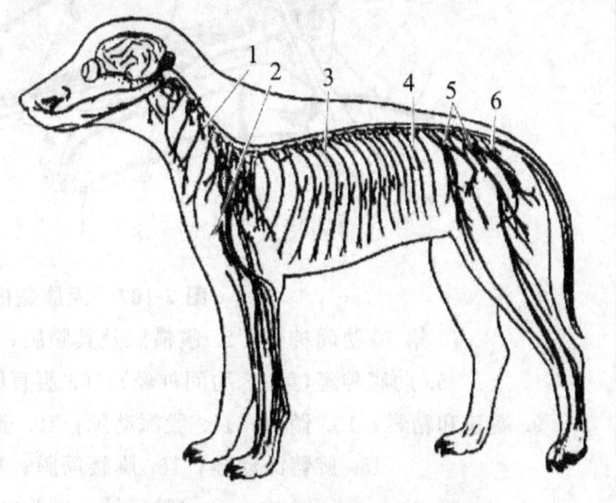

图 2-106　犬全身的脊神经模式图

1. 颈神经；2. 臂神经丛；3. 胸神经；
4. 腰神经；5. 腰荐神经丛；6. 荐神经
(韩行敏，宠物解剖生理，2012)

1. 颈神经

颈神经的背侧支分布于颈背外侧的肌肉和皮肤；腹侧支分布于颈腹外侧的肌肉和皮肤。颈神经主要分支有耳大神经、颈横神经和膈神经。

2. 胸神经

胸神经的腹侧支又称肋间神经，沿肋骨的后缘向下延伸与同名血管并行分布于肋间肌、腹壁肌和躯干皮肤，第10～12肋间神经，除分布到胸壁之外，也分布到软腹壁；最后(第13)肋间神经又称肋腹神经，经腰方肌背侧面向外侧延伸，在第1腰椎横突顶端的前下方分为深、浅两支：深支沿最后肋骨后缘在腹内斜肌与腹横肌之间下行，进入腹直肌，并分支到腹内斜肌和腹横肌；浅支穿过腹外斜肌，在躯干皮肌深面下行，分布于腹外斜肌、躯干皮肌及皮肤。

3. 腰神经、荐神经和尾神经

第1腰神经的腹侧支，又称第1髂腹后神经(髂腹下前神经)。第2腰神经的腹侧支，又称第2髂腹后神经(髂腹下后神经)。第3腰神经的腹侧支，又称髂腹股沟神经。上述三条神经和肋腹神经以及第10～12肋间神经共同分布于软腹壁。图2-107所示为犬腹壁的血管神经(右侧)示意图。

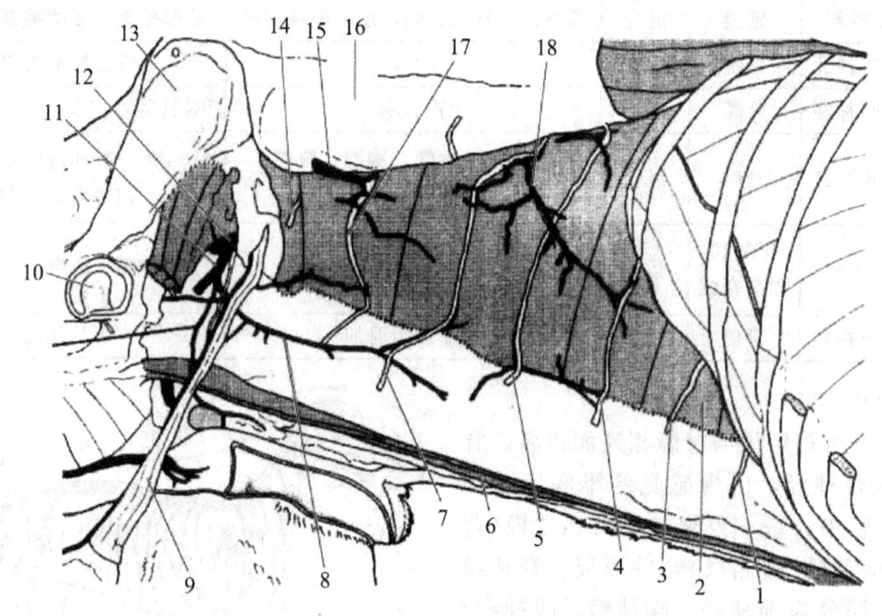

图2-107　犬腹壁的血管神经(右侧)

1. 第10肋间神经；2. 腹横肌及其腱膜；3. 第11肋间神经；4. 第12肋间神经；5. 肋腹神经(第13肋间神经)；6. 腹直肌；7. 髂腹下前神经；8. 腹壁后动脉；9. 鞘膜和精索；10. 髋臼；11. 股深动脉；12. 髂外动、静脉；13. 臀肌面；14. 髂腹股沟神经；15. 旋髂深动脉；16. 胸腰筋膜；17. 髂腹下后神经；18. 腹前动脉

(韩行敏，宠物解剖生理，2012)

4. 臂神经丛和腰荐神经丛

(1)臂神经丛

臂神经丛由第6～8颈神经和第1、2胸神经的腹侧支形成，在斜角肌上、下两部之间穿出，位于肩关节的内侧。臂神经丛发出8支神经，即肩胛上神经、肩胛下神经、腋神经、

肌皮神经、胸神经、桡神经、尺神经和正中神经，正中神经是前肢最长的神经。

(2)腰荐神经丛

第 3～7 腰神经腹侧支和第 1～3 荐神经的腹侧支共同形成腰荐神经丛。腰神经腹侧支主要分出髂腹下神经、髂腹股沟神经、生殖股神经、股外侧皮神经、股神经和闭孔神经等分支；荐神经的腹侧支主要形成臀前神经、臀后神经、阴部神经、直肠后神经和坐骨神经等分支。坐骨神经是全身最粗大的神经，由第 6、7 腰神经和第 1～3 对荐神经的腹侧支形成。

图 2-108 所示为犬后肢神经(内观)示意图。

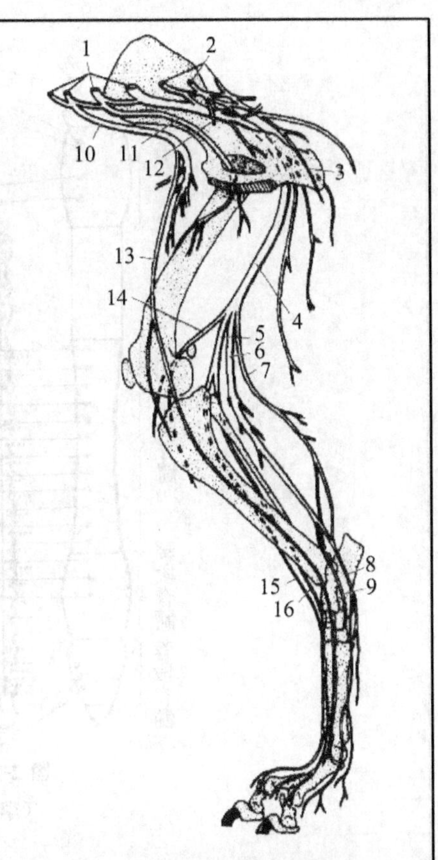

图 2-108　犬后肢神经(内观)

1. 第 4～7 腰神经；2. 第 1～3 荐神经；3. 阴部神经；4. 坐骨神经；5. 腓总神经；6. 胫神经；7. 小腿后皮神经；8. 跖内侧神经；9. 跖外侧神经；10. 股神经；11. 闭孔神经；12. 盆神经；13. 隐神经；14. 小腿外侧皮神经；15. 腓浅神经；16. 腓深神经

(韩行敏，宠物解剖生理，2012)

三、植物性神经

植物性神经是指调节平滑肌、心肌和腺体的神经。由于传入神经和脑、脊神经相同，所以一般所讲的植物性神经是指其传出神经而言。平滑肌多分布在内脏周围，所以植物性神经又称内脏神经或自主神经。

1. 植物性神经和躯体神经(脑神经和脊神经)的区别

分布不同：躯体神经分布在骨骼肌，可随意运动；而植物性神经分布于平滑肌、心肌和腺体等处，在一定程度上不受意识的直接控制，具有相对的自主性，所以又称自主神经。图 2-109 所示为植物性神经分布模式图。

结构不同：躯体神经从中枢出发直达所支配的骨骼肌；而植物性神经从中枢出发，需更换一个神经元，才能到达所支配的效应器，第一个神经元(节前神经元)在中枢内，发出的纤维叫节前纤维，第二个神经元(节后神经元)在神经节中，发出的纤维叫节后纤维。

2. 植物性神经分类

根据中枢位置和功能不同，植物性神经可分为交感神经和副交感神经。

图 2-110 所示为交感神经和副交感神经的发出与分布图。

(1)交感神经

中枢位于脊髓胸腰段灰质侧角中，外周部分包括交感神经干、神经节(脊椎两侧椎神经节链和椎下神经节)和神经丛等。节后纤维主要分布在内脏器官、血管、汗腺及竖毛肌等处。

①交感干，分为颈部交感干、胸部交感干、腰部交感干及荐部交感干等。颈部交感干常与迷走神经合并成迷交干。

②交感神经节，主要由颈前神经节、星状神经节、腹腔肠系膜神经节、肠系膜后神经节构成。

颈前神经节：呈纺锤形，位于寰枕关节下方。它发出的节后纤维随颈部动脉分布于头部血管、唾液腺、泪腺和瞳孔开大肌。

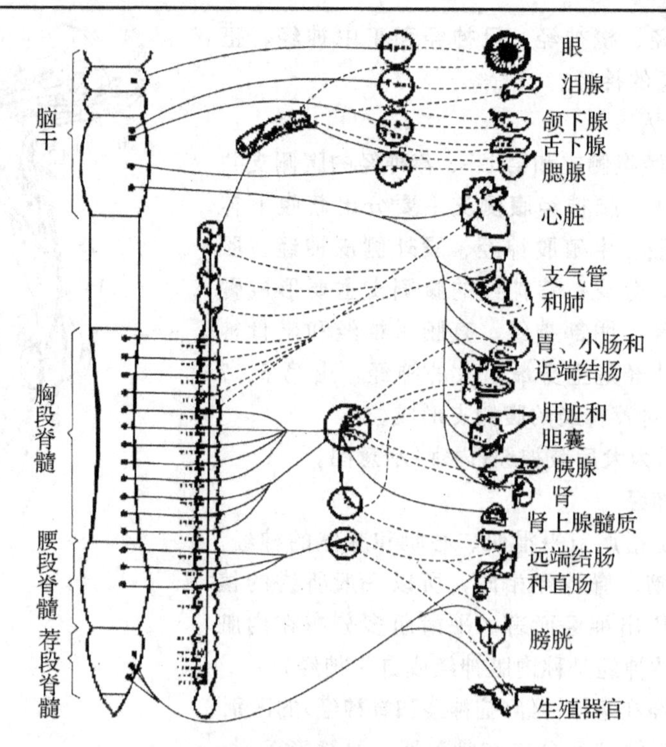

图 2-109 植物性神经分布模式图

(李静，宠物解剖生理，2007)

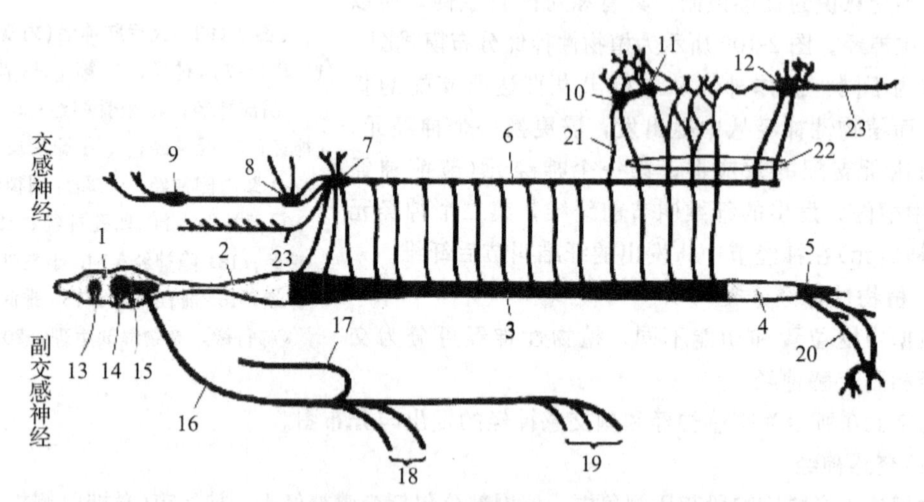

图 2-110 交感神经和副交感神经的发出与分布图

1. 脑干；2. 颈部脊髓；3. 胸腰部脊髓；4. 荐部脊髓；5. 尾部脊髓；6. 交感神经链；7. 颈胸神经节；8. 颈中神经节；9. 颈前神经节；10. 腹腔神经节；11. 肠系膜前神经节；12. 肠系膜后神经节；13. 动眼神经；14. 面神经；15. 舌咽神经；16. 迷走神经；17. 喉返神经；18. 心肺神经丛；19. 腹腔肠系膜神经丛；20. 盆神经；21. 内脏大神经；22. 腰内脏神经；23. 腹下神经

(韩行敏，宠物解剖生理，2012)

星状(颈胸)神经节：形态不规则，位于第一肋骨上端的内侧。其节后纤维分布于胸腔器官，如心、肺、气管、主动脉和食管。

腹腔肠系膜前神经节：位于腹腔动脉和肠系膜前动脉起始部周围。由于该神经节发出的节后纤维与迷走神经一起形成许多神经丛，随腹腔动脉和肠系膜前动脉而分布于腹腔器官，如胃、肝、脾、胰、小肠、结肠、肾和肾上腺等。

肠系膜后神经节：位于肠系膜后动脉起始部，其节后纤维分布于结肠后部及生殖器官等处。

(2)副交感神经

中枢位于脑干和荐部脊髓。节后神经元位于器官内或器官附近。由脑干发出的副交感神经与某些脑神经一起行走，分布到头、颈和胸腹腔器官。其中，迷走神经是体内分布最广、行程最长的混合神经。它由延髓发出，出颅腔后行，在颈部与交感神经干形成迷走交感干，经胸腔至腹腔，伴随动脉分布于胸腹腔器官上。其节后纤维主要分布于咽、喉、气管、食管、胃、脾、肝、胰、小肠、盲肠及大结肠。

从荐部发出的副交感神经，形成2～3支盆神经，与腹后神经一起形成盆神经丛，分布于小结肠、直肠、膀胱和生殖器官上。

(3)交感神经和副交感神经的区别

两者都是内脏运动神经，并且多数是共同支配一个器官。两者在起始部位、形态结构、分布范围和生理机能等方面各有特点，主要区别如下。

①中枢部位不同。交感神经的中枢位于脊髓胸腰段灰质侧角中；副交感神经的中枢位于脑干和荐部脊髓。

②周围神经节的部位不同。交感神经的周围神经节位于脊柱两旁的椎旁神经节和椎下神经节；副交感神经的周围神经节位于所支配的器官内或器官附近。

③节前纤维和节后纤维的比例不同。一个交感神经的轴突可与许多节后神经元形成突触；而一个副交感神经的轴突则与较少的节后神经元形成突触。

④分布范围不同。交感神经的分布范围较广，除分布胸腹腔器官外，还遍及头颈器官以及全身的血管和皮肤；副交感神经的分布范围不如交感神经广泛，汗腺、竖毛肌、肾上腺皮质以及大部分的血管均无副交感神经支配。

⑤作用不同。交感神经和副交感神经的作用是拮抗的，但又协调统一，从而使各器官的功能活动维持动态的平衡。

神经生理

一、神经纤维生理

神经纤维是由神经元的长突起和包在其表面的神经胶质细胞构成，其主要功能是传导兴奋，也就是传导冲动。

(一)神经纤维兴奋的产生

1. 静息电位

细胞、组织兴奋时，不论其外部表现如何不同，它们都有电位的改变，统称为生物电。实验证明，神经纤维和其他细胞一样，在静息状态下，细胞膜表面各点之间电位相等，而膜内外有明显的电位差，即内负、外正的电位。这种细胞膜内外的电位差，称静息电位(或膜电位)。细胞膜保持外正、内负的极化状态，叫做极化。极化状态是神经纤维实现其特殊传导功能的先决条件，也是它对刺激产生兴奋或抑制的物质基础。各种因素凡能消除或降低这种极化状态时，就将产生兴奋；反之，就会产生抑制。

如细胞内 K^+ 浓度高，为膜外的 20～40 倍，而在静息状态下，膜对 K^+ 的通透性高。因此，膜内 K^+ 在浓度差的推动下外流，而有机负离子(主要带负电荷的大分子蛋白质)不能通过膜而留在膜内，这样就形成膜内为负、膜外为正的电位。所以，静息电位主要是 K^+ 外流引起的平衡电位。

2. 动作电位

神经或肌肉细胞在兴奋时，所产生的可传播的电位变化，称为动作电位。当神经纤维受到刺激而兴奋时，引起细胞膜的通透性发生改变，此时细胞膜对 Na^+ 的通透性突然瞬间增强，而膜外的 Na^+ 浓度约为膜内的 20 倍，因此 Na^+ 就依靠其浓度差和外正内负的电位差推动，迅速向膜内扩散。在流入过程中，先使膜内外原有的电位差迅速缩小，直至消除静息时膜两侧的极化状态，此过程叫去极化；随着更多的 Na^+ 继续内流，去极化进一步发展，从而使膜内带正电、膜外带负电，这个过程叫反极化；最后细胞膜恢复原来的通透性，即 K^+ 通透性增大，K^+ 不断外流，又恢复为膜外为正、膜内为负的静息状态，这个过程叫复极化。所以，动作电位主要是 Na^+ 内流引起的电位变化。

在生理学上常把动作电位看作细胞兴奋的标志。因而兴奋也成了动作电位的同义词。所以，兴奋性就可理解为在接受刺激时，产生动作电位的能力。

3. 兴奋的传导

神经纤维局部受到刺激而产生的兴奋(动作电位)，可沿着神经纤维传播的特性，称为神经纤维的传导性。

4. 神经纤维兴奋传导的速度

神经纤维兴奋传导的速度主要受到两方面影响：一是有无髓鞘，有髓鞘者传导快，无髓鞘者传导慢；二是神经纤维的粗细，直径大者传导快，直径小者传导慢。植物性神经的节前纤维为细的有髓神经纤维，节后纤维为细的无髓神经纤维，而支配骨骼肌的躯体运动神经纤维一般是粗的有髓神经纤维。此外，温度对神经纤维兴奋传导速度也有影响，在一定范围内温度升高传导速度加快，温度降低则传导速度减慢，甚至出现传导阻滞。

局部电流(学说)：一般是指无髓神经纤维某一点受到刺激而产生兴奋，即产生了动作电位，这个动作电位就会沿着无髓神经纤维一点一点地连续向两端传导，这就是兴奋在无髓神经纤维上的传导过程。

跳跃式传导：有髓神经纤维的动作电位是沿着神经纤维从一个朗飞氏节跳到另一个邻的近朗飞氏节，其传导兴奋的速度显然比无髓神经纤维或一般细胞的传导速度要快得多。

(二)神经纤维传导兴奋的特征

1. 神经纤维的完整性

神经纤维传导冲动时，首先要求神经纤维在结构和生理功能上完整。如果神经纤维被切断，冲动就不能通过切口向下传导；如果神经纤维受到物理、化学刺激(如受压、局部低温或麻醉药等)作用，冲动传导也会发生降低或阻滞。

2. 神经纤维的绝缘性

一条神经干内含有许多条神经纤维，但是任何一条纤维的冲动，只能沿本身纤维传导，以保证传导信息的准确性，使动物产生有效的反射活动。

3. 神经纤维传导的双向性

刺激神经纤维的任何一点，所产生的冲动可沿纤维向两端同时传导，这叫传导的双向性。

4. 相对不疲劳性

实验表明，用50～100次/s的感应电流连续刺激蛙的神经9～12h，神经纤维始终保持其传导能力，这说明神经纤维具有相对的不疲劳性。

5. 神经纤维传导冲动的不衰减性

神经纤维在传导神经冲动时，不论传导距离多远，其冲动的大小、数目和速度，自始至终保持不变，保证机体调节机能的及时、迅速和准确。

二、突触传递的过程

(一)突触

突触是指神经元之间或神经元与效应器细胞之间的功能性接触点，主要完成细胞间信息传递的功能。突触结构(如图2-111)包括突触前膜(内含小泡，可释放化学递质)、突触间隙和突触后膜(膜上有接受递质的受体)。

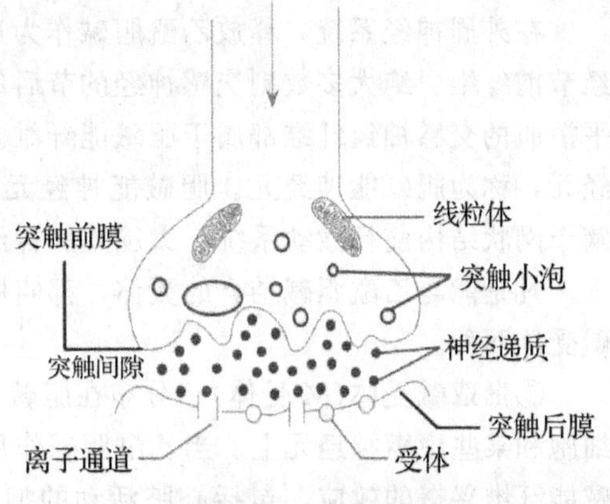

图2-111　突触结构

(二)突触传递的过程

突触传递的过程主要包括兴奋性突触传递过程和抑制性突触传递过程。

1. 兴奋性突触传递过程

当动作电位传至轴突末梢时，突触前膜兴奋，并释放兴奋性化学递质。递质经突触间隙扩散到突触后膜，与后膜的受体结合，使后膜对Na^+、K^+，尤其是对Na^+的通透性升高，Na^+内流，使后膜出现局部去极化。这种局部电位变化，叫做兴奋性突触后电位。单个兴奋性突触产生的一次兴奋性突触后电位，所引起的去极化程度很小，不足以引发突触后神经元的动作电位。只有同一突触前末梢连续传来多个动作电位，或多个突触前末梢同时传来一排动作电位时，突触后神经元将许多兴奋性突触后电位累加起来(总和)，使电位幅度加大。当达到阈电位时，便引起突触后神经元的轴突始段首先爆发动作电位，然后产生扩散性的动作电位，并沿轴突传导，传至整个突触后神经元，表现为突触后神经元的兴奋，此过程称兴奋性突触传递。

2. 抑制性突触传递过程

当抑制性中间神经元兴奋时，其末梢释放抑制性化学递质。递质扩散到后膜，与后膜上的受体结合，使后膜对K^+、Cl^-，尤其是对Cl^-的通透性升高，K^+外流和Cl^-内流，使后膜两侧的极化加深，即超极化。此超极化电位叫做抑制性突触后电位，这个过程称抑制性突触传递。

突触的传递可概括如下。

突触前神经元末梢兴奋→释放兴奋性递质→兴奋性突触后电位(突触后膜去极化)→突触后神经元兴奋；

突触前神经元末梢兴奋→释放抑制性递质→抑制性突触后电位(突触后膜超极化)→突触后神经元抑制。

（三）突触传递的神经递质、受体及递质的灭活

神经递质和受体是化学性突触传递最重要的物质基础。

神经递质是突触前神经元合成、贮存并在末梢释放，经突触间隙扩散，特异性地作用于突触后神经元或效应器上的受体，导致信息从突触前膜传递到突触后膜的一些化学物质。神经递质根据其产生部位可分为中枢递质和外周递质。外周递质包括乙酰胆碱、去甲肾上腺素和嘌呤类或肽类，中枢递质主要有乙酰胆碱、单胺类、氨基酸类和肽类。

受体是指存在于细胞膜、细胞质或细胞核内，能与某些化学物质（如递质、激素等）发生特异性结合，并诱发生物学效应的特殊生物分子。

1. 神经递质与受体

（1）乙酰胆碱（ACH）及其受体

在外周神经系统，释放乙酰胆碱作为递质的神经纤维称胆碱能神经纤维。所有植物神经节前纤维、绝大多数副交感神经的节后纤维、全部躯体运动神经以及支配汗腺和舒血管平滑肌的交感神经纤维都属于胆碱能纤维。在中枢神经系统中，以乙酰胆碱作为递质的神经元，称为胆碱能神经元。胆碱能神经元在中枢的分布极为广泛。脊髓腹角运动神经元、脑干网状结构前行激动系统、大脑基底神经核等部位的神经元皆属于胆碱能神经元。

凡是能与乙酰胆碱结合的受体，都叫胆碱能受体。胆碱能受体可分为毒蕈碱受体和烟碱受体两种。

①毒蕈碱受体（M 受体），分布在胆碱能节后纤维所支配的心脏、肠道、汗腺等效应器细胞和某些中枢神经元上。当乙酰胆碱作用于这些受体时，可产生一系列植物神经节后胆碱能纤维兴奋的效应，包括心脏活动的抑制、支气管平滑肌的收缩、胃肠平滑肌的收缩、膀胱逼尿肌的收缩、虹膜环形肌的收缩、消化腺分泌的增加以及汗腺分泌的增加和骨骼肌血管的舒张等。这些作用称为毒蕈碱样作用（M 样作用）。

②烟碱受体（N 受体），这些受体存在于中枢神经系统内和所有植物性神经节后神经元的突触后膜和神经一肌肉接头的终板膜上。发生的效应是导致节后神经元和骨骼肌的兴奋，这些作用称为烟碱样作用（N 样作用）。

（2）儿茶酚胺及其受体

儿茶酚胺类递质包括肾上腺素、去甲肾上腺素和多巴胺。在外周神经系统，大多数交感神经节后纤维释放的递质是去甲肾上腺素，这类神经纤维称为肾上腺素能纤维。最近研究表明，在植物性神经系统中，还有少量的神经末梢释放多巴胺。在中枢神经系统中，以肾上腺素为递质的神经元，称为肾上腺素能神经元，其胞体主要分布在延髓。以去甲肾上腺素为递质的神经元，称为去甲肾上腺素能神经元，其胞体主要分布在延髓和脑桥。

凡是能与去甲肾上腺素或肾上腺素结合的受体均称为肾上腺素能受体，可分为 α 受体与 β 受体。肾上腺素、去甲肾上腺素与 α 受体结合引起效应器兴奋，但也有抑制的情况，如小肠平滑肌；与 β 受体结合则引起效应器抑制，但对心脏的作用是兴奋。部分肾上腺素能受体的分布与效应见表 2-4。

表 2-4 部分肾上腺素能受体的分布与效应

效应器	受体	效应
瞳孔放大肌	α	收缩

续表

效应器	受体	效应
睫状肌	β	舒张
心肌	β	心率加快、传导加速、收缩加强
冠状动脉	α、β	收缩、舒张(在体内主要为舒张)
骨骼肌血管	α、β	收缩、舒张(舒张为主)
皮肤血管	α	收缩
脑血管	α	收缩
肺血管	α	收缩
腹腔内脏血管	α、β	收缩、舒张(除肝血管外，收缩为主)
支气管平滑肌	β	舒张
胃平滑肌	β	舒张
小肠平滑肌	α、β	舒张
胃肠括约肌	α	收缩

2. 递质的灭活

在正常情况下，从神经末稍释放的递质一方面作用于受体，另一方面又被各自相应的酶所破坏或移除。如乙酰胆碱在几毫秒内，即被组织中的胆碱酯酶所破坏，作用时间十分短促；去甲肾上腺素大部分被重新吸收回轴浆中，小部分被组织中的儿茶酚胺氧位甲基移位酶破坏，其重新被吸收和破坏的速度比较缓慢，所以交感神经发挥效应的时间较长。若递质不能及时消除，则会出现病症。如动物有机磷农药中毒时，因为有机磷与胆碱酯酶发生结合，使其失去活性，致使乙酰胆碱不能被水解，在体内大量积蓄，出现支气管痉挛、呼吸困难、瞳孔缩小、流涎、出汗、大小便失禁等一系列副交感神经极度兴奋的现象。出现这种情况，可用阿托品和解磷定类药物进行急救。

(四)突触传递的特征

突触传递神经冲动明显不同于神经纤维上的冲动传导。这是由突触本身的结构和化学递质的参与等因素决定。

1. 单向性

兴奋在通过突触传递时，只能从突触前神经元传递给突触后神经元，因为只有突触前膜能释放递质，这些递质也只能和后膜上的相应受体结合，因此兴奋不能逆向传递。

2. 突触延搁

兴奋通过突触时所发生的传导速度有明显放慢的现象，称为突触延搁。这是因为突触传递过程比较复杂，包括突触前膜释放递质、递质与受体结合以及一系列的电位变化等，需要较长的时间。据测定，冲动通过一个突触需要 0.3～0.5s。在反射活动中，当兴奋通过中枢的突触数越多，延搁耗费的时间就越长。

3. 总和

在突触传递过程中，突触前末梢的一次冲动引起释放的递质不多，引起突触后膜的局部去极化很小，产生的兴奋性突触后电位，不足以引发后一个神经元产生动作电位。只有多个兴奋性突触后电位总和，才能使膜电位变化达到阈电位水平，从而爆发动作电位。兴奋的总和包括时间总和和空间总和。如果同一突触前末梢连续传来多个冲动，或多个突触前末梢同时传来一排冲动，则突触后神经元可将所产生的突触后电位总和起来，前者称为时间总和，后者称为空间总和。如果总和未达到阈电位，此时的神经元与静息状态相比，兴奋性有所提高。

4. 敏感性

突触部位易受内环境变化的影响，如缺氧、酸碱度、某些药物等均可作用于突触传递的某些环节，改变突触传递的能力。如急性缺氧会造成递质合成减少。突触对内环境的酸碱度改变也极为敏感，当动脉血的 pH 从正常值 7.4 上升到 7.8 时，可提高后膜对递质的敏感性，使之易于兴奋，从而诱发惊厥，出现碱中毒；当动脉血的 pH 下降到 7.0 或 6.95 时，可降低后膜对递质的敏感性而难以兴奋，从而导致昏迷，出现酸中毒。突触对某些药物亦很敏感。临床上常用的兴奋或麻醉药，多数是通过改变突触后膜对兴奋性或抑制性递质的敏感性而发挥作用。如士的宁可降低后膜对抑制性递质的敏感性，特别是对脊髓内的突触作用最为明显，故常用作脊髓兴奋剂；巴比妥类可降低后膜对兴奋性递质的敏感性或提高其对抑制性递质的敏感性，特别是对脑干网状结构内的突触作用最为明显，故常用作镇静剂或麻醉剂。

5. 易疲劳性

在反射弧中，突触是最容易出现疲劳的部位。因为在经历了长时间的突触传递后，突触小泡内的递质将大大减少，从而影响突触传递而发生疲劳。

三、中枢神经系统的感觉机能

丘脑是重要的感觉总转换站，各种感觉通路(嗅觉除外)都要汇集在此处更换神经元，然后向大脑皮层投射，同时丘脑也能对感觉进行粗糙的分析和综合。

根据丘脑各核团向大脑皮层投射特征不同，丘脑的感觉投射系统主要包括特异性传入系统和非特异性传入系统。图 2-112 所示为特异和非特异投射系统模式图。

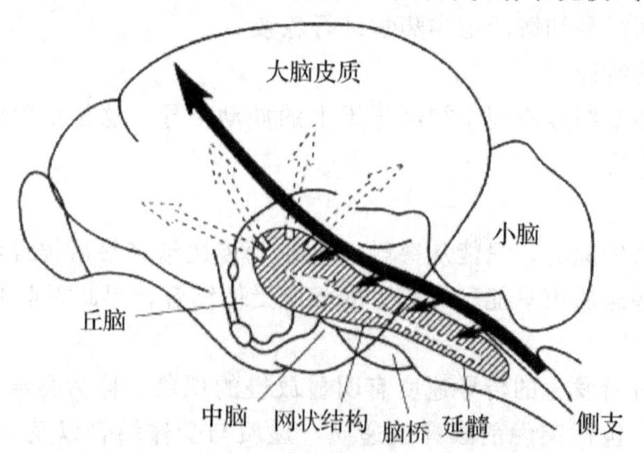

图 2-112 特异和非特异投射系统模式图

(注：实线箭头表示特异投射系统，虚线箭头表示非特异投射系统)

(一)特异性传入系统

从机体各种感受器传入的神经冲动，进入中枢神经后(除嗅觉)，均沿专一特定的传入通路到达丘脑，并在丘脑内更换神经元，再由丘脑发出上行纤维(投射纤维)到达大脑皮质的特定区域，引起特异性的感觉，这叫特异性传入系统。特异性传入系统具有程度很高的点对点的投射关系，其功能是传递精确的信息到大脑皮层引起特定的感觉，并激发大脑皮层产生并发出神经冲动。

(二)非特异性传入系统

特异性传入系统的纤维在途经脑干时，发出侧支与脑干网状结构内的神经元发生突触联系，然后抵达丘脑，再由丘脑发出纤维投射到大脑皮质的广泛区域，从而失去了感觉的特异性，这叫非特异传入系统。其生理作用是激动整个大脑皮质，维持和提高其兴奋性，使大脑处于醒觉状态。

特异性传入系统与非特异性传入系统两者互相影响，互相配合，使大脑既能处于觉醒状态，又能产生特定感觉。

(三)中枢神经内脏感觉的特点

中枢神经对内脏的感觉比较模糊、弥散，定位不精确。对内脏疼痛感觉的特点是牵涉痛。就是当某内脏患病时，往往会引起体壁一定部位产生疼痛感觉，而感觉到疼痛的体壁实际上并未发生病变，这种痛觉称牵涉痛。

四、中枢神经系统的运动机能

大脑皮层是中枢神经系统控制和调节骨骼肌活动的最高级中枢，它是通过锥体系统和锥体外系统来实现的。实验证明，皮质运动区支配对侧骨骼肌，呈现左右交叉的关系，即左侧运动区支配右侧躯体的骨骼肌，右侧运动区支配左侧躯体的骨骼肌。

(一)锥体系统

皮质运动区内存在许多大锥体细胞，这些细胞发出粗大的下行纤维组成锥体系统。其纤维一部分经脑干交叉到对侧，与脊髓的运动神经元相连，调节各小组骨骼肌参与精细动作和随意运动。如锥体系统受损坏，随意运动即消失。

(二)锥体外系统

除了大脑皮层运动区外，其他皮层运动区也能引起对侧或同侧躯体某部分的肌肉收缩，这些部分和皮质下神经结构发出的下行纤维，大部分组成锥体外系统。该系统主要是调节肌紧张，使躯体各部分协调一致。如动物前进时，四肢运动能协调配合。

正常生理状态下，皮质发出的冲动通过两个系统分别下传，使躯体运动既协调又准确。动物的锥体系统不如锥体外系统发达。若锥体外系统受损伤，机体虽能产生运动，但动作不协调。

五、中枢神经系统对内脏的调节

调节内脏活动的神经称为植物性神经。植物性神经包括传入神经和传出神经，但其传入神经常与躯体神经并行，习惯上植物性神经主要指支配内脏器官和血管的传出神经。根据其从中枢神经的发出部位和功能特征，分为交感神经和副交感神经。这两种神经对同一内脏器官的调节作用既是相反，又互相协调统一。

表 2-5 所列为植物性神经的主要机能。

表 2-5 植物性神经的主要机能

器官	交感神经	副交感神经
心血管	心搏加快、加强，腹腔脏器血管、皮肤血管、唾液腺与生殖器官血管收缩，肌肉血管收缩或舒张(胆碱能)	心搏减慢，收缩减弱，分布于脑软膜与外生殖器官的血管舒张
呼吸器官	支气管平滑肌舒张	支气管平滑肌收缩，黏液分泌
消化器官	分泌黏稠的唾液，抑制胃肠运动，促进括约肌收缩，抑制胆囊活动	分泌稀薄的唾液，促进胃液、胰液分泌，促进胃肠运动，括约肌舒张，胆囊收缩
泌尿生殖器官	逼尿肌舒张，括约肌收缩，子宫(怀孕)收缩和子宫(未怀孕)舒张	逼尿肌收缩，括约肌舒张
眼	瞳孔放大，睫状肌松弛，上眼睑平滑肌收缩	瞳孔缩小，睫状肌收缩，促进泪腺的分泌
皮肤	竖毛肌收缩，汗腺分泌	
代谢	促进糖的分解，促进肾上腺髓质的分泌	促进胰岛素的分泌

(一)交感神经的机能

交感神经的作用是促使机体适应环境的急骤变化(如剧烈运动、窒息和大失血等)。交感神经兴奋，心脏活动加强加快，心率加快，皮肤与腹腔内脏血管收缩，血压上升，血流加快，促进大量的血液流向脑、心及骨骼肌；肺活动加强、支气管扩张和肺通气量增大；肾上腺素分泌增加；消化及泌尿系统活动受到抑制。在应激状态下(即环境急骤变化的条件下)，交感神经可动员体内许多器官的潜在力量来应付环境的急变。

(二)副交感神经机能

副交感神经机能活动比较局限，主要作用是促进机体休整，促进消化、贮存能量以及加强排泄，提高生殖系统功能。这些活动有利于营养物质的同化，增加能量物质在体内的积累，提高机体的储备力量。

六、皮层下各级中枢的机能

(一)脊髓的机能

传导机能：主要有传导感觉和运动冲动的机能。

反射机能：能完成骨骼肌、内脏的简单反射活动，如屈肌反射、牵张反射、排粪反射、排尿反射等。

(二)脑干的机能

延髓：传导机能和反射机能(包括呼吸中枢、心血管运动中枢、吞咽中枢、消化腺分泌反射中枢，有“生命中枢”之称)。

脑桥：传导机能和反射机能(包括角膜反射、呼吸调整中枢等)。

中脑：传导机能和反射机能(包括协调机体运动、视觉和听觉的低级中枢)，如姿势反射(翻正反射)、朝向反射(探究反射)等。

脑干网状结构的机能：有调节内脏活动的中枢，如心血管中枢、呼吸运动中枢；具有维持大脑皮层兴奋水平，使大脑皮层保持醒觉状态；调节肌紧张，含有调节肌紧张的易化区及抑制区，具有调节运动平衡的作用。

间脑：丘脑有感觉冲动的第三级神经元(除嗅觉外)，对传入的冲动有粗略的分析和综合，即有一定的感觉机能，并上传到大脑相应区域。下丘脑有调节植物性神经、水的代谢、体温、摄食行为等功能；在性行为、生殖过程及情绪反应等方面起很重要的作用；分泌各种释放因子和激素，从而间接影响内脏活动，是调节内脏活动的较高级中枢。

(三)小脑的机能

小脑是躯体运动调节的重要中枢，调节全身肌紧张，维持躯体平衡(如小脑损伤时出现的共济失调)，使各种随意运动准确和协调。

七、大脑皮层的机能

(一)大脑皮层的主要机能分区

顶叶为感觉区、枕叶为视觉区、颞叶为听觉区、额叶为运动区、边缘叶为内脏感觉和运动协调区。

(二)条件反射

条件反射是大脑皮层特有的机能。反射是中枢神经系统的基本活动形式，又分为条件反射和非条件反射。

1. 非条件反射与条件反射的区别

非条件反射：是先天遗传的，同种动物共有；有固定的反射弧，恒定，不受客观环境影响；大脑皮层以下各级中枢就能完成；非条件刺激引起，数量有限，适应性差。如动物生下来就会吸吮乳汁；食物接触动物口腔，就会引起唾液分泌等。这些反射只能保证动物的基本生存和简单的适应，是神经系统反射活动的低级形式。

条件反射：是后天获得的，在一定条件下形成，有个体差异；无固定反射弧，易变，不强化就消退；必须通过大脑皮层才能完成；条件刺激引起，数量无限，适应性强。条件反射是神经系统反射活动的高级形式。

2. 条件反射的形成

条件反射是一个复杂的过程，动物采食时，食物入口引起唾液分泌，这是非条件反射，如食物在入口之前，给予哨声刺激，最初哨声和食物没有联系，只是作为一个无关刺激而出现，哨声并不引起唾液分泌，但如果哨声与食物总是同时出现，经过多次结合后，只给哨声刺激也可引起唾液分泌，这便形成了条件反射。这时的哨声就不再是与吃食物无关的刺激了，而是成为食物到来的信号，所以把已形成的条件反射的条件刺激，又称为信号。可见，形成条件反射的基本条件，就是条件刺激与非条件刺激在时间上的结合，这结合过程称为强化。任何条件刺激与非条件刺激结合应用，都可形成条件反射。条件刺激出现于非条件刺激之前或同时，条件反射就易形成，反之就很难形成。

3. 影响条件反射形成的因素

(1)刺激方面

条件刺激必须与非条件刺激多次结合；条件刺激必须在非条件刺激之前或同时出现；刺激强度要适宜，已建立起来的条件反射，必须要经常用非条件刺激来强化和巩固，否则条件反射会逐渐消失。

(2)机体方面

要求动物必须是健康的，大脑皮层必须处于清醒状态，昏睡或病态动物是不易形成条件反射。此外，还应避免其他刺激对动物的干扰。

4. 条件反射的生物学意义

动物在后天生活过程中，建立了大量的条件反射，可扩大机体的反射活动范围，增强机体活动的预见性和灵活性，从而提高机体对环境的适应能力。

条件反射有一定可塑性，既可强化，又可消失。在畜牧生产中可以利用这种可塑性，使动物按人们的意志建立大量条件反射，便于科学饲养管理和合理使用，以提高动物的生产性能。

感觉器官

外感受器能接受外界环境的各种刺激，如皮肤、舌、鼻、眼和耳等；内感受器分布于内脏以及心、血管等处，能感受体内各种理化刺激；本体感受器分布于肌、腱、关节和内耳，能感受运动器官所处状况和身体位置的刺激。下面介绍一下外感受器——眼和耳。

一、眼

眼是视觉器官，由眼球及其辅助结构构成。

(一)眼球

眼球位于眼眶内，后端有视神经与脑相连，眼球由眼球壁、折光装置构成(如图 2-113)。

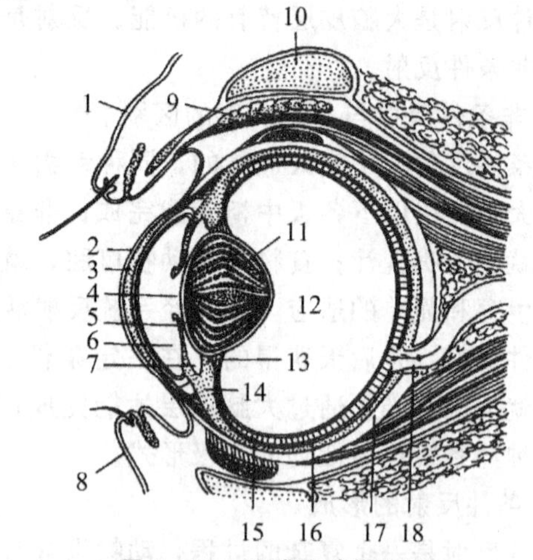

图 2-113 眼球构造模式图

1. 上眼睑；2. 球结膜；3. 角膜；4. 瞳孔；5. 虹膜；6. 眼前房；7. 眼后房；8. 下眼睑；9. 泪腺；10. 眶上突；11. 晶状体；12. 玻璃体；13. 睫状小带；14. 睫状体；15. 视网膜；16. 脉络膜；17. 巩膜；18. 视神经

(山东省畜牧兽医学校，动物解剖生理，第三版，2000)

1. 眼球壁

眼球壁分为纤维膜、血管膜和视网膜三层。

(1)纤维膜

纤维膜厚而坚韧，形成眼球的外壳，有保护内部组织和维持眼球形状的作用。前部 1/5 为透明的角膜，后部 4/5 为白色不透明的巩膜。

①角膜：无色透明，具有折光作用，没有血管和淋巴管，但分布着丰富的感觉神经末梢，所以反应灵敏。

②巩膜：由白色不透明、互相交织的胶原纤维及少量的弹性纤维构成，具有保护作用。角膜与巩膜相连处，称角巩膜缘，其深面有静脉窦，是眼房水流出的通道。由于巩膜上有与胆红素亲和力强的弱性蛋白，因此黄疸一般首先在巩膜上表现。

(2)血管膜

血管膜位于中层，富含血管，为眼内组织提供营养，并且内含色素细胞，形成暗环境，利于视网膜对光的感应。血管膜由前向后依次为虹膜、睫状体、脉络膜。

①虹膜：在晶状体之前，呈圆盘状，可从眼球前部看到。虹膜中部有一瞳孔。瞳孔周围有瞳孔括约肌和瞳孔扩大肌。前者受副交感神经支配，在强光下可使瞳孔缩小，以减少进入眼内的光线；后者受交感神经支配，在弱光下使瞳孔扩大，以增加进入眼内的光线。

②睫状体：为血管膜中部增厚的部分，位于巩膜与角膜连接处的内面。在睫状体外面有平滑肌构成的睫状肌，受副交感神经支配，其作用能产生房水和调节视力。

③脉络膜：约在血管膜的后 2/3 部分，呈暗褐色，衬于巩膜的内面，富含血管和色素。视神经乳头上方有一半月形区域，为照膜。照膜的作用是将外来光线反射到视网膜，反光很强，加强对视网膜的刺激作用，利于动物在暗光下对光的感应。

(3)视网膜

视网膜又称神经膜，是眼球壁的最内层，有感光作用，活体为淡红色，死后呈灰白色。在视网膜中央区，有一视神经乳头，是视神经穿过眼球的地方，无感光作用，称为盲点，视网膜动脉由此分支分布于视网膜上。视网膜衬于脉络膜内面的部分，为感光部分。感光细胞包括视杆细胞和视锥细胞。视锥细胞感光敏锐，能分辨颜色，在视网膜中央区最多，由此向四周逐渐减少。视杆细胞内含有视紫红质，能感受弱光，比视锥细胞多若干倍，在视网膜中央区很少或者不存在，由此向外周逐渐增多。

2. 眼球的折光系统

角膜、眼房水、晶状体和玻璃体组成眼的折光系统。角膜前面已经介绍过。

(1)眼房水

眼房位于角膜和晶状体之间，被虹膜分为前房和后房。眼房水为睫状体产生的无色透明的液体，充满眼房。它除了供给角膜和晶状体营养外，还可维持眼内压。若眼房水排出受阻，可引起眼内压增高而影响视力，临床上称为青光眼。

(2)晶状体

晶状体为双凸透镜，透明而富有弹性，位于虹膜和玻璃体之间。晶状体借晶状体悬韧带连接于睫状体。睫状肌的收缩与松弛，可改变晶状体的曲度，以调节焦距，使物体的投影能聚集在视网膜上。晶状体若因疾病或创伤而变得不透明，临床上称为白内障。

(3)玻璃体

玻璃体是无色透明的胶状物质，充满于晶状体与视网膜之间。玻璃体除有折光作用外，还有支撑视网膜的作用。

(二)眼的辅助器官

1. 眼睑

眼睑是覆盖在眼球前方的皮肤褶，具有保护眼球的作用，分为上、下眼睑。眼睑游离缘上有睫毛。

2. 结膜

结膜位于眼球与眼睑之间一层薄膜，分为睑结膜(位于眼睑内面)、球结膜(位于巩膜前部由睑结膜折转而来)，二者之间形成结膜囊。位于眼内角的结膜褶，叫第三眼睑(也叫瞬膜)，呈半月形，常有色素，内有一片软骨。正常结膜呈淡红色，在发绀、黄疸或贫血时，易显示不同颜色，常作为临床诊断疾病的依据。

3. 泪器

泪器分泪腺、泪道两部分。泪腺略呈卵圆形，位于眼球的背侧，有十余条泪道开口于结膜囊，分泌的泪液有湿润、清洁结膜等作用。多余的泪液经骨质的鼻泪孔流至鼻腔，开口于鼻腔前庭，随呼吸而蒸发。

4. 眼球肌

眼球肌是附着在眼球外面的一些小块随意肌，共有 7 块，即上、下、内、外四条直肌和上、下两条斜肌以及一条眼球退缩肌，这些眼肌使眼球多方向转动。眼肌具有丰富的血管、神经，使眼睛运动灵活，不易疲劳。图 2-114 所示为犬眼的肌肉模式图。

5. 眶骨膜

眶骨膜是一圆锥形纤维鞘，包围眼球、眼肌、眼血管、神经及泪腺等。

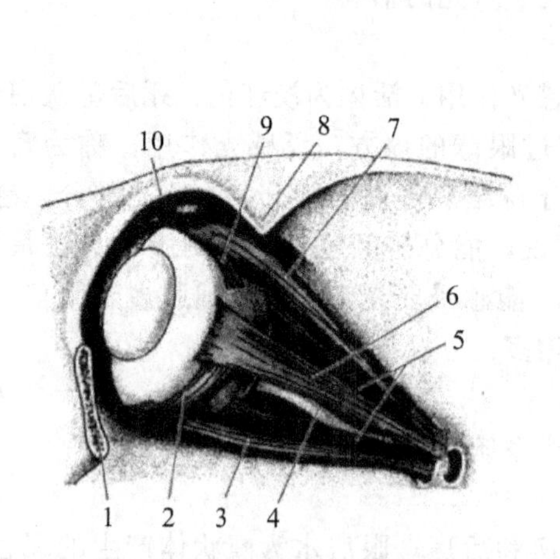

图 2-114 犬眼的肌肉模式图

1. 颧弓的断端；2. 下斜肌；
3. 下直肌；4. 视神经；
5. 球缩肌；6. 外直肌；
7. 上直肌；8. 眶突；
9. 上斜肌；10. 上斜肌腱与滑车
（韩行敏，宠物解剖生理，2012）

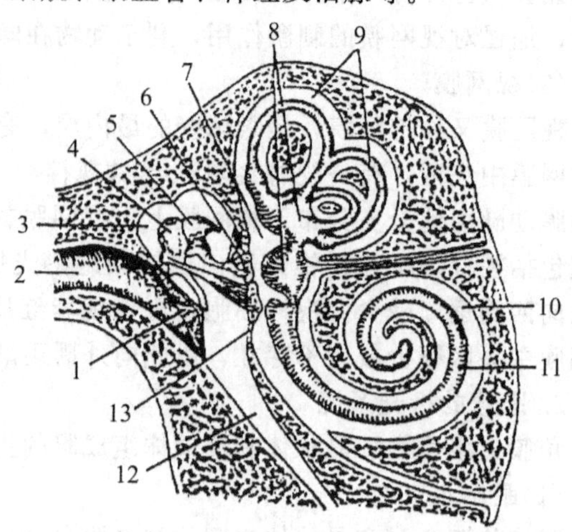

图 2-115 耳构造模式图

1. 鼓膜；2. 外耳道；3. 鼓室；4. 锤骨；
5. 砧骨；6. 镫骨及前庭窗；7. 前庭；
8. 椭圆囊和球囊；9. 半规管；10. 耳蜗；
11. 耳蜗管；12. 咽鼓管；13. 耳蜗窗
（山东省畜牧兽医学校，动物解剖生理，第三版，2000）

二、耳

耳是位听器官，分为外耳、中耳、内耳。外耳和中耳有收纳和传导声波的装置；内耳藏有听觉感受器、位平衡感受器。耳构造模式图，如图 2-115 所示。

(一)外耳

外耳由耳郭、外耳道和鼓膜构成。

1. 耳郭

位于头部两则，以软骨为基础，被覆皮肤。一般呈圆筒形，上端较大，开口向前，下端较小，连于外耳道。耳郭内面的皮肤长有耳毛，但在耳郭基部毛少，而含很多皮脂腺。耳郭转动灵活，便于收集声波。

2. 外耳道

外耳道位于耳郭的基部至鼓膜之间的管道，内面衬有皮肤。皮肤内含有皮肤腺，即耵聍腺，其分泌物称耵聍(耳蜡)。

3. 鼓膜

鼓膜是外耳与中耳的分界线，是构成外耳道的一片圆形纤维膜，坚韧而有弹性，位于外耳道底部、介于外耳与中耳之间，随音波振动把声波刺激传导到中耳。

(二)中耳

中耳由鼓室、听小骨、咽鼓管等构成。

1. 鼓室

鼓室位于颞骨内，是一个含有空气的骨室，内面被覆黏膜。外侧壁是鼓膜；内侧壁由前庭窗(以镫骨封闭)和耳蜗窗(以薄膜封闭)构成。

2. 听小骨

听小骨位于鼓室内，由锤骨、砧骨、镫骨构成。3块听小骨以关节连成一个听骨链，一端以锤骨柄附着于鼓膜，另一端以镫骨底的环状韧带附着于前庭窗。声波对鼓膜的振动，借此听骨链传递到内耳前庭窗。

3. 咽鼓管

咽鼓管是连接鼓室与咽的管道。一端开口于鼓室的前下壁，另一端开口于咽侧壁，空气从咽腔经此管到达鼓室。咽鼓管可以平衡鼓膜内外的压力，防止鼓膜振破；同时还可排除中耳和内耳的分泌物。

(三)内耳

内耳位于颞骨内，是由迷路、位听感受器构成。迷路分为骨迷路和膜迷路。迷路是曲折迂回的双层套管结构。外层是骨质迷路，称骨迷路(充满外淋巴)；内层是由膜性管构成，叫膜迷路(充满内淋巴)。骨迷路是由前庭、三个半规管、耳蜗三部分构成，彼此相通，三个半规管互相垂直。膜迷路位于骨迷路内，由椭圆囊、球囊、膜半规管和耳蜗管组成。迷路含有位觉器(前听器)和听觉器(螺旋器)。

外耳道传入的声波使鼓膜振动，并经听小骨传至前庭，导致迷路中的内、外淋巴振动，最终使耳蜗管顶壁上的基膜发生共振，并引起基膜上的听觉感受器兴奋，冲动经耳蜗神经传到中枢，产生听觉及听觉反射。

第二部分 内分泌系统

一、概述

(一)内分泌系统组成

内分泌系统是动物体内所有内分泌腺、内分泌组织和散在的内分泌细胞的总称。内分泌腺或内分泌细胞合成和分泌的某些特殊化学物质，通过血液循环或扩散，传递给相应的靶细胞，调节其生理功能，此过程称为内分泌。内分泌是细胞间化学传递的一种方式。

体内重要的内分泌腺有脑垂体、甲状腺、甲状旁腺、肾上腺、松果体等。其结构特点是腺细胞呈团块状、囊状或泡状排列，富含毛细血管和自主神经，无排泄管，其分泌物称为激素。激素直接进入血管周围的组织间隙，经血液或淋巴运输，所以内分泌腺又称无管腺。激素作用的细胞或器官上有特殊的受体可以和激素结合，分泌这种激素的内分泌器官称为靶腺。

内分泌组织是指分散在其他器官中的内分泌细胞团。如睾丸内的间质细胞、卵巢内的卵泡细胞和黄体等。

此外，体内许多器官内，含有内分泌功能的内分泌细胞。如胃肠道内的嗜银细胞、间脑内的室旁核细胞、视上核细胞等均具内分泌功能，还有肝、前列腺、肾、胎盘、心脏、血管内皮细胞等均兼有内分泌功能。

(二)激素

1. 激素的概念和分类

一般指由内分泌腺或散在的内分泌细胞所分泌的高效能的生物活性物质，称为激素。激素经过细胞分泌后，直接渗入组织液，进而入血液或淋巴。常把激素作用的细胞、组织或器官，称为靶细胞、靶组织或靶器官。

激素按其化学本质分为三大类：一类是含氮激素，包括肽类、蛋白激素、胺类激素和氨基酸衍生物类激素，如脑垂体、甲状腺、甲状旁腺、胰岛和肾上腺髓质的分泌物，这类激素容易被胃肠道的消化酶分解破坏，因此不宜口服，应用时必须注射；第二类是类固醇激素，肾上腺皮质和性腺所分泌的激素，如皮质醇、醛固酮、雌性激素等，这类激素可口服。第三类是脂肪酸衍生物类激素，比如前列腺素等。目前，许多激素已能提纯或人工合成，并应用于动物生产和临床治疗工作中。

2. 激素的作用

①促进组织细胞的生长、增殖、分化和成熟，参与细胞凋亡过程等。

②调节机体的消化和代谢过程。胃肠道激素等能调节消化道运动、消化腺的分泌和吸收活动；甲状腺激素、肾上腺激素、肾上腺皮质激素、胰岛素等能调节糖类、蛋白质和脂类的代谢。

③维持内环境稳态。激素通过调节电解质平衡、酸碱平衡、体温、血压等生命活动，来维持内环境的稳定。

④保证生殖。生殖激素对于生殖细胞的产生和成熟，以及射精、排卵、妊娠和泌乳等过程加以调控，保证动物的正常生殖。

⑤提高机体的抗应激性。当动物受到不良环境或条件刺激发生应激反应时，通过某些激素，增强机体适应不良环境和抵御敌害的能力。

3. 激素作用的特征

①激素本身不是营养物质，也不能被氧化分解提供能量。它的作用只是促进或抑制靶器官、靶组织或靶细胞原有的功能，使其加快或减慢。如肾上腺素可使心跳加强加快，胰岛素可使血糖降低等。

②激素是一种高效能的生物活性物质，在体内含量很少，它们在血液的浓度一般在百分之几微克以下，但对机体的生长发育、新陈代谢都有着非常重要的调节作用。千万分之一克(0.1 微克)的肾上腺素就能使血压升高；十万分之一微克的雌二醇，直接作用于阴道黏膜或子宫内膜，就能产生作用。

③一种激素只能对特定的细胞或器官产生调节作用，但一般没有种间的特异性。

④激素的分泌速度和发挥作用的快慢均不一致。如肾上腺素在数秒钟就能发生效应；胰岛素较慢，需数小时；甲状腺素则更慢，需几天。

⑤激素在体内通过水解、氧化、还原或结合等代谢过程，逐渐失去活性，不断从体内消失。

4. 激素作用的机理

激素对靶细胞发挥调节作用是通过存在于靶细胞上的受体实现的。受体是指存在于靶细胞的细胞膜、细胞质或细胞核内，能与某些化学物质(神经递质、激素)发生特异性结合，并诱发生物学效应的特殊生物分子。体内激素的受体存在部位不同，其作用机理也不同。

(1)含氮激素的作用机制(如图 2-116)——第二信使学说

含氮激素特别是蛋白质和多肽类激素，分子一般比较大，不能直接进入靶细胞内发挥作用。作为第一信使的这类激素可以首先与细胞膜上的特异性受体结合，然后激素受体复合物即可激活细胞内侧的腺苷酸环化酶(AC)系统。腺苷酸环化酶系统可以在 Mg^{2+} 的参与下，使 ATP 转变为环一磷酸腺苷(cAMP)，cAMP 就成为了第二信使。cAMP 作为第二信使，进一步激活依赖 cAMP 的酶系统(包括蛋白激酶 C、蛋白激酶 G 等)，进而激活靶细胞内各种底物的磷酸化反应，从而引起靶细胞特定的生理生化反应。

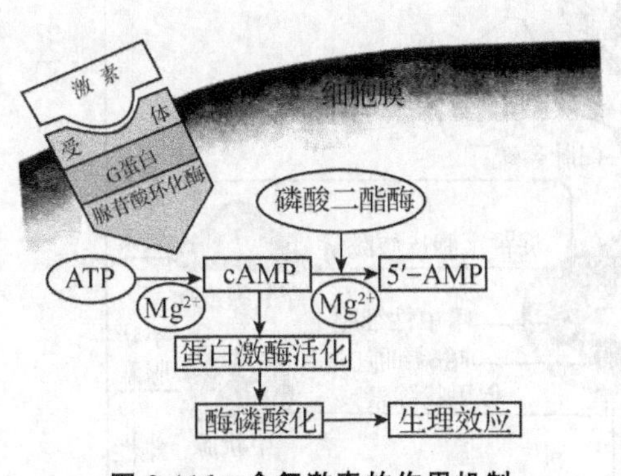

图 2-116　含氮激素的作用机制

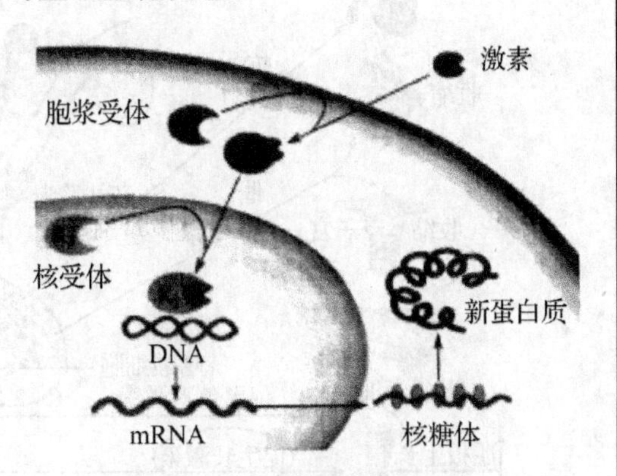

图 2-117　类固醇激素作用机理

(张平，动物解剖生理，2017)

(2)类固醇类激素的作用机理(如图 2-117)

这类激素的分子较小，又是亲脂性物质，因此它们随血液循环到达靶细胞后，能透过细胞膜进入细胞内。激素进入细胞后，首先在一定条件下与胞浆受体结合成激素－胞浆受体复合物，该复合物经过核膜进入细胞核内，在核内经过一系列生物化学反应，发生构型的变化，拥有进入细胞核的能力，之后形成激素－核受体复合物，作用于基因组，启动 DNA 的转录过程，从而促进 mRNA 的形成。mRNA 转入细胞质后，与核蛋白结合，诱导新蛋白质的生成。新生成的蛋白质或酶，参与生理活动过程，发挥激素的作用。

二、内分泌腺

(一)脑垂体

脑垂体是体内最重要的内分泌腺，位于颅中窝蝶骨体上的垂体窝内，借漏斗与下丘脑相连。其呈上下稍扁的卵圆形，红褐色。根据其组织结构和机能特点，脑垂体分为腺垂体和神经垂体两部分(如图 2-118)。腺垂体又分为远端部(垂体前叶)、结节部和中间部；神经垂体分为神经部和漏斗部(包括正中隆起和漏斗柄)。腺垂体的中间部和神经垂体的神经部经常合称为后叶。神经部是一个贮存激素的地方，接受由下丘脑视上核和室旁核分泌的加压素(抗利尿激素)和催产素。

1. 腺垂体

腺垂体又分为远侧部(垂体前叶)、结节部和中间部。

远侧部最大，约占垂体的 75%。腺细胞排列成团或索，少数围成小滤泡。细胞间有少量结缔组织和丰富的窦状毛细血管。根据细胞的染色性质分为嗜色细胞(嗜酸性细胞和嗜碱性细胞)和嫌色细胞。嗜酸性细胞数量较多，体积大，呈圆形或多边形，胞质内充满嗜酸性颗粒，如催乳素细胞、生长激素细胞。嗜碱性细胞数量较少，呈椭圆形或多边形，胞质内含有嗜碱性颗粒，如促甲状腺激素细胞、促性腺激素细胞、促肾上腺皮质激素细胞。嫌色细胞数量最多，体积小，胞质少，着色浅，细胞轮廓不清。有些嫌色细胞含少量分泌颗粒，故认为它们多数是脱颗粒的嗜色细胞，或处于嗜色细胞形成的初级阶段。其余多数嫌色细胞有突起，伸入腺细胞之间起支持作用。

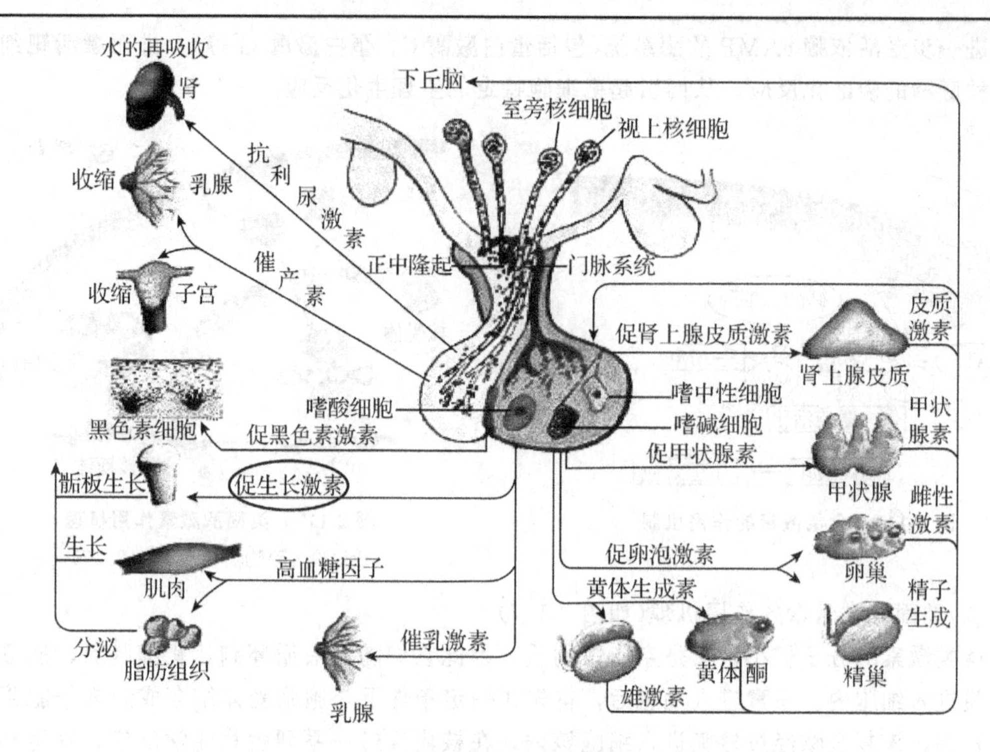

图 2-118 脑垂体的结构

结节部呈套状，包围神经垂体的漏斗，在漏斗的前方较厚，后方较薄或缺少。结节部有丰富的纵行毛细血管，腺细胞沿血管呈索状排列，细胞较小，主要是嫌色细胞及少数嗜酸性细胞和嗜碱性细胞，此处的嗜碱性细胞分泌促性腺激素。

中间部位于远侧部与神经部之间的狭窄部分，由较小的细胞围成大小不等的滤泡，腔内含有胶质。滤泡周围还散在一些嫌色细胞和嗜碱性细胞。

2. 神经垂体

神经垂体由无髓神经纤维、垂体细胞和丰富的毛细血管构成，内有多种神经纤维和神经胶质细胞，它不是腺组织，而是一种神经组织。这些神经纤维来自丘脑下部的视上核和室旁核的神经元，这两种神经核分别释放抗利尿激素和催产素。这些激素沿神经纤维，运送到神经垂体，并贮存于该处，根据需要，在神经系统控制下释放入血液，发挥其生理效应。神经垂体细胞是神经胶质细胞，形态多样，胞体常含有褐色的色素颗粒，垂体细胞对神经纤维起支持营养作用。

犬的脑垂体较小，呈一个卵圆形小腺体，位于间脑腹侧面和视交叉束的后方，悬挂在下丘脑向下伸出的漏斗的顶端，恰好嵌入颅腔内蝶骨垂体窝中，表面被一层纤维囊包绕，属于硬脑膜的一部分。中型犬的垂体约有 1cm×0.75cm×0.5cm 大小。

3. 脑垂体的机能

(1)腺垂体的机能

腺垂体主要由腺细胞构成，分泌的激素有生长激素(GH)、促甲状腺激素(TSH)、促肾上腺皮质激素(ACTH)、促黑色素激素(MSH)、促卵泡激素(FSH)、黄体生成素(LH)和催乳素(PRL)。

①生长激素(GH)，主要生理功能是促进动物的生长发育，并且对机体各个器官与组织均有影响，尤其对骨骼、肌肉及内脏器官的作用更为显著。将幼龄动物垂体切除，该动物则生长发育停滞，躯体矮小，称为“侏儒症”；反之，若生长激素分泌过多，该动物则长骨生长过快，躯体特别高大，出现“巨大症”。

②促甲状腺激素(TSH)，是一种糖蛋白激素，可促使甲状腺形态和机能发生变化，加速甲状腺细胞的增生，促进甲状腺激素的合成和释放。

③促肾上腺皮质激素(ACTH)，是一种多肽类激素，主要作用是促进肾上腺皮质细胞增生，糖皮质激素的合成和释放。

④促黑色素激素(MSH)，是垂体中间部产生的一种肽类激素，其主要作用是刺激两栖类动物黑色素细胞内黑色素的生成和扩散，使皮肤和被毛颜色加深。

⑤促卵泡激素(FSH)，作用于卵泡，促进卵巢内卵泡生长发育和卵泡细胞分泌雌性激素。

⑥黄体生成素(LH)，在排卵后，刺激已排卵的卵泡，生成黄体，并使其分泌黄体酮。

⑦催乳素(PRL)，是一种蛋白质激素，主要作用是促进妊娠期哺乳动物乳腺的发育和分娩后维持乳的分泌。另外，催乳素能促进黄体形成，并分泌孕激素，大剂量催乳素使黄体溶解；催乳素可促进雄性动物前列腺及精囊腺的生长；增强黄体生成素对间质细胞的作用，使睾酮合成增加；催乳素参与应激反应，在应激状态下，血中催乳素浓度升高，与促肾上腺皮质激素及生长激素一样，是应激反应中腺垂体分泌的三大激素之一。

(2)神经垂体的机能

内部储存有由丘脑下部的视上核和室旁核分泌的抗利尿素和催产素。

①抗利尿激素(ADH)，主要生理作用是可促进肾脏的远曲小管、集合管对水分的重吸收，使尿量减少。由于抗利尿激素可使除脑、肾外的全身小动脉收缩而升高血压，又称加压素。但它也可使冠状动脉收缩，使心肌供血不足，临床上不用作升压药。

②催产素(子宫收缩素)(OXT)，能促进妊娠末期子宫收缩，因而常用于催产和产后止血。此外，它还能引起乳腺导管平滑肌收缩，引起泌乳。

(二)甲状腺

1. 甲状腺的位置(如图 2-119)、形态和构造

犬的甲状腺位于前 6、7 个气管环的两侧和腹侧。腺体呈红褐色，由左、右侧叶和连接两侧叶的腺峡构成。侧叶长而窄，呈扁平椭圆形，腺体的峡部形状不定，大型犬峡部宽度可达 1cm，中小型犬常无峡部。同属于甲状腺组织的还有副甲状腺，也叫小腺体，在甲状腺附近的气管表面，每侧 3～4 个，其中正中的一个靠前，接近舌骨。

图 2-120 所示为甲状腺的组织结构。甲状腺表面有一层薄的致密结缔组织被膜，并伸入腺体内将其分成许多小叶，小叶内含有大小不一的甲状腺滤泡和滤泡旁细胞。滤泡腔内充满由腺泡细胞分泌的含碘球蛋白，称甲状腺素。腺泡周围由基膜和少量结缔组织围绕，并有丰富的毛细血管和淋巴管。

滤泡上皮细胞是甲状腺激素的合成与释放的部位，而滤泡腔的胶质是激素的贮存库。

甲状腺内还有内分泌细胞，称滤泡旁细胞，常单个或成群分布于腺泡之间，能产生降钙素。

2. 甲状腺的机能

甲状腺的主要机能是分泌甲状腺素和降钙素。

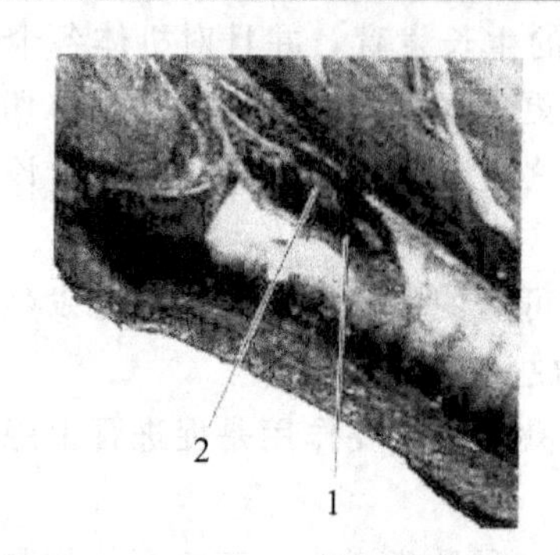

图 2-119 犬的甲状腺和甲状旁腺的位置

1. 甲状腺；2. 甲状旁腺

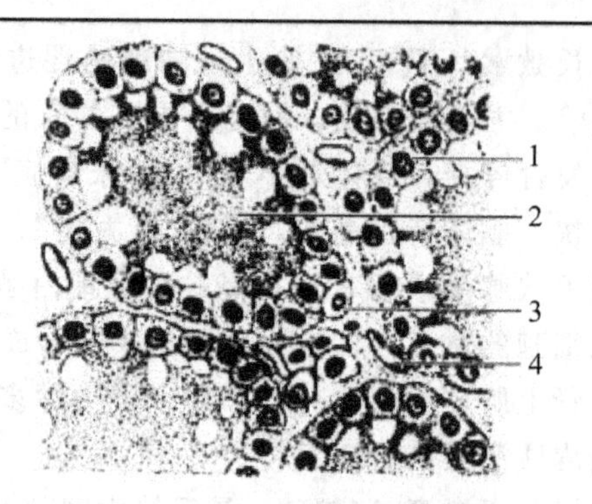

图 2-120 甲状腺的组织结构

1. 滤泡上皮；2. 胶质；
3. 滤泡旁细胞；4. 毛细血管

(1)甲状腺素

甲状腺主要由大小不等的囊状腺泡构成。甲状腺腺泡上皮细胞膜上具有高效率的碘泵，摄取碘的能力很强，在甲状腺激素合成方面具有重要作用。甲状腺激素主要有四碘甲状腺原氨酸(T_4)和三碘甲状腺原氨酸(T_3)，它们都是以碘和酪氨酸为原料在甲状腺腺泡细胞内合成的碘化物。T_4 含量多，活性小；T_3 含量小，活性约为 T_4 的 5 倍。T_4 进入靶细胞内首先脱碘成为 T_3，然后与受体蛋白结合发生生理作用。合成后的 T_4 和 T_3 仍然结合在甲状腺球蛋白(TG)分子上，以胶质的形式贮存在腺泡腔内。甲状腺激素的贮存有两个特点：一是贮存于细胞外(腺泡腔内)；二是贮存量很大，可供机体利用 50～120d 之久，在激素贮存量上居首位，所以应用抗甲状腺药物时，用药时间需要较长才能奏效。

甲状腺激素的主要作用是促进机体的新陈代谢及生长发育。机体未完全分化和已分化的组织，对甲状腺激素反应不同。成年后，不同组织对甲状腺的敏感性也不同。此外，甲状腺激素能提高中枢神经的兴奋性，促进性腺发育，心率加快等。

①促进新陈代谢。甲状腺激素可促进糖和脂肪的分解代谢，提高基础代谢率，使大多数组织特别是心脏、肝、肾和骨骼肌的耗氧量和产热量增加，基础代谢率提高。当甲状腺功能亢进时，产热量增加，基础代谢率升高，动物会出现烦躁不安、心率加快、对热环境难以忍受，体重下降；而甲状腺功能低下时，产热量减少，基础代谢率降低。

在物质代谢方面，甲状腺激素能促进小肠对葡萄糖的吸收，加速肝糖原的分解和异生作用，加速外周组织对糖的利用，但总的效果是升高血糖。在生理状况下，甲状腺激素能促进蛋白质合成，维持机体的生长发育。但当分泌过多，超过生理剂量时，反而加速蛋白质分解，特别是骨骼肌的蛋白质大量分解，促进脂肪分解、脂肪酸氧化和胆固醇转运及排泄。因此，甲状腺功能亢进时，身体消瘦，皮下脂肪少，血中胆固醇低于正常，血糖升高。

②促进生长发育。甲状腺激素还是维持动物正常生长发育和成熟所必需的激素。它可以促进组织分化、机体生长、发育和成熟，特别是对骨、神经和生殖器官的发育影响最大。对幼龄动物影响最大，在胚胎时期，缺乏碘造成甲状腺激素合成不足，或出生后甲状腺功能低下，脑的发育会明显出现障碍，神经组织内的蛋白质、磷脂以及各种重要的酶与递质的含量都会降低。实验证明，切除幼年动物甲状腺，该动物不但生长停滞，体躯矮小，而且反应迟钝，形成“呆小症”。

幼年动物缺乏甲状腺激素，可见该动物性腺发育停止，不表现副性征。成年动物甲状腺不足，将影响精子成熟、雌性发情、排卵和受孕。

③对神经和心血管的影响。甲状腺激素不但影响中枢系统的发育，而且对已分化成熟的神经系统活动也有作用。甲状腺功能亢进时，中枢神经系统的兴奋性增高，主要表现为不安、过敏、易激动、睡眠减少等；相反，甲状腺功能低下时，中枢神经系统兴奋性降低，对刺激感觉迟钝、反应缓慢、学习和记忆力减退、嗜睡等。

甲状腺激素对心脏的活动有明显影响。T_4 和 T_3 可使心率加快，心缩力增强，心输出量增加。

(2)降钙素(CT)

降钙素是多肽类激素，由滤泡旁细胞(又称C细胞)分泌。

①降钙素的生理作用是对抗甲状旁腺激素。降钙素能抑制破骨细胞的生成和活动，使骨的溶解过程减弱，同时促进骨中钙盐的沉积，从而降低血钙水平。

②降钙素可抑制肾小管对钙、磷的重吸收，增加钙、磷随尿排出，使血钙和血磷水平下降。

③降钙素还可间接抑制小肠对钙的吸收。

(三)甲状旁腺

1. 甲状旁腺的位置(图2-119)、形态和结构

甲状旁腺为内、外2对小腺体，体积似粟粒。犬的甲状旁腺位于2个甲状腺相对的两端上面，即2个甲状腺的外上方，而另外2个在其内下方。

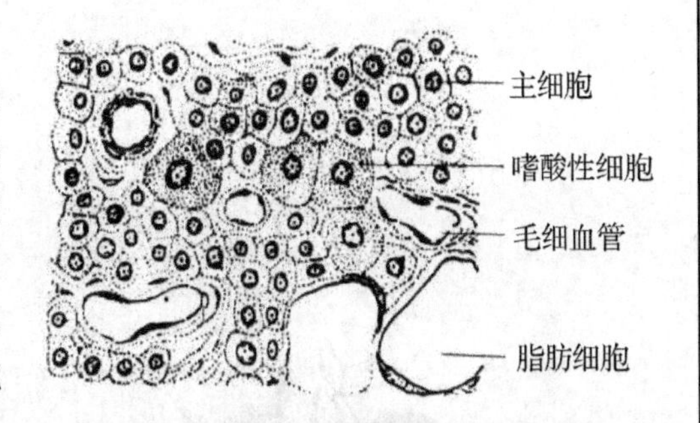

图2-121　甲状旁腺组织结构模式图

图2-121所示为甲状旁腺组织结构模式图。甲状旁腺表面包有薄层结缔组织被膜，腺细胞排列呈团索状，间质中有丰富的毛细血管网。甲状旁腺由主细胞和嗜酸性细胞组成。主细胞是腺实质的主要成分，细胞为圆形或多边形，体积较小，细胞核圆形，位于中央，分泌甲状旁腺素；嗜酸性细胞体积稍大于主细胞，可单个或成群存在。犬、鼠、鸡和低等动物的甲状旁腺只含主细胞，没有嗜酸性细胞。

2. 甲状旁腺的机能

甲状旁腺分泌甲状旁腺素(PTH)，是含有84个氨基酸的直链肽。其生理功能是使血钙升高，血磷降低，参与调节钙、磷代谢。升高血钙主要通过以下途径实现：

①在维生素D存在的情况下，促进小肠对钙的吸收。

②刺激破骨细胞，使骨骼中磷酸钙溶解，并转入血液中，以补充血磷，提高血钙含量。

③促进肾小管对钙重吸收和磷的排泄，使血钙浓度升高，血磷降低。

切除动物甲状旁腺，可使血钙浓度降低，使神经肌肉兴奋升高，四肢抽搐，并可导致死亡。

当血浆中钙浓度升高时，甲状旁腺素分泌减少，降钙素分泌增加；相反，血钙浓度下降时，则甲状旁腺素分泌增多，降钙素分泌减少。因此降钙素和甲状旁腺素共同维持机体内血钙水平的稳定。

(四)肾上腺

1. 肾上腺的位置(如图 2-122)、形态和结构

肾上腺是成对的红褐色腺体，位于肾的前内侧。肾上腺表面有一层致密结缔组织被膜，少量结缔组织伴随神经和血管伸入肾上腺实质。实质分为外层的皮质和内层的髓质。皮质来源于中胚层，分泌类固醇激素；髓质来源于外胚层，分泌含氮激素。皮质和髓质的颜色也不同，皮质呈黄色，髓质呈灰色或肉色。

肾上腺皮质约占肾上腺体积的 90%，由外向内分为 3 个带，即球状带、束状带和网状带。各带分别占皮质体积的 15%、80%和 5%，3 个带之间无明显的分界。

肾上腺髓质占肾上腺体积的 10%，位于肾上腺的中央，主要由髓质细胞组成。髓质细胞为含氮激素细胞。根据分泌颗粒内所含激素的不同，髓质细胞又分为肾上腺素细胞和去甲肾上腺素细胞，前者约 80%，后者数量较少。图 2-123 所示为肾上腺的组织结构。

犬右肾上腺略呈棱形，位于右肾前内侧与后腔静脉之间；左肾上腺稍大，为不正的梯形，前宽后窄，背腹侧扁平，位于左肾前内侧与腹主动脉之间。皮质部呈黄褐色，髓质部为深褐色。

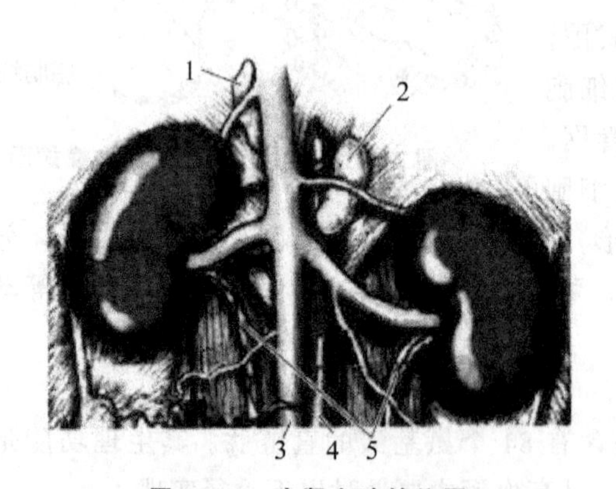

图 2-122　犬肾上腺的位置

1. 右肾上腺；2. 左肾上腺；3. 腹主动脉；4. 后腔静脉；5. 输尿管

(韩行敏，宠物解剖生理，2012)

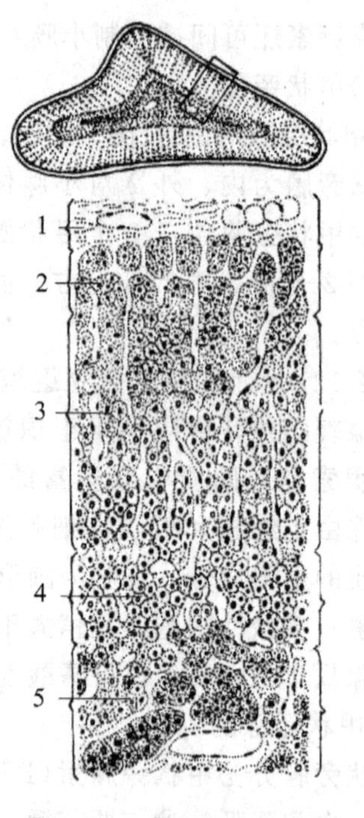

图 2-123　肾上腺组织结构

1. 被膜；2. 多形带；3. 束状带；4. 网状带；5. 髓质

(范作良，动物解剖，2001)

2. 肾上腺的机能

(1)肾上腺皮质

肾上腺皮质分泌的激素，简称皮质激素，属于固醇类激素，分为 3 类，即盐皮质激素(MC)、糖皮质激素(GC)和性激素，分别由球状带、束状带和网状带的细胞分泌。

①盐皮质激素。以醛固酮为代表，主要参与体内水盐代谢的调节。它可促进肾小管对钠和水的重吸收，抑制对钾的重吸收，有“保钠排钾”的作用，从而可维持体内血量的相对恒定。当盐皮质激素分泌不足时，它可使大量钠和水由肾排出，而钾的重吸收增加。由于失钠和失水，动物可出现血浆减少，血液浓缩，血压降低，循环衰竭等症状。

②糖皮质激素。最早发现此激素具有生糖效应，故称为糖皮质激素。它具有多种生理功能，是维持生命必需的激素。皮质醇是主要的糖皮质激素。糖皮质激素主要生理功能如下。

对物质代谢的作用：糖皮质激素对糖代谢有较强的调节作用。它可促进肝糖原异生，增加肝糖原的贮存，同时还能抑制葡萄糖氧化，减少细胞对糖的利用，因此，有升高血糖，对抗胰岛素的作用。糖皮质激素可促进脂肪的分解，也能促进肌肉等组织蛋白质的分解。所以，大量使用糖皮质激素，可引起生长缓慢、机体消瘦、皮肤变薄、骨质疏松、创伤愈合迟缓等现象。

增强机体对有害刺激的适应能力。当机体受到内外环境中有害刺激时(如剧烈的环境温度变化、中毒、感染、创伤、疼痛、失血、缺氧等)，都能引起机体发生一系列非特异性全身反应，此反应叫做应激性反应。此时，肾上腺皮质释放的皮质激素，能够增强对应激反应的耐受力。故机体严重感染或创伤时，可适当采用糖皮质激素来调节机体的适应能力。

抗过敏、抗炎症等其他作用。大剂量使用糖皮质激素，可使局部炎症过程的程度减轻，抑制抗原一抗体反应引起的一些过敏反应；还能抑制淋巴组织的活动，减少抗体生成，故有抗过敏作用。糖皮质激素能降低毛细血管通透性，抑制纤维组织增生，故有抗炎症作用。但是，由于抑制炎症反应，减弱了白细胞趋向炎症部位，这会又降低机体的抵抗力。

此外，糖皮质激素也有“保钠排钾”作用，但较醛固酮弱得多。

③性激素。网状带分泌少量性激素，正常时因分泌量少，并不产生明显效应。

(2)肾上腺髓质

肾上腺髓质部分泌肾上腺素(E)和去甲肾上腺素(NE)，由于它们共同含有儿茶酚胺的化学结构，所以总称为儿茶酚胺类激素。肾上腺髓质直接受交感神经节前纤维支配，在机能上相当于交感神经的节后神经元。

肾上腺素和去甲肾上腺素由于与靶细胞膜上的不同受体起作用，因此其生理功能也不完全相同。

①对心脏和血管的作用。两者都能使心跳加快、血管收缩和血压上升，但肾上腺素对心脏的作用较强。在临床上，由于肾上腺素有较好的强心作用，所以常用作急救药物。对血管的作用，二者区别较大，肾上腺素使皮肤、内脏的小动脉收缩，冠状动脉、骨骼肌小动脉舒张，以保证机体在活动时主要器官的血液供应；去甲肾上腺素除引起冠状动脉舒张外，几乎使全身的小动脉收缩，总外周阻力增大，因此有明显的升压作用，是重要的升压药。

②对平滑肌的作用。肾上腺素能使气管和消化道平滑肌、胆囊壁和支气管平滑肌舒张，胃肠运动减弱。此外，肾上腺素还可使瞳孔扩大及皮肤竖毛肌收缩，被毛竖立。去甲肾上腺素也有这些作用，但较弱。

③对代谢的作用。两者均能促进肝脏和肌肉组织中糖原分解为葡萄糖，使血糖升高；并能分解脂肪。但去甲肾上腺素在前者作用较弱，在后者作用较强。

④对神经系统的作用。两者都能提高中枢神经系统的兴奋性，使机体处于警觉状态，以利于应付紧急情况。

(3)肾上腺髓质激素分泌的调节。髓质激素的分泌主要受交感神经的控制。当机体受到应激刺激时，通过交感神经—肾上腺髓质系统引起髓质激素分泌增加，引起机体活动变化，称为机体的应激反应。

(五)胰岛

1. 胰岛的位置、形态和结构

胰腺可分为外分泌部和内分泌部。胰腺的内分泌部位于外分泌部的腺泡群间，由大小不等的腺泡群组成，形似小岛，称为胰岛，又称为“朗格汉斯岛”。犬和猫有几千个胰岛，胰岛细胞成团、索状分布，细胞之间有丰富的毛细血管，细胞释放激素进入血液。外分泌部由许多腺泡和导管组成，分泌物胰液通过胰管排入小肠。

动物的胰岛细胞可分为五类，即A细胞(α细胞)、B细胞(β细胞)、D细胞、PP细胞和D_1细胞。A细胞约占胰岛总数的20%，能分泌胰高血糖素；B细胞占胰岛总数的60%～75%，位于胰岛的中央，分泌胰岛素；D细胞占胰岛总数的4%～5%，散在于A、B细胞之间，分泌生长抑素；PP细胞数量很少，位于胰岛周边部或散在于胰腺的外分泌部，约占1%～3%，分泌胰多肽；D_1细胞数量极少，主要分布于胰岛的周边部，分泌血管活性肠肽。图2-124所示为几种主要细胞在胰岛中的分布示意图。

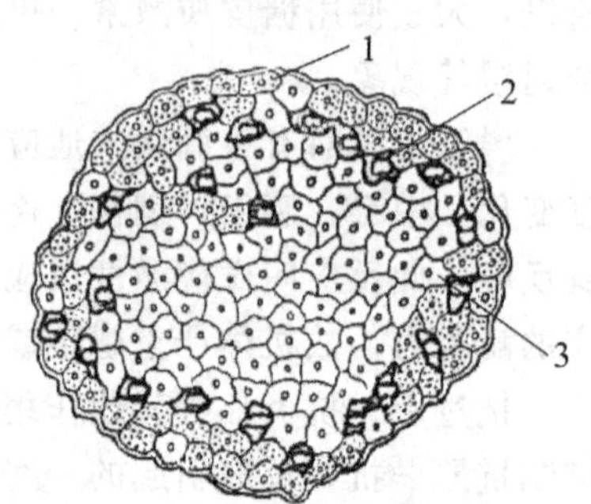

图2-124 几种细胞在胰岛中分布示意图

1. A细胞；2. D细胞；3. B细胞

2. 胰岛的功能

胰岛主要分泌胰岛素和胰高血糖素，这两种激素是具有拮抗作用的两种激素。

(1)胰岛素

胰岛素是蛋白质激素，也是调节机体代谢的激素之一。它主要有以下功能。

①促进肝糖原生成和葡萄糖分解，促进糖转变为脂肪，从而使血糖降低。因此，胰岛素分泌不足时，血糖升高，当超过肾糖阈时，则大量的血糖从尿中排出，导致依赖性糖尿病。

②促进肝脏内和脂肪细胞内脂肪的合成，抑制脂肪的分解，使血中游离脂肪酸减少。因此，胰岛素分泌不足时，脂肪即大量分解，血内脂肪酸增高，在肝脏内不能充分氧化而转化为酮体，出现酮血症并伴有酮尿，严重时可导致酸中毒和昏迷。

③促进氨基酸进入细胞内，使细胞内蛋白质合成加快；抑制蛋白质分解和尿素生成。

(2)胰高血糖素

胰高血糖素的生理作用与胰岛素相反，是动员机体能源物质分解的激素之一。胰高血糖素功能：促进糖原分解，促进糖异生，升高血糖；促进脂肪分解，促进脂肪酸氧化，使酮体增多；抑制蛋白质合成，促进氨基酸转化为葡萄糖；增强心肌收缩力，增加心跳频率，使心输出量增加，血压升高。

(六)松果体

1. 松果体的位置、形态和结构

松果体又称脑上腺，为一红褐色坚实的豆状小体，位于四叠体与丘脑之间，以柄连于丘脑上部。

2. 松果体的功能

松果体是一个活跃的内分泌器官。松果体细胞是松果体内主要细胞，由神经细胞演变而来，其分泌的激素主要有褪黑素和肽类激素。

褪黑激素有抑制促性腺激素的释放，抑制性腺和副性器官的发育，防止性早熟等作用。松果体的分泌活动受光照影响，光照会抑制松果体合成褪黑激素，从而降低对促性腺激素释放的抑制，于是性功能活跃。养禽业中，控制光照用来延缓禽的性成熟，防止早产蛋就是利用此原理。另外，褪黑激素对甲状腺、肾上腺和胰岛的功能也有抑制作用。

(七)性激素

1. 雄性激素的作用

雄性激素由睾丸间质细胞分泌，主要成分是睾丸酮，其主要机能有以下几方面。

①促进雄性副性器官(前列腺、精囊腺、尿道球腺、输精管、阴茎和阴囊)的生长发育，并维持其成熟状态。

②刺激雄性动物产生性欲和性行为。

③促进精子的发育成熟，并延长在附睾内精子的贮存时间。

④促进雄性动物特征的出现，并维持其正常状态。

⑤促进蛋白质的合成，使肌肉和骨骼比较发达，并减少体内脂肪的贮存。

⑥促进雄性动物皮脂腺的分泌，特别是公羊和公猪比较明显。

2. 雌性激素的作用

雌性激素由卵巢的卵泡细胞分泌，其中作用最强的是雌二醇，其机能有以下几方面。

①促进雌性动物生殖器官的生长发育。

②促进雌性动物特征的出现，并维持其状态。

③促进雌性动物发情。

④刺激雌性动物发生性欲和性兴奋。

3. 孕激素的作用

孕激素主要由黄体细胞分泌，又称黄体酮，主要机能有以下几方面。

①促进排卵后子宫内膜增厚，分泌子宫乳，为受精卵在子宫内附植和发育做准备。

②抑制子宫平滑肌的活动，有保胎作用。

③刺激乳腺发育，准备泌乳。

4. 松弛激素的作用

松弛激素由妊娠末期的黄体分泌，其生理机能是扩张产道，使子宫和骨盆联合的韧带松弛，便于分娩。

三、体温

(一)正常体温

1. 体温及正常变动

在实际工作中，一般以直肠温度作为犬体深部的体温指标。体温因个体、品种、年龄、性别不同及环境温度、活动状况等因素的影响而异。一般幼龄动物的体温比成年动物的高些；雄性动物比雌性动物的高，但雌性动物在发情、妊娠等时期的体温又比平常要高一些；白天比夜间高，而早晨最低。表 2-6 列出了几种宠物的正常体温。

表 2-6 几种宠物的正常体温(℃)

动物	变动范围	动物	变动范围
犬	37.0～39.0	豚 鼠	37.8～39.5
猫	38.0～39.5	大白鼠	38.5～39.5
鸽子	42.0～43.0	小白鼠	37.0～39.0

在一昼夜内体温变化的规律是白天比夜间高，午后最高，早晨最低，一般每天体温变动不超过1℃；动物食后体温升高，长期饥饿体温可降低2～2.5℃；刚出壳雏鸡的体温低于30℃，以后逐渐升高。因此测量动物体温时应考虑这些因素。犬的等热范围为15～25℃。

2. 体温恒定的意义

体温恒定是保证机体正常生命活动的一个重要条件。机体新陈代谢过程中所释放的能量，除一小部分转变为身体活动外，其余的绝大部分都是以热的形式向外界发散的。在产热和散热的过程中，机体得以保持体温的恒定。犬类都具有很强的体温调节机制，体温经常维持在一定的范围内(37～42℃)。这样的动物也被称为恒温动物。在新陈代谢过程中需要酶的参与，而酶活动的最适宜温度范围是37～40℃，过高或过低都会影响其活力，或使其丧失活力，致使机体的各种代谢发生紊乱，甚至危及生命。观察犬类体温的变化，往往是宠物养护和动物医生进行临床检查的一个重要的参考指标。表2-7列出了不同体型幼犬与成犬的体温。

表 2-7 不同体型幼犬和成犬的体温

体型	幼犬/℃	成犬/℃
小型犬	38.5～39.0	38.0～39.0
中型犬	38.5～39.0	38.0 ～38.5
大型犬	38.2～39.0	37.5～39.0

3. 体温的测定

在实际工作中，一般都是以测量直肠的温度，作为动物体深部的体温指标。先将动物保定好，然后将体温计的水银柱甩至35℃以下，并在外面涂以少量的润滑油，用左手提起尾根，右手持体温计旋转插入直肠中，并用铁夹固定体温计。3～5min后取出读数，记录该动物的体温。

(二)体温调节

在体温调节机制下，恒温动物可以维持相对恒定的体温。机体在进行物质代谢时不断产生热量，同时，又通过辐射、传导、对流以及水分蒸发等方式不断地散失热量，产热和散热达到平衡，维持体温的恒定。如果机体的产热高于或低于散热，将导致体温升高或降低。

1. 机体的产热和散热过程

(1)产热过程

机体热量来自体内各组织器官所进行的氧化分解反应。由于各种器官代谢水平不同和机体所处功能状态不同，其产热量也不同。安静状态下，主要产热器官是内脏，产热量占机体总产热量的56%，其中肝脏产热量最大，肌肉占20%，脑占10%。运动或使役时，产热主要器官是骨骼肌，其产热量可达机体总产热量的90%。

一些外界因素，如食用热的饲料、饮用温水、外环境温度增高等，都可以成为体内产热的一部分来源。当环境温度增高时，体内代谢会有所降低，若此时不能及时有效地对动物进行散热，机体代谢反而上升，增加产热，可能引发动物中暑。当环境温度降低时，机体靠两种方式来维持体温的恒定：一种是物理性调节，即体表血管收缩，被毛竖立，腺体分泌减少；另一种是化学性调节，即靠机体内物质代谢增强，使体热增加，化学性调节是在物理性调节已不能维持体温恒定时才开始起作用。

(2)散热过程

机体不仅要产生热量，而且还要不断地将所产生的热量发散掉，这样才能维持体温的相对恒定，否则，体热在体内积蓄会导致死亡。机体主要通过皮肤、呼吸道、排粪、排尿的途径来散热。其中以皮肤散热为主，机体通过皮肤散热的方式有四种。

①辐射散热，是机体以红外线的方式，直接将热量散发到环境中的一种散热方式。动物经该途径散发的热量约占总散热量的70%～85%。当皮肤与环境温差增大，辐射散热增多，反之则少。当环境温度高于体表温度时，机体不仅不能利用辐射散热，反而会从环境吸收热量而使体温升高。所以在寒冷时，动物受到阳光照射或靠近红外线及其他热源，均有利于动物保温；而炎热季节的烈日照射，可使身体温度升高，发生日射病。

②传导散热，是将体热直接传给与机体接触的较冷物体的一种散热方式。传导散热量除了与物体接触面积、温差大小有关外，还与所接触物体的导热性能有关。与皮肤接触的物体导热性越好，温度越低，传导所散失的热量就越多。空气是热的不良导体，因此，在寒冷环境中动物被毛竖起，增加隔热层厚度，以减少散热。动物体脂肪也是热的不良导体，因此，肥胖动物由机体深部向体表的传导散热较少。而新生动物皮下脂肪薄，体热容易散失，应注意保暖，不能长时间躺卧在冰冷的地面。水的导热性比空气好。

③对流，是机体靠周围环境冷热空气的不断流动散发体热的一种方式。动物体表的空气，由于受到体热的加温，密度变小而逐渐上升，被冷空气取而代之。这样冷热空气的不断对流就把动物的体热带走。影响这一散热方式的主要因素是空气的流动速度及温度的高低。在一定限度内，对流速度(风速)越大，散热就越多。在实际生产中，冬季应减少动物舍内空气的对流，夏季则应加强通风。

④蒸发，是当机体所处环境温度等于或超过体温时，由体表蒸发水分和呼吸道呼出水蒸气的一种散热方式。1g 水分蒸发可带走 2.43kJ 的热量，所以蒸发是有效的散热方式。尤其是当外界气温高于体表温度时，其余三种方式的散热量急剧减少，这一方式显得更为重要。犬可通过呼气、唾液等蒸发来散热。

2. 体温调节的过程

恒温动物之所以能够维持体温相对恒定，是因为机体内存在调节体温的自动控制系统，下丘脑是体温调节中枢。

(1)体温调节机制

机体通过神经和体液调节，使体内产热和散热过程保持动态平衡，从而维持体温恒定。

①神经调节。动物体温之所以能保持在一个稳定的范围内，是由于下丘脑的体温调节

中枢存在着调定点，调定点的高低决定着体温的高低。下丘脑的温敏感神经元就起调定点的作用，温敏感神经元对温热的感受有一定的阈值，动物不同，阈值不同，如犬的阈值是38℃，这个阈值就叫该动物体温稳定的调定点。当中枢温度升高时，温敏感神经元冲动发放的频率就增加，使散热增加；反之则发出的冲动减少，产热增加，从而达到调节体温，使其保持相对恒定。

②体液调节。由于机体的代谢强度和产热量受体内一些激素的调控，因此有些激素和体温调节有密切关系。最主要和最直接参与体温调节的激素是甲状腺素和肾上腺素。

肾上腺素是由肾上腺髓质分泌的胺类激素，主要作用是促进糖和脂肪的分解代谢，使产热增加。如果动物暴露在寒冷环境中，交感神经作用增强，促进肾上腺髓质分泌肾上腺素，同时增加机体摄食量，以及随意或不随意地颤抖，进而促使产热增加。

由甲状腺分泌的甲状腺激素，能加速细胞内氧化过程，促进分解代谢，使产热量增加。如果动物长期在寒冷环境中，通过神经体液调节，甲状腺素分泌增加，进而提高基础代谢率，使体温升高，来维持体温恒定。如动物长期处于热紧张状态，就会降低甲状腺的功能，使基础代谢率下降，此时摄食量下降、嗜睡，以减少产热。

(2)体温调节过程

总之，来自各方面的温度变化信息在下丘脑整合后，可以经神经和体液途径来调节体温。通过交感神经系统，控制皮肤血管舒缩反应和汗腺分泌影响散热过程；通过躯体运动神经，改变骨骼肌活动(如肌紧张、寒战)；通过甲状腺和肾上腺髓质分泌活动的改变来调节产热过程。

拓展阅读：

材料设备清单

项目四	神经和内分泌系统				学时	10	
项目	序号	名称	作用	数量	型号	使用前	使用后
所用设备	1	投影仪	观看视频图片	1个			
	2						
所用工具	4	手术器械	解剖构造观察	4套			
所用药品(动物)	5	脑、脊髓、甲状腺和肾上腺标本模型	观察器官的形态构造	4套			
	6						
所用材料	7						

作业单

项目四	神经和内分泌系统				
作业完成方式	课余时间独立完成。				
作业题 1	神经系统的组成和功能是怎样的？				
作业解答					
作业题 2	简述交感神经和副交感神经的区别。				
作业解答					
作业题 3	什么是条件反射？怎样形成的？				
作业解答					
作业题 4	腺垂体分泌哪些激素，有什么功能？				
作业解答					
作业题 5	体温是怎么维持恒定的？				
作业解答					
作业评价	班级		第　组	组长签字	
	学号		姓名		
	教师签字		教师评分		日期
	评语：				

学习反馈单

项目四	神经和内分泌系统				
评价内容	评价方式及标准				
知识目标达成度	作业评量及规准				
	A(90 分以上)	B(80－89 分)	C(70－79 分)	D(60－69 分)	E(60 分以下)
	内容完整，阐述具体，答案正确，书写清晰。	内容较完整，阐述较具体，答案基本正确，书写较清晰。	内容欠完整，阐述欠具体，答案大部分正确，书写不清晰。	内容不太完整，阐述不太具体，答案部分正确，书写较凌乱。	内容不完整，阐述不具体，答案基本不太正确，书写凌乱。
技能目标达成度	实作评量及规准				
	A(90 分以上)	B(80－89 分)	C(70－79 分)	D(60－69 分)	E(60 分以下)
	解剖操作规范；能正确识别神经和内分泌器官的形态位置构造，操作规范。	解剖操作基本规范；基本能正确识别神经和内分泌器官形态位置构造，操作规范，速度较快。	解剖操作不太规范；能正确识别大部分神经和内分泌器官的形态位置构造，操作较规范，速度一般。	解剖操作规范度差；仅能正确识别个别神经和内分泌器官的形态位置构造，操作欠规范，速度较慢。	解剖操作不规范；不能正确识别神经和内分泌器官的形态位置构造，操作不规范，速度很慢。

续表

	表现评量及规准				
	A(90分以上)	B(80—89分)	C(70—79分)	D(60—69分)	E(60分以下)
素养目标达成度	积极参与线上、线下各项活动，态度认真。分析、解决问题强，具备善待宠物和生物安全意识。	积极参与线上、线下各项活动，态度较认真。分析、解决问题较强，具备一定的善待宠物和生物安全意识。	能参与线上、线下各项活动，态度一般。分析、解决问题一般，善待宠物和生物安全意识一般。	能参与线上、线下部分活动，态度一般。分析、解决问题较差，善待宠物和生物安全意识较差。	线上、线下各项活动参与度低，态度一般。分析、解决问题差，善待宠物和生物安全意识差。
反馈及改进					
针对学习目标达成情况，提出改进议和意见。					

模块三

猫的解剖生理特征

项目　猫的解剖观察

学习任务单

<table>
<tr><td>项目</td><td>猫的解剖观察</td><td>学　时</td><td>6</td></tr>
<tr><td colspan="4">布置任务</td></tr>
<tr><td>学习目标</td><td colspan="3">1. 知识目标
掌握猫的解剖程序。
2. 技能目标
(1)能正确对猫进行解剖和脏器的摘除；
(2)能识别正常状态下猫主要脏器的形态、颜色、质地、位置和构造；
(3)能遵守动物解剖的操作规程；
(4)能处理解剖过程中的突发问题。
3. 素养目标
(1)培养学生独立分析问题、解决实际问题和继续学习的能力；
(2)具有组织管理、协调关系、团队合作的能力；
(3)培养学生吃苦耐劳、善待宠物、敬畏生命的工匠精神。</td></tr>
<tr><td>任务描述</td><td colspan="3">在解剖实训室利用解剖器械对猫进行解剖，并观察主要脏器的形态、颜色、质地、位置和构造，认知其机能。
具体任务如下。
猫的解剖观察。</td></tr>
<tr><td>提供资料</td><td colspan="3">1. 韩行敏．宠物解剖生理．北京：中国轻工业出版社，2012
2. 霍军，曲强．宠物解剖生理．北京：化学工业出版社，2020
3. 李静．宠物解剖生理．北京：中国农业出版社，2007
4. 白彩霞．动物解剖生理．北京：北京师范大学出版社，2021
5. 张平，白彩霞．动物解剖生理．北京：中国化工出版社，2017
6. 范作良．家畜解剖学．北京：中国农业出版社，2001
7. 范作良．家畜生理学．北京：中国农业出版社，2001
8. 黑龙江农业工程职业学院教师张磊负责的宠物解剖生理在线课网址：
9. 黑龙江职业学院教师白彩霞负责的动物解剖生理在线精品课网址：</td></tr>
</table>

对学生要求	1. 能根据学习任务单、资讯引导，查阅相关资料，在课前以小组合作的方式完成任务资讯问题。 2. 以小组为单位完成学习任务，体现团队合作精神。 3. 严格遵守动物解剖实训室规章制度，避免安全隐患。 4. 对猫的解剖生理特点进行研究学习。 5. 严格遵守操作规程，做好自身防护，防止疾病传播。

任务资讯单

项目	猫的解剖观察
资讯方式	通过资讯引导、观看视频，到本课程及相关课程的在线精品课网站、解剖实训室、标本室、组织实训室、生理实训室、实习牧场、图书馆查询，向指导教师咨询。
资讯问题	1. 猫的主要被皮结构有哪些？ 2. 猫的全身浅层结构有哪些？ 3. 猫各主要内部器官的形态、位置和结构？
资讯引导	所有资讯问题可以到以下资源中查询。 1. 韩行敏主编的《宠物解剖生理》。 2. 李静主编的《宠物物解剖生理》。 3. 霍军，曲强主编的《宠物解剖生理》。 4. 白彩霞主编的《动物解剖生理》。 5. 宠物解剖生理在线课网址： 6. 动物解剖生理在线精品课网址： 7. 本模块工作任务单中的必备知识。

案例单

项目	猫的解剖观察	学时	6
序号	案例内容	相关知识技能点	
1.1	一只猫咪表现为委靡、嗜睡、焦虑、厌食等不良反应，出现软便、拉稀等症状，以及嗜睡、体温40.2℃、呼吸困难等现象。之后猫咪出现呕吐、腹泻，眼屎在短时间内大量增加，且眼眶发红，结膜充血等症状。 将猫咪带到宠物医院做弓形虫抗体检测，出现阳性反应，说明猫咪感染了弓形虫。	此案例涉及与本单元内容相关的知识点和技能点为：消化、体温、呼吸、眼结膜等器官。	

工作任务单

项目	猫的解剖观察
任务　猫的解剖观察 任务描述：猫的全身主要器官的解剖观察。 准备工作：在实训室准备猫、解剖台、方盘、骨剪、手术刀、解剖刀、剪刀、镊子、棉线、脱脂棉、一次性手套和实验服等。 实施步骤如下。 1. 活体状态观察。观察猫的精神状态、被毛状态和行为动作等活体状态，触摸体表主要骨性标志和肌性标志，观察头部的耳朵、眼睛和口腔，观察腹部的乳房，观察生殖器官，对主要内脏器官进行体表投影位置的确定。 2. 全身主要器官观察。进行浅层结构观察、头颈部解剖观察、胸部解剖观察、腹部解剖观察、前肢的解剖观察、盆腔和后肢解剖观察。 3. 通过互联网、在线开放课学习相关内容。	

必备知识

猫的解剖生理特征

猫和犬类很多基本形态结构和功能都很类似，其差别主要是猫饲养用途比较单一，主要作为伴侣动物。

猫的寿命一般为13～18岁，体型相对较小，大小差异不大，体长一般40～45cm，尾长15～30cm，公猫体重3.5～7kg，母猫体重2.5～4.5kg。

一、被毛系统

猫的被毛分为较粗的针毛和细而密的绒毛。触须发达，两侧共有16～20根，伸展总宽度恰与身体宽度接近，用以感知事物，干扰猎物的视觉。

猫的汗腺不发达，只分布于鼻尖和脚垫上，格斗或发热时才分泌汗液。皮脂腺分泌皮脂在被毛外面形成一层防水膜，使被毛油光发亮。毛囊内含胆固醇，随皮脂腺分泌到被毛，在日光作用下转化为维生素D，舔舐被毛可获得维生素D。

猫的脚趾有一个充满脂肪的肉垫(枕)，脚趾末端有尖锐的指甲。前肢有5个爪，后肢有4个爪，呈长钩状，很锋利，能随意伸缩，平时缩在趾球套中。

二、运动系统

(一)骨骼

猫的骨骼包括阴茎骨在内共有224～247枚(如图3-1)。

猫的面部缩短，引起腭变短，头骨近似圆形，无鼻额阶。扩大的眼眶有基本完整的骨质边缘，多面向前侧，使猫具有所有食肉动物所具有的高度发达的双目视觉。猫具有明显的、相对较大的颅腔和额窦腔。

猫的脊柱包括颈椎、胸椎、腰椎、荐椎和尾椎，其脊柱式为C7、T13、L7、S3和Cy21～23。猫的胸廓比较窄细长。颈部可旋转180°以上。

胸骨由8个节片骨组成，第1个节片骨形成明显突出的胸骨柄。

猫的肩胛骨扁平，肩峰具有大的钩突和钩上突。锁骨已退化成一枚细长而弯曲的小骨，埋藏在肩部前方的肌肉内。臂骨无滑车上孔，而具有髁上孔，是肱动脉和正中神经的通路。副腕骨不如犬的明显，尺骨肘突较短。

猫有 1 个内脏骨，即阴茎骨。

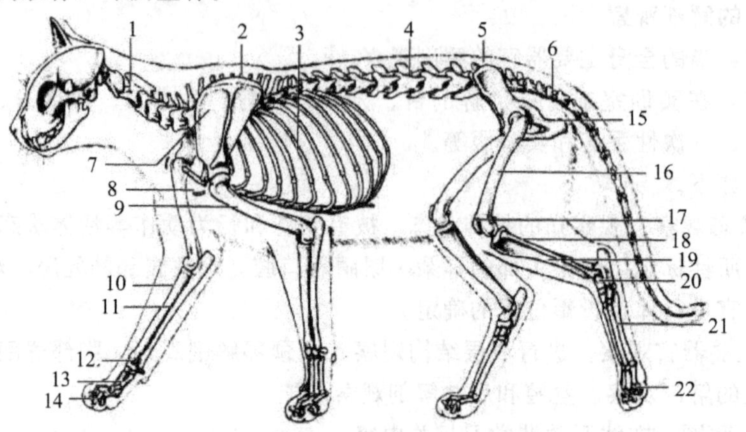

图 3-1　猫的全身骨骼

1. 颈椎；2. 胸椎；3. 肋；4. 腰椎骨；5. 荐骨；6. 尾椎；7. 肩胛骨；8. 锁骨；9. 臂骨；10. 桡骨；11. 尺骨；12. 腕骨；13. 掌骨；14. 指骨；15. 髋骨；16. 股骨；17. 膝盖骨；18. 腓骨；19. 胫骨；20. 跗骨；21. 跖骨；22. 趾骨

（韩行敏，宠物解剖生理，2012）

(二)肌肉

猫全身约有 500 块肌肉，图 3-2 所示为猫的全身浅层肌肉。

1. 前臂和胸部的肌肉特征

胸大肌起于胸骨腹侧中线，止于臂二头肌和臂肌之间。胸小肌是一大块扁平的扇状肌，比胸大肌略厚，起于胸骨体最前面的侧半部或剑突，止于肱骨的正中央或胸大肌终点的下面，与胸大肌一起插入肱肌与肱二头肌之间。

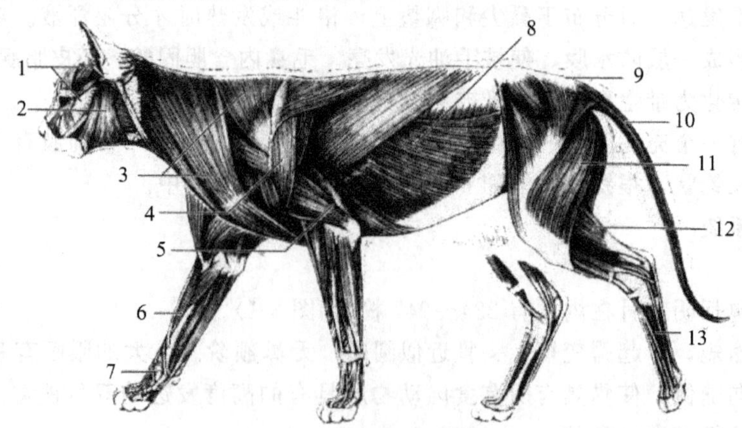

图 3-2　猫的全身浅层肌肉

1. 面肌；2. 咀嚼肌和下颌肌；3. 肩带肌；4. 肩关节肌；5. 肘关节肌；6. 腕关节肌和指长肌；7. 指短肌；8. 腹部肌；9. 臀肌；10. 尾肌；11. 股二头肌；12. 跗关节和趾关节肌；13. 趾短肌

（韩行敏，宠物解剖生理，2012）

2. 胸壁肌的特征

肋横肌是一小块薄的扁平肌，相当于腹横肌的胸部，由5个或6个扁平的肌纤维束组成，位于胸壁的内表面，起于胸骨背面的外侧缘，对着第3～8肋骨的肋软骨附着点，止于肋软骨。

三、消化系统

(一)口腔

猫舌上的丝状乳突(也称突蕾)被有厚的角质层，呈倒钩状，便于舐刮骨上的肉，甚至可把猎物的骨头表面挫平。特殊的舌面构造还用于梳理被毛，舔舐伤口，配合唾液中的溶菌酶共同防止伤口感染。

猫的门齿细小，犬齿最长，前臼齿较小，主要功能为磨碎食物。后臼齿则可以将食物切成小碎片而容易吞食。

猫的乳齿从4月龄开始更换，一直到6月龄几乎都会换成恒久齿。

另外，咬合不良或牙齿不对称在某些品系的猫种中是很常见的现象(如波斯猫)，这种情形并不一定需要矫正。

猫的恒齿式：$2\left(\frac{3\quad 1\quad 3\quad 1}{3\quad 1\quad 2\quad 1}\right)=30$

猫的乳齿式：$2\left(\frac{3\quad 1\quad 3\quad 0}{3\quad 1\quad 2\quad 0}\right)=26$

猫的唾液腺很发达，包括耳下腺、颌下腺、舌下腺、臼齿腺和眶下腺。

(二)胃

图3-3所示为猫的腹腔浅层器官。

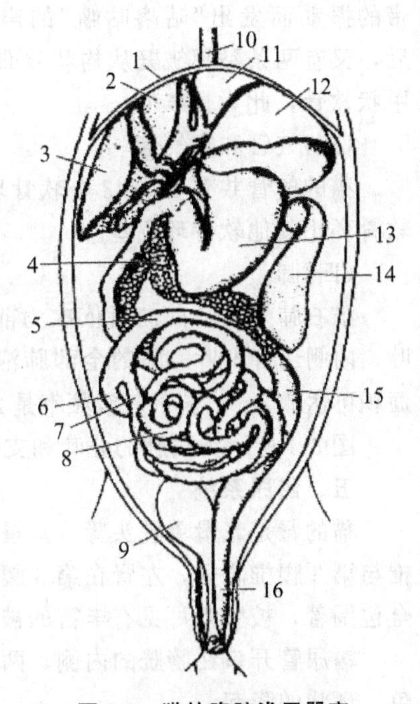

图3-3　猫的腹腔浅层器官

1. 膈；2. 肝右内叶；3. 肝右外叶；4. 胰；5. 横结肠；6. 盲肠；7. 回肠；8. 空肠；9. 膀胱；10. 食管；11. 肝左内叶；12. 肝左外叶；13. 胃；14. 脾；15. 降结肠；16. 直肠

(韩行敏，宠物解剖生理，2012)

猫的胃是单室胃，呈梨形囊状，约能容纳$\frac{1}{3}$L的食物，位于腹腔的前部，几乎全部在体中线的左侧。

(三)肠

十二指肠全长14～16cm，在幽门部向后8～10cm处形成一个U形的弯曲，然后向左通向空肠。十二指肠背壁离幽门部约3cm的黏膜上，有略为突起的乳头，称十二指肠大乳头。其顶端可见一卵圆形的开口，胆总管和胰管均开口于此。

盲肠约2cm长，呈较短的、朝左弯曲的圆锥形。

结肠全长约23cm，直径约为回肠的3倍，与回肠连接处有回结肠间瓣。

家猫肠道全长约1.8m，野猫约1.2m。

(四)肝

猫的肝脏很发达，约占体重的3.11%。

(五)胰

猫的胰脏位于十二指肠弯曲部分，是一个扁平、致密的小叶状腺体，边缘不规则，长约12cm，宽1～2cm。它的中部弯曲几乎成直角。

（六）猫的消化生理特点

猫比犬更加偏爱肉食。猫的下颌是用来撕碎食物的。唾液中没有消化酶，食物不经过口腔的预消化，总是有一口吞下猎物的习性。能感知苦、酸和咸味，对甜味不敏感，猫的胃相对比较小，胃液中盐酸含量高，有利于蛋白质的分解消化。肠道相对很短，不适于消化大量谷类，但是肠壁厚吸收能力强。肝脏比较大，分泌的胆汁有利于脂肪的吸收，所以猫对蛋白质和脂肪能很好地消化吸收，不适合消化大量淀粉和粗纤维类食物。

掩埋粪便的行为是猫在野生状态下防止被其他动物发现所形成的。

四、呼吸系统

（一）鼻腔

猫的左右鼻腔几乎被筛骨鼻甲、上鼻甲和下鼻甲所填满。猫的中鼻道仅仅是上鼻道与下鼻道之间一条狭窄的缝隙。鼻腔的腔面衬以黏膜，在鼻孔处与皮肤相连；同时从内鼻孔通到咽，覆盖内鼻孔的筛骨鼻甲，此为鼻腔的呼吸部。

（二）喉

猫的喉腔可分为三部分，上部的腔为喉的前庭，它的尾缘为假声带。假声带是从会厌靠基部处伸展到杓状软骨尖端的黏膜皱襞。猫由于假声带的振动而发出“咕噜咕噜”的声音，假声带向后，又有两条黏膜皱襞从杓状软骨的顶尖延伸到甲状软骨，此为真声带。

（三）气管和支气管

猫的气管共有38～43个软骨环，气管的第1软骨环比其他软骨环宽些。

（四）肺

猫右肺外侧自前向后依次为前叶、中叶和后叶，内侧还有副叶。肺的全部肺泡展开后，其总面积可达7.2m^2。猫的呼吸频率是24～42次/min。图3-4所示为猫肺的分叶和支气管。

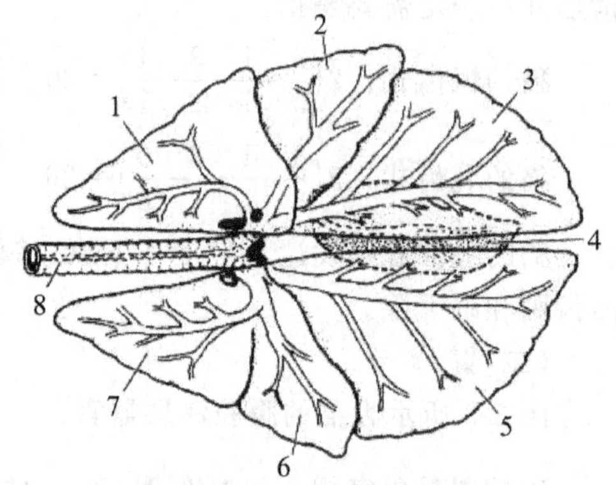

图3-4 猫肺的分叶和支气管

1. 右肺前叶；2. 右肺中叶；3. 右肺后叶；4. 副叶；5. 左肺后叶；6. 左肺前叶后部；7. 左肺前叶前部；8. 气管

（韩行敏，宠物解剖生理，2012）

五、泌尿系统

猫的肾是光滑单乳头肾，呈蚕豆状。猫两肾重量约为体重的0.34%。右肾位于第2腰椎与第3腰椎之间，左肾在第3腰椎与第4腰椎的水平线。在腹膜内，肾由疏松的被膜完全包围着，被膜内可见有丰富的被膜静脉，被膜静脉是猫肾的独有特征。

输尿管开口在膀胱的内侧，两输尿管的开口相距约5cm，每个开口周围环绕着一个白色、环状的隆起。

猫的膀胱位于腹腔后方直肠的腹面。膀胱由3条腹膜褶所悬挂，腹面的一条是从膀胱的腹壁穿到腹白线的下面，称悬韧带；侧面一对称侧韧带，它们各自从膀胱两侧穿过直肠两侧而到达背体壁。

六、生殖系统

（一）公猫生殖系统（如图3-5）

猫的睾丸位于肛门下、阴囊内，贴近身体，略呈椭圆形，成猫双侧睾丸共重4～5g，大小约为14mm×8mm。

猫的副性腺只有前列腺和尿道球腺，而无精囊腺。

猫的阴囊位于肛门的腹面，对着坐骨联合的中线，其正中缝很明显。猫的阴茎平时是朝后下方的，位于包皮之内，呈圆柱形尖端朝后，排尿也是朝后下方的，勃起可使阴茎方向变得朝前。阴茎龟头表面有100～200个角质化乳头，长度约为0.75mm，6～7月龄时这种乳头最大。

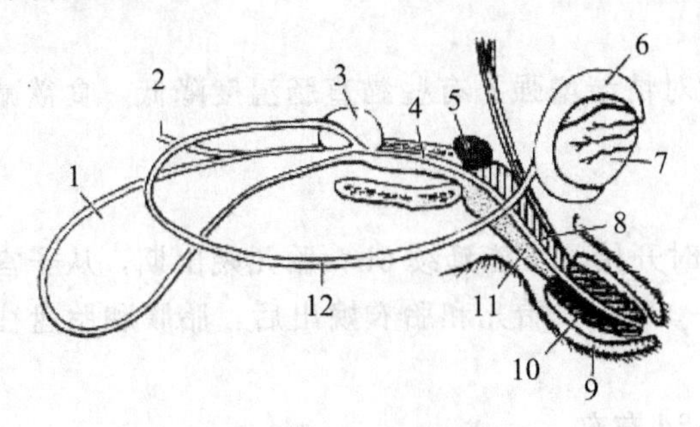

图3-5　公猫的生殖系统

1. 膀胱；2. 输尿管；3. 前列腺；4. 尿生殖道；5. 尿道球腺；6. 附睾；7. 睾丸；8. 尿道海绵体；9. 包皮；10. 阴茎；11. 阴茎海绵体；12. 输精管

（韩行敏，宠物解剖生理，2012）

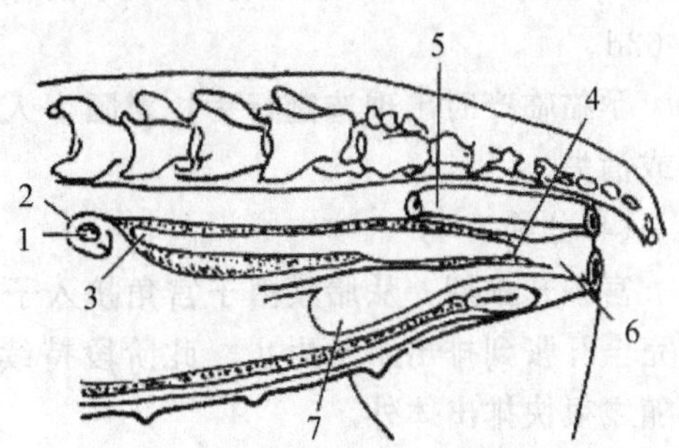

图3-6　母猫的生殖系统

1. 卵巢；2. 输卵管；3. 子宫角；4. 子宫颈；5. 直肠；6. 阴道；7. 膀胱

（韩行敏，宠物解剖生理，2012）

（二）母猫生殖系统（如图3-6）

1. 形态结构

猫的卵巢呈椭圆形，长6～9mm，宽3～5mm。一对卵巢的重量为1.2g，其表面可见许多突出的白色小囊。发情时有3～7个卵泡发育到成熟，直径可达2～3mm。

猫的输卵管长4～5cm，顶部呈喇叭状，称喇叭口，位于卵巢前端外侧面，紧贴着卵巢。

猫的子宫呈Y形，是双角子宫。中部为子宫体。从子宫向两侧延伸至输卵管的部分即子宫角，长度为9～10cm。子宫体位于腹腔中直肠的腹面，长约4cm。

2. 生殖生理

(1)发情

①初情期。猫在野生状态下，是季节性多次发情和诱发排卵动物。初情期受出生季节、品种、饲养方式和断奶时间等因素影响，一般在7～12月龄。

多次发情是指在一个发情季节出现多次发情表现。诱发排卵又称刺激性排卵，必须通过交配或其他途径使子宫颈受到机械性刺激后才排卵，并形成功能性黄体。

②发情周期。猫的发情周期一般为21d左右，发情持续时间为3～6d，具有持续交配能力的时间为2～3d。如果发情期未能排卵，则发情周期为2～3周。如果出现持续发情，周期就会延长。如果交配后排卵但未受孕，则发情周期延长至30～75d，平均为6周。猫的排卵发生在交配后24～50h。

配种适龄约为1周岁。家猫全年均可发情，但在较热的地区，三伏天很少发情。

(2)交配

在发情前期和发情期，雌猫主要是通过叫声、行为以及尿味等来吸引雄猫的注意。

雌猫在发情时，阴道分泌物中含有戊酸。戊酸作为一种外激素，不但可吸引雄猫，而且可刺激雌猫发情。此外，雄猫的气味也是由外激素产生的，这种气味用于雌猫识别一个雄猫的活动范围，并能促进雌猫发情。猫的交配一般发生在光线较暗、安静的地方，以夜间居多。交配期平均2～3d。发情期间，雌猫一天可以交配多次，通常由雌猫决定终止交配。

(3)妊娠

猫的妊娠期的长短因品种、母猫年龄和环境等因素而异，一般为57～71d，平均为63d。

孕猫临产时出现造窝行为，对陌生人的敌对情绪增强。有些猫直肠温度降低，食欲减退或消失。

(4)分娩

宫颈开张期，从胎膜由子宫角挤入子宫颈时开始，可能延续6h；胎儿娩出期，从子宫颈完全开张到排出胎儿为止，此阶段持续10～30min；胎儿和胎衣娩出后，胎膜和胎盘往往随之很快排出体外。

猫每胎产仔3～8只，平均4只，哺乳期42d左右。

七、心血管系统

(一)心脏

猫的心脏前端的腹面有胸腺。心脏大约在第4或第5肋骨到第8肋骨之间，其心尖部稍向左偏，并接触膈。

猫的心率为120～140次/min。

(二)血管

猫的主动脉口的每一个瓣膜都部分地隐蔽一个主动脉窦。

猫的正常收缩压为15.73kPa(11.73～18.93kPa)，舒张压为9.33kPa(7.47～11.33kPa)。猫的血液总量为体重的6.2%，RBC数为700万/mm^3～1000万/mm^3，WBC为9 000/mm^3～24 000/mm^3，Hb含量为13.8g/mL。

八、免疫系统

猫的胸腺是重要的淋巴器官，幼年发达，成年后部分或全部退化。猫的胸腺呈灰红色，分左、右两叶，左叶比右叶稍大，一般位于胸腔纵隔内，前端有的个体可以突出胸前口而形成颈部，后端伸达心包后缘。

猫脾扁平细长而弯曲，平行于胃大弯，其左侧末端较宽，深红色，位于胃的左侧，悬挂在大网膜的降支内，胃大弯的后面。

九、神经系统

猫的小脑较发达，向外、向前、向后扩展，从背面观，小脑遮盖了中脑和间脑，也覆盖延髓的较大部分。平衡觉和呕吐中枢发达，容易晕车晕船，不易摔伤或摔死，这就是“猫有九命”之说的解剖生理依据。

猫几乎色盲，善于观察运动物体，视觉需足够的牛磺酸来维持，食物中牛磺酸含量不应低于0.1%。猫第三眼睑发达，视觉非常宽阔，单眼视野约150°，双眼共同视野约200°，光线折射和散瞳能力极强，有利于夜视。

十、内分泌系统

猫的肾上腺位于肾脏前内侧，不与肾脏相接，外部为卵圆形，长径约1cm，黄色或淡红色，常被脂肪包埋，腹面被腹膜覆盖。

猫的甲状腺位于气管与食管两侧，由两个侧叶和中间的峡部组成。每一侧叶长约 2cm，宽约 0.5cm，而峡部是一个细长的带，宽约 2mm。

拓展阅读：

材料设备清单

项目	猫的解剖观察				学时	6	
项目	序号	名称	作用	数量	型号	使用前	使用后
所用设备	1	手术台	操作实验	4 个			
所用工具	4	手术器械	解剖构造观察	4 套			
所用药品（动物）	5	猫尸体标本	解剖构造观察	4 只			

作业单

项目	猫的解剖观察
作业完成方式	课余时间独立完成。
作业题 1	猫运动系统的特点是什么？
作业解答	
作业题 2	猫消化器官的结构和生理特点是什么？
作业解答	
作业题 3	猫呼吸系统的结构特点？
作业解答	
作业题 4	母猫发情期的特点？
作业解答	
作业题 5	猫感觉器官有什么特点？
作业解答	

续表

<table>
<tr><td rowspan="4">作业评价</td><td>班级</td><td></td><td>第　组</td><td colspan="2">组长签字</td><td></td></tr>
<tr><td>学号</td><td></td><td>姓名</td><td colspan="3"></td></tr>
<tr><td>教师签字</td><td></td><td>教师评分</td><td></td><td>日期</td><td></td></tr>
<tr><td colspan="6">评语：</td></tr>
</table>

学习反馈单

<table>
<tr><td>项目</td><td colspan="5">猫的解剖观察</td></tr>
<tr><td>评价内容</td><td colspan="5">评价方式及标准</td></tr>
<tr><td rowspan="3">知识目标达成度</td><td colspan="5">作业评量及规准</td></tr>
<tr><td>A(90分以上)</td><td>B(80—89分)</td><td>C(70—79分)</td><td>D(60—69分)</td><td>E(60分以下)</td></tr>
<tr><td>内容完整，阐述具体，答案正确，书写清晰。</td><td>内容较完整，阐述较具体，答案基本正确，书写较清晰。</td><td>内容欠完整，阐述欠具体，答案大部分正确，书写不清晰。</td><td>内容不太完整，阐述不太具体，答案部分正确，书写较凌乱。</td><td>内容不完整，阐述不具体，答案基本不太正确，书写凌乱。</td></tr>
<tr><td rowspan="3">技能目标达成度</td><td colspan="5">实作评量及规准</td></tr>
<tr><td>A(90分以上)</td><td>B(80—89分)</td><td>C(70—79分)</td><td>D(60—69分)</td><td>E(60分以下)</td></tr>
<tr><td>能快速准确识别猫全身主要器官的构造，操作规范。</td><td>能准确识别猫全身大部分主要器官的构造，操作规范，速度较快。</td><td>能准确识别猫的个别器官的构造，操作较规范，速度一般。</td><td>猫的个别器官的构造能识别出来，操作欠规范，速度较慢。</td><td>猫的大部分器官的构造识别不太正确，操作不规范，速度很慢。</td></tr>
<tr><td rowspan="3">素养目标达成度</td><td colspan="5">表现评量及规准</td></tr>
<tr><td>A(90分以上)</td><td>B(80—89分)</td><td>C(70—79分)</td><td>D(60—69分)</td><td>E(60分以下)</td></tr>
<tr><td>积极参与线上、线下各项活动，态度认真。分析、解决问题强，具备善待宠物和生物安全意识。</td><td>积极参与线上、线下各项活动，态度较认真。分析、解决问题较强，具备一定的善待宠物和生物安全意识。</td><td>能参与线上、线下各项活动，态度一般。分析、解决问题一般，善待宠物和生物安全意识一般。</td><td>能参与线上、线下部分活动，态度一般。分析、解决问题较差，善待宠物和生物安全意识较差。</td><td>线上、线下各项活动参与度低，态度一般。分析、解决问题差，善待宠物和生物安全意识差。</td></tr>
<tr><td colspan="6">反馈及改进</td></tr>
<tr><td colspan="6">针对学习目标达成情况，提出改进建议和意见。</td></tr>
</table>

模块四
其他宠物的解剖生理特征

项目　鸟、鱼、鼠、兔的解剖观察

学习任务单

项目	鸟、鱼、鼠、兔的解剖观察	学　时	10
布置任务			
学习目标	1. 知识目标 能简述其他宠物消化、呼吸、泌尿、生殖系统的生理特点。 2. 技能目标 (1)能识别观赏鱼、观赏鸟皮肤及皮肤衍生物、肌肉、骨骼的形态、结构； (2)能指出其他宠物消化、呼吸、泌尿、生殖系统的组成； (3)能比较并说明观赏鸟嗉囊、胃、肠、肾、膀胱、睾丸、卵巢、法氏囊等器官形态、位置、构造特点； (4)能比较并说明观赏鱼口腔、胃、肠、鳃、肾、膀胱、精巢、卵巢等器官形态、位置。 3. 素养目标 (1)培养学生独立分析问题、解决实际问题和继续学习的能力； (2)具有组织管理、协调关系、团队合作的能力； (3)培养学生吃苦耐劳、善待宠物、敬畏生命的工匠精神。		
任务描述	在解剖实训室利用解剖器械对观赏鸟、鱼、鼠、兔进行解剖，并观察主要脏器的形态、颜色、质地、位置和构造，认知其机能。 具体任务如下。 1. 观赏鸟解剖生理特点认知。 2. 观赏鱼解剖生理特点认知。 3. 宠物鼠解剖生理特点认知。 4. 宠物兔解剖生理特点认知。		
提供资料	1. 韩行敏．宠物解剖生理．北京：中国轻工业出版社，2012 2. 霍军，曲强．宠物解剖生理．北京：化学工业出版社，2020 3. 李静．宠物解剖生理．北京：中国农业出版社，2007 4. 白彩霞．动物解剖生理．北京：北京师范大学出版社，2021 5. 张平，白彩霞．动物解剖生理．北京：化学工业出版社，2017		

提供资料	6. 范作良．家畜解剖学．北京：中国农业出版社，2001 7. 范作良．家畜生理学．北京：中国农业出版社，2001 8. 黑龙江农业工程职业学院教师张磊负责的宠物解剖生理在线课网址： 9. 黑龙江职业学院教师白彩霞负责的动物解剖生理在线精品课网址：
对学生要求	1. 能根据学习任务单、资讯引导，查阅相关资料，在课前以小组合作的方式完成任务资讯问题。 2. 以小组为单位完成学习任务，体现团队合作精神。 3. 严格遵守实训室和宠物饲养场规章制度，避免安全隐患。 4. 对各种宠物的解剖特点进行对比学习。 5. 严格遵守操作规程，做好自身防护，防止疾病传播。

任务资讯单

项目	鸟、鱼、鼠、兔的解剖观察
资讯方式	通过资讯引导、观看视频，到本课程及相关课程的在线精品课网站、解剖实训室、标本室、组织实训室、生理实训室、实习牧场、图书馆查询，向指导教师咨询。
资讯问题	1. 观赏鸟的外部观察主要有哪些结构？ 2. 观赏鸟的体腔如何剖开？气囊如何观察？ 3. 观赏鸟的内脏如何摘除和观察？ 4. 观赏鸟头颈部、翼和后肢主要观察哪些结构？ 5. 观赏鱼的外部观察有哪些结构？ 6. 观赏鱼的致死方式有哪些？ 7. 观赏鱼体腔如何剖开？ 8. 观赏鱼的内脏如何摘除和观察？ 9. 宠物鼠外部观察主要有哪些结构？ 10. 宠物鼠消化系统如何观察？ 11. 宠物鼠呼吸系统如何观察？ 12. 宠物鼠泌尿生殖系统如何观察？ 13. 宠物兔的致死和剥皮方法有哪些？ 18. 宠物兔的胸腔如何打开？如何观察胸腔的主要脏器？ 19. 宠物兔的腹腔如何打开？如何观察腹腔的主要脏器？

资讯引导	所有资讯问题可以到以下资源中查询。 1. 韩行敏主编的《宠物解剖生理》。 2. 李静主编的《宠物物解剖生理》。 3. 霍军，曲强主编的《宠物解剖生理》。 4. 白彩霞主编的《动物解剖生理》。 5. 宠物解剖生理在线课网址： 6. 动物解剖生理在线精品课网址： 7. 本模块工作任务单中的必备知识。

●●●● 案例单

项目	鸟、鱼、鼠、兔的解剖观察	学时	10
序号	案例内容	相关知识技能点	
1.1	某观赏鸽群，发病初期以呼吸道和消化道症状为主，表现为呼吸困难，咳嗽和气喘，有时可见头颈伸直，张口呼吸，食欲减少或死亡，出现水样稀粪，用药物治疗效果不明显。病鸽逐渐脱水消瘦，呈慢性散发性死亡。剖检病变不典型，其中最具诊断意义的是十二指肠黏膜、卵黄柄前后的淋巴结、盲肠扁桃体、回肠、直肠黏膜等部位有出血灶，开颅腔脑部也有出血点。初步诊断为新城疫。	此案例涉及与本单元内容相关的知识点和技能点为：对观察鸟进行正确解剖和脏器摘除；准确识别观赏鸟内脏器官正常的形态、位置、大小、颜色、质地和构造。	
1.2	某宠物兔养殖场 4 月龄兔突然出现食欲减退，精神沉郁，被毛无光泽，喜卧不喜动，严重腹泻等症状，个别兔腹围增大，肝区触诊敏感。粪便检查发现大量卵囊。剖检病死兔，可见肝脏高度肿大，肝表面及实质内有白色或淡黄色粟粒大至豌豆大的结节性病灶，多沿胆小管分布。取结节病灶压片镜检，可见到不同发育阶段的球虫虫体。诊断该病为兔球虫病急性期病例。	此案例涉及与本单元内容相关的知识点和技能点为：对宠物兔进行正确解剖和脏器摘除；准确识别兔内脏器官正常的形态、位置、大小、颜色、质地和构造。	

工作任务单

<table>
<tr><td>项目</td><td>鸟、鱼、鼠、兔的解剖观察</td></tr>
<tr><td colspan="2">

任务1　观赏鸟的解剖观察

任务描述：在实训室进行观赏鸽的解剖和脏器摘除，并识别内脏器官正常的形态、位置、大小、颜色、质地和构造。

准备工作：在实训室准备鸽、方盘、骨剪、手术刀、解剖刀、剪刀、镊子、棉线、脱脂棉、一次性手套和实验服等。

实施步骤如下。

1. 在实训室观察观赏鸽眼睑、眼、耳垂、耳孔、喙、鼻瘤、全身羽毛、尾脂腺、脚鳞、爪、泄殖腔周围，并注意幼鸽与老龄鸽爪间区别。

2. 在实训室致死和拔毛后观察气囊、肝脏、胆囊、腺胃、肌胃、十二指肠、胰脏、空肠、肠系膜、回肠、盲肠、盲肠扁桃体、直肠、泄殖腔、腔上囊、心脏、肺脏、脾脏、卵巢(或睾丸)、输卵管(或输精管)、肾上腺、肾脏、输尿管、腹腔动脉、坐骨神经；食管、嗉囊、气管、支气管、鸣管、甲状腺、翼下静脉和后肢等。

3. 通过互联网、在线开放课学习相关内容。

任务2　观赏鱼的解剖观察

任务描述：在实训室进行观赏鱼的解剖和脏器摘除，并识别内脏器官正常的形态、位置、大小、颜色、质地和构造。

准备工作：在实训室准备观赏鱼、方盘、骨剪、手术刀、解剖刀、剪刀、镊子、棉线、脱脂棉、一次性手套和实验服等。

实施步骤如下。

1. 在实训室观察金鱼体型、头部形态、眼、鼻、鳃裂、绒球、鳍位置和数量、皮肤及鳞片特点。

2. 在实训室观察口腔、食道、肠管、泄殖腔、肝脏、胰腺、鳔、肾脏、输尿管、膀胱、精巢、心脏等。

3. 通过互联网、在线开放课学习相关内容。

任务3　宠物鼠的解剖观察

任务描述：在实训室进行宠物鼠的解剖和脏器摘除，并识别内脏器官正常的形态、位置、大小、颜色、质地和构造。

准备工作：在实习牧场准备宠物鼠、方盘、骨剪、手术刀、解剖刀、剪刀、镊子、棉线、脱脂棉、一次性手套和实验服等。

实施步骤如下。

1. 在实训室沿宠物鼠耳边缘静脉打空气针致死。

2. 外部观察天然孔、被毛、皮肤和营养状况。

3. 在实训室剥皮后观察胸头肌、臂头肌、肩胛舌骨肌、颈静脉沟、颈静脉、颈动脉、迷走交感神经干、气管、食管和甲状腺；肩带肌；胸壁肌、胸壁、心脏、肺脏，腹壁肌、肝、胆囊、十二指肠、胰、空肠、回肠、结肠、盲肠、肾脏、输尿管、卵巢、输卵管和子宫(或输精管)的形态、位置和构造。

4. 通过互联网、在线开放课学习相关内容。

</td></tr>
</table>

任务4　宠物兔的解剖观察

任务描述：在实训室进行兔的解剖和脏器摘除，并识别内脏器官正常的形态、位置、大小、颜色、质地和构造。

准备工作：在实习牧场准备兔、方盘、骨剪、手术刀、解剖刀、剪刀、镊子、棉线、脱脂棉、一次性手套和实验服等。

实施步骤如下。

1. 在实训室沿兔耳边缘静脉打空气针致死。

2. 外部观察天然孔、被毛、皮肤和营养状况。

3. 在实训室剥皮后观察胸头肌、臂头肌、肩胛舌骨肌、颈静脉沟、颈静脉、颈动脉、迷走交感神经干、气管、食管和甲状腺；肩带肌；胸壁肌、胸壁、心脏、肺脏，腹壁肌、肝、胆囊、十二指肠、胰、空肠、回肠、结肠、盲肠、盲肠扁桃体、圆小囊、蚓突、肾脏、输尿管、卵巢、输卵管和子宫(或输精管)的形态、位置和构造。

4. 通过互联网、在线开放课学习相关内容。

必备知识

观赏鸟的解剖生理特征

观赏鸟属于鸟纲，种类繁多，形态多种多样。有喜欢鸣叫的如画眉、百灵；有外貌可爱迷人的，如观赏鸽；有的能展示技艺，如八哥、鹦鹉等。深受人们喜爱。观赏鸟大多数飞翔生活，身体呈梭形，体表被覆羽毛；一般前肢变成翼(有的种类翼已退化如鸵鸟)；有坚硬的喙。骨骼轻而坚固，内有充满气体的腔隙；体温恒定、较高，通常为42℃。呼吸器官除肺外，还有由肺壁凸出而形成的气囊。

一、被皮系统

(一)皮肤

鸟的皮肤薄、松，缺乏腺体。皮肤大部分有羽毛着生，称为羽区。无羽毛的部位，称为裸区。

(二)皮肤衍生物

观赏鸟的皮肤衍生物主要包括羽毛、喙、鳞片、爪、尾脂腺和头部的冠、肉髯、耳叶等。

根据羽毛形态不同，可分为三类：分别为正羽、绒羽和纤羽。羽毛的颜色绚丽多彩，是由化学性的沉积和物理性的折光所产生，成熟期和夏季的羽毛颜色通常比较鲜艳。

鳞片为分布在跖、趾部的高度角质化皮肤。爪位于观赏鸟的每一个趾端，仅少数种类的翼还保留，一般呈弓形，由坚硬的背板和软角质的腹板形成。

多数观赏鸟唯一的皮肤腺为尾脂腺，位于尾综骨的背侧，分泌油脂等以保护羽毛。

二、运动系统

(一)骨骼

图 4-1 所示为鸟的骨骼。鸟的骨骼特点主要为骨片薄、含气骨及骨骼发生愈合。

1. 头骨

头骨薄而轻，有大量蜂窝状小孔；整体呈圆锥形，成年鸟颅骨大部分愈合，颅腔大，顶部呈圆拱形；眼球发达所以两眼窝深而大；上、下颌骨前伸，套以角质鞘，称为喙；口腔无牙齿。

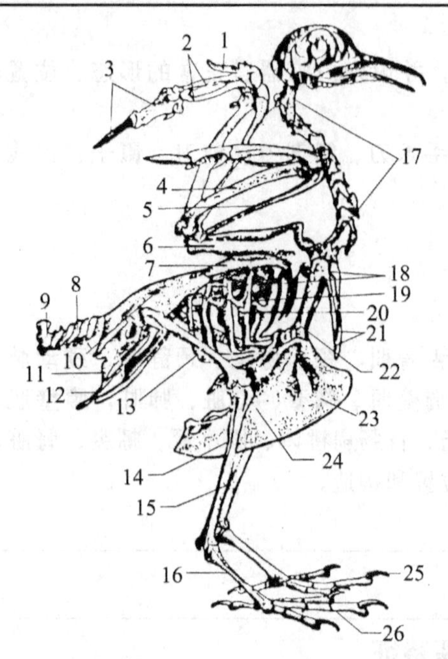

图 4-1 鸟的骨骼

1. 指骨；2. 掌骨；3. 指骨；4. 尺骨；5. 桡骨；6. 臂骨；7. 肩胛骨；8. 尾椎；9. 尾综骨；10. 荐骨；11. 坐骨；12. 耻骨；13. 股骨；14. 腓骨；15. 胫骨；16. 附蹠骨；17. 颈椎；18. 胸椎；19. 钩状突；20. 肋骨；21. 锁骨；22. 喙骨；23. 龙骨突；24. 胸骨；25. 爪；26. 趾骨

（李静，宠物解剖生理，2007）

2. 躯干骨

躯干骨由脊柱、胸骨和肋骨构成。

脊柱共有 35～38 枚，分为颈椎、胸椎、腰椎、荐椎和尾椎五部分。

鸟类颈椎数目多，常见为 14～15 枚；胸椎常见为 4～6 枚，最后 1～2 枚胸椎与其后全部腰椎、荐椎、部分尾椎共同构成愈合荐椎，最后几块尾椎愈合成块尾综骨；胸骨发达，中间高耸突起称为龙骨突。

3. 附肢骨

附肢骨包括前肢的肩带骨和游离部骨、后肢的盆带骨和游离部骨，它们都有愈合、减少的现象，其中前肢演化为翼。

肩带由肩胛骨、鸟喙骨和锁骨构成，三骨连接处形成肩臼，与前肢骨的肱骨构成关节。腕骨仅留两块，其余与掌骨愈合为腕掌骨。指骨仅留三指，其余退化。

两耻骨不在腹中线处愈合，形成“开放式骨盆”。后肢一般有四趾，一趾向后，三趾向前。

(二)肌肉

鸟类全身大约由 175 块不同的肌肉组成。

背部肌肉退化，颈部、胸部和腿部肌肉发达，与飞翔有着密切关系，胸大肌收缩时使翼下降，胸小肌收缩时使翼上升。

气管下方还有鸣管肌，可调节鸣管的形状和紧张程度，所以鸟类的鸣声多变。

三、消化系统

鸟消化系统如图 4-2 所示。消化管由喙、口咽、食管、嗉囊、胃、肠、泄殖腔组成。消化腺主要由唾液腺、胃腺、肝脏、胰腺等组成。

喙是消化道的最前端，是上、下颌周围表皮角质层增厚、角蛋白钙化而成。

舌尖角质化，一般呈箭头形。

食道较长，在胸腔前口处有膨大的嗉囊，是贮存和软化食物的器官。

胃分为两部分，腺胃和肌胃。腺胃的胃壁较薄，分泌的消化液含有蛋白酶和盐酸。肌胃又称砂囊，壁厚，

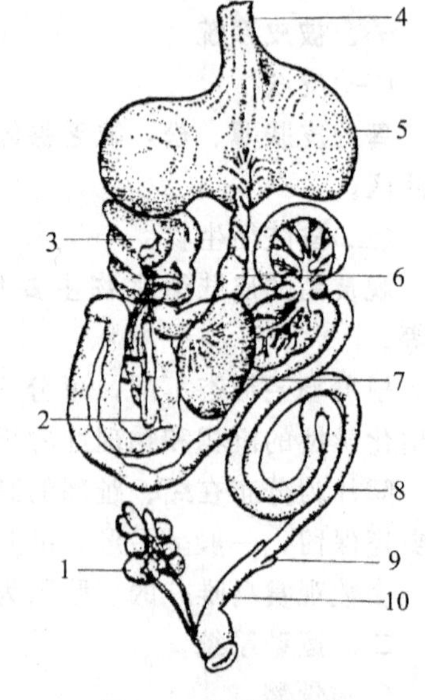

图 4-2 鸟消化系统

1. 肾脏；2. 胰脏；3. 肝脏；4. 食道；5. 嗉囊；6. 腺胃；7. 肌胃；8. 小肠；9. 盲肠；10. 直肠

（李静，宠物解剖生理，2007）

内壁有一层黄色的角质层，肌胃借助砂砾研磨食物。肉食性观赏鸟的肌胃不发达。

有一对盲结，直肠很短，不贮存粪便，有利于减轻飞行重量。肛门开口于泄殖腔，泄殖腔的背面有一特殊的腺体，称为腔上囊，性成熟后随年龄增长而缩小。

四、呼吸系统

鸟的呼吸系统包括鼻腔、咽喉、气管、鸣管、支气管、肺和气囊。肺和气囊形成特殊的“双重呼吸”方式。图 4-3 所示为鸟肺和气囊模式图。

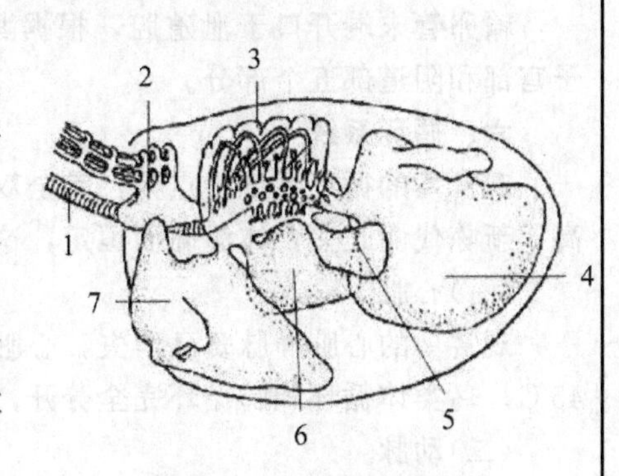

图 4-3　肺和气囊模式图

1. 气管；2. 颈气囊；3. 肺；4. 腹气囊；5. 后胸气囊；6. 前胸气囊

气管进入胸腔后，在左右支气管交界处有一鸣管，是鸟类的发声器官。

鸟的肺体积不大，弹性比较小，紧贴于背部肋骨凹陷里，由各级分支的气管形成彼此相通的网状管道系统，呼吸面积比其他脊椎动物大得多。

五、泌尿生殖系统(如图 4-4)

(一)泌尿系统

鸟有一对肾脏，约占体重的 0.5%～2.6%，狭长形，多数分三叶，但也有见分两叶和五叶。鸟的排泄过程快，肾小球数量是哺乳动物的两倍。

鸟没有膀胱，这与飞行减轻体重有关；输尿管开口于泄殖腔。

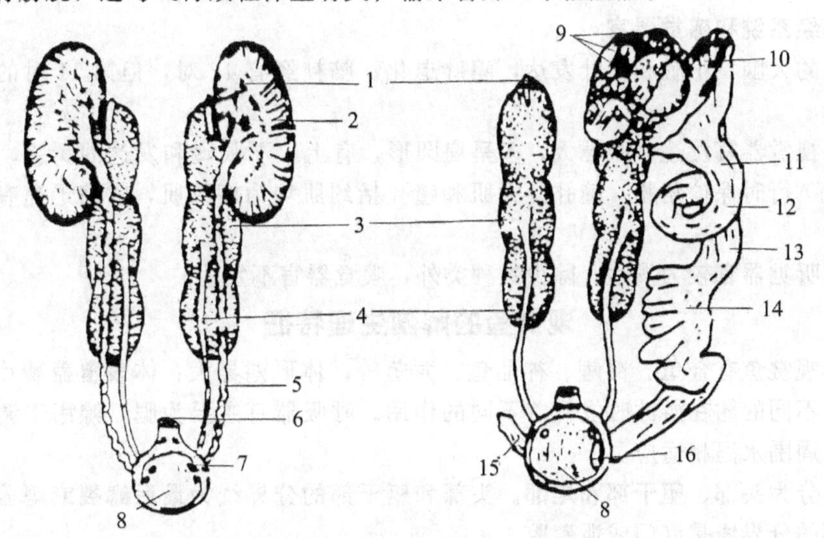

图 4-4　鸽子的泌尿、生殖系统

1. 肾上腺；2. 睾丸；3. 肾脏；4. 输尿管；5. 输精管；6. 直肠；7. 输尿管开口；8. 泄殖腔；9. 卵巢内的卵；10. 输卵管喇叭口；11. 输卵管管(喇叭管)；12. 输卵管；13. 峡部；14. 子宫；15. 退化的右输卵管；16. 输卵管开口

(李静，宠物解剖生理，2007)

(二)雄性生殖系统

雄鸟有一对睾丸，位于肾脏的腹侧偏前方，椭圆形，左右大小往往不对称，平时萎缩，发情期体积可增大几百倍到 1000 倍。从睾丸发出一对弯曲的输精管，开口于泄殖腔。鸟类一般无交配器，只靠雌、雄鸟的泄殖腔相互吻合完成受精。

(三)雌性生殖系统

雌鸟生殖器官只有左侧卵巢和输卵管发达，右侧退化。卵巢在非生殖期很小，生殖期增大。

输卵管末端开口于泄殖腔，根据其形态结构和功能特点分为漏斗部、壶腹部、峡部、子宫部和阴道部五个部分。

六、循环系统

观赏鸟的循环系统特点为：完全双循环，只留一条右体动脉弓，心跳频率快，血压较高，新陈代谢旺盛，体温高而恒定，这与鸟飞翔生活所需要的高能量、高消耗相适应，

(一)心脏

观赏鸟的心脏静脉窦已消失，心脏比例大，占体重0.95%～2.37%，一般体温在38～45℃。鸟类体循环和肺循环完全分开，称为完全双循环。

(二)动脉

右体动脉弓由左心室发出输送血液至全身，左体动脉弓消失。

(三)静脉

前腔静脉、后腔静脉、锁骨下静脉和胸静脉的血液流入右心房。肾门静脉趋于退化。鸟类特有的尾肠系膜静脉，向前汇入肝门静脉。

(四)淋巴系统

淋巴系统主要有胸腺、脾脏、淋巴结(有些鸟缺失)、腔上囊等。

七、神经系统和感觉器官

观赏鸟的大脑、小脑和视叶发达，嗅叶退化。脑神经有12对，但第11对的副神经不发达。

观赏鸟视觉器官发达，眼球大，多呈扁圆形，有上、下眼睑和发达的瞬膜，瞬膜透明覆盖眼球，飞行时保护角膜。瞳孔开大肌和瞳孔括约肌均为横纹肌，收缩迅速有力，与飞翔相适应。

观赏鸟听觉器官较为发达；除少数种类外，嗅觉器官不发达。

观赏鱼的解剖生理特征

常见的观赏鱼有金鱼、锦鲤、神仙鱼、龙鱼等，体形差异大；体表覆盖鳞片，体色多样；有鳍，不同的鳍在游泳时发挥着不同的作用。呼吸器官主要为腮，鳔用于调节身体比重。体温与周围水温相适应。

身体可分为头部、躯干部和尾部。头部和躯干部的分界线为最后鳃裂或鳃盖后缘，躯干部和尾部的分界线是肛门或泄殖腔。

头部主要的器官有口、唇、须、眼、鼻、鳃裂和鳃孔等。口的形态随食性的不同而略有差异。观赏鱼的眼睛一般较大，多位于头部两侧。鳍可分为奇鳍和偶鳍两大类。奇鳍位于体之正中，不成对，包括背鳍、臀鳍。偶鳍均成对存在，位于身体两侧，如胸鳍和腹鳍。

一、被皮系统

皮下疏松结缔组织少，所以皮肤与肌肉连接紧密。皮肤的衍生物有黏液腺、鳞片和色素细胞。

黏液腺由表皮衍生而来，分泌黏液可以防止微生物入侵和减少游泳时的阻力。色素细胞、毒腺、发光器也是皮肤衍生而来的。

鳞片分为盾鳞(表皮和真皮共同的衍生物)、硬鳞和骨鳞(真皮的衍生物)。其中骨鳞面

有很多同心环纹，称为年轮，由此可推算鱼的年龄。

二、运动系统

(一)骨骼

硬骨鱼中的部分或全部骨骼已经骨化为硬骨质，鳞片为硬鳞或骨鳞，头骨还有接缝。而软骨鱼(鲨鱼、鳐鱼、银鲛、锯鳐、鲟鱼、魟鱼)的骨头完全由软骨组成，虽然会钙化，但并没有真骨组织，这类鱼的外骨骼不发达，有的甚至退化，身体表面为盾鳞。

1. 中轴骨

中轴骨包括头骨和脊柱。

(1)头骨，分为脑颅和咽颅两部分。

(2)脊柱，分为躯椎和尾椎两类，躯椎是由椎体、椎弓、椎棘、椎管、椎体横突、关节突构成，肋骨与椎体横突相连；尾椎的椎体腹面有脉弓和脉棘，脉弓有血管通过，没有和肋骨相连。

2. 附肢骨

附肢骨包括鳍骨和带骨。

(1)鳍骨，分为偶鳍骨(胸鳍和腹鳍)和奇鳍骨(背鳍、臀鳍)。

(2)带骨，连接胸鳍的是肩带，连接腹鳍的是腰带。

(二)肌肉

躯干和尾部的肌肉也由系列的肌节组成，肌节间有肌隔。这种排列有利于鱼类在水中左右屈伸运动。有些鱼的肌肉转化为发电器官，可以有攻击、防卫和定位的功能。

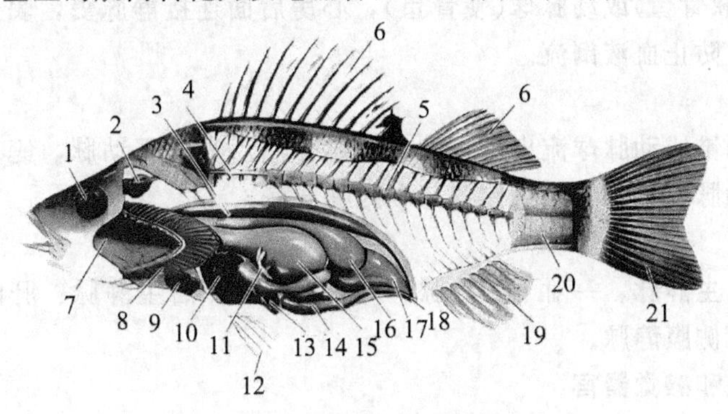

图 4-5　鱼的内部器官

1. 眼；2. 脑；3. 肾；4. 神经索；5. 脊椎；6. 背鳍；7. 口咽腔；
8. 鲤耙；9. 心脏；10. 肝脏；11. 幽门盲囊；12. 胸鳍；13. 脾；14. 肠；
15. 胃；16. 鳔；17. 生殖腺；18. 肛门；19. 臀鳍；20. 肌节；21. 尾鳍

(韩行敏，宠物解剖生理，2012)

三、消化系统

图 4-5 所示为鱼的内部器官示意图，消化器官有口腔、咽、食道、胃、肠、泄殖腔(软骨鱼类)或肛门(硬骨鱼类)。

上、下颌虽生有牙齿，但只能捕捉和咬住食物，无咀嚼功能。咽喉齿有突起以切割水草。

草食性鱼肠管较长；肉食性鱼不仅有胃，有些硬骨鱼在胃与肠分界处还生有幽门盲囊的突起，小肠分为十二指肠和回肠，大肠可分为结肠和直肠，大多数鱼类的肝脏呈黄褐色，分为两叶。有些种类的观赏鱼(板鳃类)胰脏很发达，明显与肝脏分离，位于胃的末端与肠的连接处。硬骨鱼类(真鲷、黑鲷、海龙)的胰脏部分或全部与肝脏弥散为一体。

四、呼吸系统

观赏鱼的主要呼吸器官是鳃，每侧有 4 个全鳃和 1 个半鳃，共 9 个半鳃，鳃弓内侧生有鳃耙是滤食器官，第五对鳃弓无鳃而生有咽喉齿。

鳔位于体腔背方的长形薄囊，鳔一般分为两室，内含氧气、氮气和二氧化碳。鳔的功能主要是调节身体比重，控制在水中的升降。

五、泌尿生殖系统

(一)泌尿系统

肾脏位于体腔背壁，狭长形，暗红色，肾脏腹面有输尿管。硬骨鱼的两条输尿管末端合并形成膀胱。

(二)生殖系统

生殖系统由生殖腺和生殖导管构成。

硬骨鱼有成对的精巢和卵巢，成对的输精管和输卵管。精巢和卵巢由囊状膜包裹着，输精管和输卵管也是由囊状膜延长而成。

六、循环系统

循环系统主要包括心脏、动脉和静脉。

(一)心脏

心脏位于体腔前端，靠近头部，腹面由肩带保护。心脏只有一个心房一个心室，心室前端有动脉圆锥(软骨鱼)或动脉球(硬骨鱼)，心房后面连接静脉窦，窦房间、房室间和动脉圆锥内有瓣膜，防止血液倒流。

(二)动脉

血液从动脉圆锥或动脉球流出进入腹大动脉，然后流向腮动脉，鳃获得氧气后在背部汇合为一条背大动脉，再分支到身体各部和内脏器官。

(三)静脉

一般由一对前主静脉、一对下颈静脉、对侧腹静脉、后主静脉、肝门静脉和肾门静脉构成。但硬骨鱼无侧腹静脉。

七、神经系统和感觉器官

(一)神经系统

脑由大脑、间脑、中脑、小脑和延髓五部分构成。大脑的主要功能是嗅觉；间脑有探测水深和影响观赏鱼色素细胞的功能；中脑为视觉中枢；小脑主要调节运动；延髓为脑的最后部分，有多种神经中枢，重要的有听觉、侧线感觉中枢和呼吸中枢。

(二)感觉器官

鱼类的感觉器官适应水下生活。

1. 侧线器官

侧线器官分布于鱼的头部和躯干部两侧，侧线的重要功能是感觉水流。

2. 视觉器官

鱼类角膜扁平面临近晶状体，近视，没有眼睑和泪腺。

3. 平衡觉和听觉器官

鱼类听觉器官只有内耳，主要功能是平衡作用，其次是听觉。

4. 嗅觉器官

是一对内陷的嗅囊，有大量嗅觉上皮组织。

宠物鼠的解剖生理特征

宠物鼠指人类为了观赏或趣味而饲养的鼠类。宠物鼠品种主要有豚鼠、黄金鼠、通心粉鼠、绒鼠科、花鼠、龙猫和仓鼠等。下面以豚鼠为例来介绍其解剖生理特征。

一、外形

豚鼠是无尾啮齿动物，身体紧凑，粗短、头大颈短、花瓣状耳朵，前肢有四趾，后肢有三趾，趾端有尖锐的短爪。

二、骨骼系统

豚鼠有颈椎 7 块、胸椎 13 块、腰椎 6 块、荐椎 4 块、尾椎 6 块，肋骨 13 对。其中真肋骨 6 对，假肋骨 3 对，浮肋骨 4 对。

三、消化系统

豚鼠口腔内牙齿的数量为：切齿 4 个、前臼齿 4 个、臼齿 12 个，门齿很短不断生长。消化管管壁较薄，胃黏膜呈襞状，胃容量为 20～30ml；肠管较长，约为体长的 10 倍，其中小肠最长，盲肠发达，约占腹腔的 1/3。

四、呼吸系统

豚鼠的气管腺不发达，仅在喉部有气管腺，支气管以下无气管腺。豚鼠的肺呈粉红色，位于胸腔内，可分为 7 叶：右肺 4 叶，左叶分 3 叶。肺组织中淋巴组织特别丰富。

五、生殖系统

(一)雌性

雌性豚鼠有左右两个完全分开的子宫角，具有无孔的阴道闭合膜。豚鼠有早熟的性特征，雌鼠在 14 日龄时卵泡开始发育，约 60 日龄开始排卵，雌鼠为全年多次发情动物，其性周期为 12～18d。豚鼠的妊娠期为 60～72d，平均为 68d。

(二)雄性

1. 睾丸

睾丸位于骨盆腔两侧突出的阴囊内，小鼠出生后睾丸并不下降到阴囊内，但通过腹壁可以触摸到。

2. 副性腺

副性腺由前列腺、尿道球腺和精囊腺等组成，其作用为分泌精清、稀释精子。

3. 阴茎

阴茎端有两个特殊的呈圆锥形的角形物，用手指压迫包皮可将阴茎挤出，包皮的尾侧是会阴囊孔。

六、免疫系统

豚鼠免疫系统是由胸腺、脾、淋巴结和淋巴管等组成。胸腺为两个光亮、淡黄色、细长成椭圆形的腺体，位于颈部淋巴结下方。

七、神经系统

豚鼠神经系统在啮齿类动物中属于较发达的，其大脑半球没有明显回纹，只有原始的深沟和神经，属于平滑脑组织。

豚鼠正常生理常数：体温 37.7～39.5℃，呼吸数为 69～104 次/min，心率 200～360 次/min。

宠物兔的解剖生理特征

宠物兔生物学分类属于哺乳纲、兔形目、兔科、穴兔属、穴兔种，为单胃草食动物。兔子的品种有很多，全世界的纯种兔品种大约有45种，可分为三大类，就是食用兔、毛用兔和宠物兔。兔子眼睛的颜色与它们的皮毛颜色有关系。黑兔子的眼睛是黑色的；灰兔子的眼睛是灰色的；白兔子的眼睛是透明的，白兔眼睛里的血丝(毛细血管)反射了外界光线，透明的眼睛就显出红色。

一、被皮系统

宠物兔的表皮很薄，真皮层较厚，坚韧而有弹性。仔兔出生后30d左右才形成被毛。宠物兔汗腺不发达，不耐热；皮脂腺发达，遍布全身；母兔的腹部有3～6对乳腺。

二、运动系统

(一)骨骼(图4-6)

1. 躯干骨

兔有胸椎12个(偶有13个)，棘突发达；腰椎7个(偶有6个)，椎体较长；荐椎4个，愈合成荐骨；尾椎16个(偶有15个)；肋12对(偶有13对)，前7对与胸骨相连为真肋，后5对为假肋(偶有6对)，第8、9肋的肋软骨与前位肋软骨相连，最后3对肋是浮肋。

兔的胸骨由6节胸骨片组成，胸廓不发达，胸腔容积较小。

2. 前肢骨

兔的前肢骨短而不发达，肩带除有发达的肩胛骨外，还有埋在肌肉中的锁骨；腕骨有9块，分为3列；有5指，第1指由两块指节骨组成，其余各指均由3块指节骨组成，指节骨远端皆附有爪。

3. 后肢骨

兔的后肢骨长而发达，跗骨有6块，分为3列，近列为距骨和跟骨，中列为中央跗骨，远列为第2、3、4跗骨；跖骨有4块，第1跖骨已退化；有4个趾，第1趾退化。

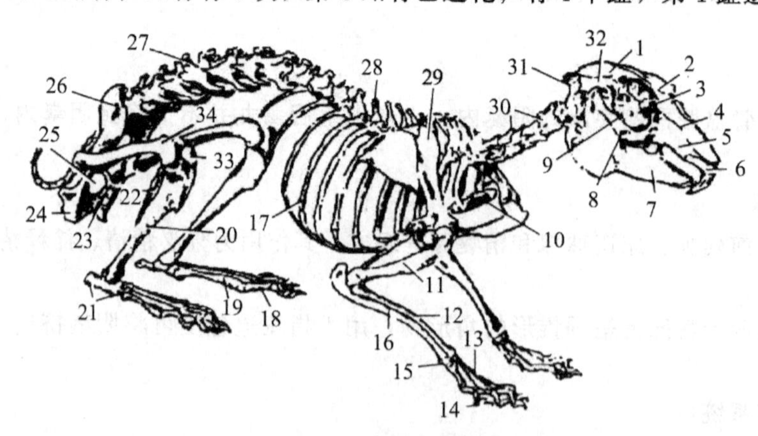

图4-6 兔的全身骨骼

1. 顶骨；2. 额骨；3. 泪骨；4. 鼻骨；5. 上颌骨；6. 切齿骨；7. 下颌骨；8. 颧骨；9. 腭骨；10. 胸骨；11. 臂骨；12. 桡骨；13. 掌骨；14. 指骨；15. 腕骨；16. 尺骨；17. 肋骨；18. 趾骨；19. 跖骨；20. 胫骨；21. 跗骨；22. 腓骨；23. 耻骨；24. 坐骨；25. 闭孔；26. 髂骨；27. 腰椎；28. 胸椎；29. 肩胛骨；30. 颈椎；31. 枕骨；32. 颞骨；33. 膝盖骨；34. 股骨

(二)肌肉

兔的肌肉大约有 300 多块，质量约为体重的 1/2。前半身(颈部及前肢)的肌肉不发达，后半身(腰部及后肢)的肌肉很发达。

三、消化系统

(一)口腔

兔的上唇中央有纵裂，俗称兔裂，将唇完全分成左右两部，常显露门齿。裂唇与上端圆厚的鼻端构成三瓣鼻唇。舌较大，短而厚，舌体背面有明显的舌隆起。兔的齿式如下：

恒齿齿式为：$2\left(\frac{2\ \ 0\ \ 3\ \ 3}{1\ \ 0\ \ 2\ \ 3}\right)=28$

乳齿式为：$2\left(\frac{2\ \ 0\ \ 3\ \ 0}{1\ \ 0\ \ 2\ \ 0}\right)=16$

兔有两对上门齿，其中一对大门齿在前方，另一对小门齿在大门齿后方，组成两排。门齿生长较快，常有啃咬、磨牙习性。唾液中含消化酶。

(二)肠

图 4-7 所示为兔的内脏，兔的肠管较长，为体长的 10 倍以上，容积较大，具有较强的消化、吸收功能。

1. 小肠

兔的小肠包括十二指肠、空肠和回肠，总长达 3m 以上。十二指肠长约 50cm，空肠长约 2m，回肠较短，约 40cm，回肠与盲肠相接处肠壁增厚膨大，称为圆小囊，为兔特有的淋巴器官。

2. 大肠

兔的大肠包括盲肠、结肠和直肠，总长度约 1.9m。盲肠特别发达，为卷曲的锥形体。黏膜中有盲肠扁桃体，盲肠尖部有狭窄的、灰白色的蚓突，长约 10cm，表面光滑，刻突壁内有丰富的淋巴滤泡。在直肠末端的侧壁有直肠腺，分泌物带有特殊臭味。

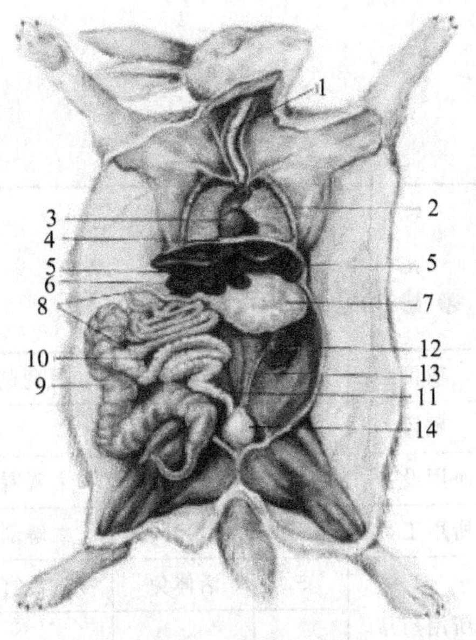

图 4-7　兔的内脏

1. 气管；2. 肺脏；3. 心脏；4. 膈；5. 肝脏；6. 胆囊；7. 胃；8. 小肠；9. 盲肠；10. 结肠；11. 直肠；12. 肾脏；13. 输尿管；14. 膀胱

宠物兔的消化生理特点是：门齿易显露，便于啃食短草和较硬的物体；盲肠和结肠发达，内有大量的微生物，对饲料中粗纤维的消化率为 60%～80%，仅次于牛、羊。

兔排软、硬两种不同的粪便，软粪中含较多的优质粗蛋白和水溶性维生素，兔会用嘴从肛门摄取，稍加咀嚼便吞咽至胃，重新进入小肠消化。

四、呼吸系统

宠物兔鼻腔嗅区黏膜分布有大量嗅觉细胞，对气味有较强的分辨力；声带不发达，发音单调；肺不发达。

五、泌尿和生殖系统

宠物兔肾为光滑单乳头肾，肾脂肪囊不明显，无肾盏。

公兔睾丸呈卵圆形，胚胎时期，睾丸位于腹腔内，出生后 1～2 个月移行到腹股沟管。性成熟后，在生殖期间睾丸临时下降至阴囊。因兔腹股沟管宽短，加之鞘膜与腹腔之间的管道终生不封闭，故睾丸可自由地下降到阴囊或缩回腹腔。

副性腺包括精囊腺、前列腺、尿道球腺和前尿道球腺。阴茎平时长约 25mm，向后伸向肛门腹侧，勃起时全长可达 40～50mm，阴茎前端细而稍弯曲，没有龟头。2.5 月龄后出现阴囊，位于股部后方，肛门两侧。

母兔子宫属双子宫，左右子宫完全分离。两侧的子宫各以单独的外口开口于阴道。

一般母兔性成熟年龄为 3.5～4 月龄，公兔为 4～4.5 月龄。兔为刺激性排卵动物，交配刺激后 10～12h 排卵，数量为 5～20 个，妊娠期为 30～31d。孕兔一般在产前 5d 左右开始衔草做窝，临近分娩时用嘴将胸腔部毛拔下垫窝。母兔分娩多在凌晨，有边分娩边吃胎衣的习性。

宠物兔的正常体温为 38.5～39.5℃，心率为 120～140 次/min，呼吸数为 32～60 次/min。

....

拓展阅读：

材料设备清单

项目	鸟、鱼、鼠兔的解剖观察				学时	10	
项目	序号	名称	作用	数量	型号	使用前	使用后
所用设备	1	投影仪	观看视频图片	1个			
所用工具	4	手术器械	解剖构造观察	10套			
所用药品（动物）	5	活体兔	考核器官体表投影位置	2只			
	6	鸽、鱼、兔	动物解剖	鸽4只、鱼4条、兔2只			

作业单

项目	鸟、鱼、鼠兔的解剖观察				
作业完成方式	课余时间独立完成				
作业题 1	观赏鸟的主要内脏器官及特点有哪些？气囊有什么作用？				
作业解答					
作业题 2	观赏鱼的主要内脏器官及特点有哪些？				
作业解答					
作业题 3	鼠的主要内脏器官及特点有哪些？				
作业解答					
作业题 4	兔的主要内脏器官及特点有哪些？				
作业解答					
作业评价	班级		第　组	组长签字	
	学号		姓名		
	教师签字		教师评分		日期
	评语：				

学习反馈单

项目	鸟、鱼、鼠兔的解剖观察				
评价内容	评价方式及标准				
知识目标达成度	作业评量及规准				
	A(90 分以上)	B(80－89 分)	C(70－79 分)	D(60－69 分)	E(60 分以下)
	内容完整，阐述具体，答案正确，书写清晰。	内容较完整，阐述较具体，答案基本正确，书写较清晰。	内容欠完整，阐述欠具体，答案大部分正确，书写不清晰。	内容不太完整，阐述不太具体，答案部分正确，书写较凌乱。	内容不完整，阐述不具体，答案基本不太正确，书写凌乱。
技能目标达成度	实作评量及规准				
	A(90 分以上)	B(80－89 分)	C(70－79 分)	D(60－69 分)	E(60 分以下)
	能解剖操作规范；能正确识别各器官的形态位置构造，操作规范。	能解剖操作基本规范；基本能正确识别各器官形态位置构造，操作规范，速度较快。	能解剖操作不太规范；能正确识别大部分器官的形态位置构造，操作较规范，速度一般。	解剖操作规范度差；仅能正确识别个别器官的形态位置构造，操作欠规范，速度较慢。	解剖操作不规范；不能正确识别各器官的形态位置构造，操作不规范，速度很慢。

续表

	表现评量及规准				
	A(90分以上)	B(80—89分)	C(70—79分)	D(60—69分)	E(60分以下)
素养目标达成度	积极参与线上、线下各项活动，态度认真。分析、解决问题强，具备善待宠物和生物安全意识。	积极参与线上、线下各项活动，态度较认真。分析、解决问题较强，具备一定的善待宠物和生物安全意识。	能参与线上、线下各项活动，态度一般。分析、解决问题一般，善待宠物和生物安全意识一般。	能参与线上、线下部分活动，态度一般。分析、解决问题较差，善待宠物和生物安全意识较差。	线上、线下各项活动参与度低，态度一般。分析、解决问题差，善待宠物和生物安全意识差。
反馈及改进					
针对学习目标达成情况，提出改进建议和意见。					

课程量化评价单

纸笔考试各单元配分表

教材内容（考试范围）		模块一 宠物有机体的基本结构	模块二 犬的解剖生理特征	模块三 猫的解剖生理特征	模块四 其他宠物的解剖生理特征	合计
教学时间（96 学时）		10	70（体壁 12，内脏 34，循环 14，神经内分泌 10）	6	10	96
占分比例	理想	10	73	6	11	100
	实际(%)	11	71	6	12	100

黑龙江职业学院

期末纸笔考试双向细目表

专业名称：宠物养护与驯导　　课程名称：宠物解剖生理　　制定人：薛琳琳

教学目标		1.0 记忆		2.0 理解		3.0 运用		4.0 分析		5.0 评价		6.0 创造		合计	
教材内容	试题形式	配分	题数	配分	题数	配分	题数	配分	题数	配分	题数	配分	题数	配分	题数
CP1 宠物有机体的基本结构	单选题	2	1					2	1					4	2
	判断题							4	2					4	2
	名词解释							3	1					3	1
	简答题														
	…														
	小计	2	1					9	4					11	5
CP2 犬的解剖生理特征	单选题	8	4	6	3	6	3	6	3					26	13
	判断题			4	2	4	2							8	4
	名词解释			12	4									12	4
	简答题			8	1	9	1	8	1					25	3
	…														
	小计	8	4	30	10	19	6	14	4					71	24
CP3 猫的解剖生理特征	单选题	2	1											2	1
	判断题	4	2											4	2
	名词解释														
	简答题														
	…														
	小计	6	3											6	3
CP4 其他宠物的解剖生理特征	单选题			4	2	4	2							8	4
	判断题					2	1	2	1					4	2
	名词解释														
	简答题														
	…														
	小计													12	6
配分合计 共 96 节课	单选题	12	6	10	5	10	5	8	4					40	20
	判断题	4	2	4	2	6	3	6	3					20	10
	名词解释			12	4			3	1					15	5
	简答题			8	1	9	1	8	1					25	3
	…														
	合计	16	8	24	12	25	9	25	9					100	38

教研室主任：　　　　主管教学副院长：

参考文献

[1]董常生等．家畜解剖学，第3版．北京：中国农业出版社，2001.
[2]范作良等．家畜解剖．北京：中国农业出版社，2001.
[3]范作良等．家畜生理．北京：中国农业出版社，2001.
[4]马仲华等．家畜解剖学及组织胚胎学，第3版．北京：中国农业出版社，2002.
[5]安铁洙等．犬解剖学．长春：吉林科学技术出版社，2003.
[6]杨秀平等．动物生理学实验．北京：高等教育出版社，2004.
[7]丁玉玲主编．禽畜解剖与生理，第一版．哈尔滨：黑龙江人民出版社，2005
[8]曲强等．动物生理．北京：中国农业大学出版社，2007.
[9]程会昌等．动物解剖学与组织胚胎学．北京：中国农业大学出版社，2007.
[10]周元军等．动物解剖．北京：中国农业科学技术出版社，2007.
[11]包玉清等．宠物解剖及组织胚胎学·哈尔滨：东北林业大学出版社，2007.
[12]刘军等．动物解剖生理．北京：中国轻工业出版社，2007.
[13]张春光等．宠物解剖．北京：中国农业大学出版社，2007.
[14]李静等．宠物解剖生理．北京：中国农业出版社，2007.
[15]李术等．宠物学概论．北京：中国农业科学技术出版社，2008.
[16]李志等．宠物疾病防治，第2版．北京：中国农业科学技术出版社，2008.
[17]梁书文等．宠物繁殖．北京：中国农业科学技术出版社，2008.
[18]杨倩等．动物组织学与胚胎学．北京：中国农业大学出版社，2008.
[19]翟向和等．动物解剖与组织胚胎学．北京：中国农业科学技术出版社，2008.
[20]周其虎主编．动物解剖生理，第一版．北京：中国农业出版社，2015.
[21]陆桂平主编．动物病理．北京：中国农业出版社，2001.
[22]韩行敏主编．畜禽解剖生理．北京：中国轻工业出版社，2012.
[23]周铁忠，陆桂平主编．动物病理．北京：中国农业出版社，2008.
[24]王仲兵，岳文斌等．现代牛场兽医手册．北京：中国农业出版社，2009.
[25]张泉鑫，朱印生主编．猪病．北京：中国农业出版社，2008.
[26]陈品．实用兽医诊疗操作新技术．北京：中国农业出版社，2008.
[27]陈志伟，邓国华，王秀荣．兽医操作技术7日通．北京：中国农业出版社，2005.
[28]张平，白彩霞主编．动物解剖生理．北京：中国轻工业出版社，2017.
[29]霍军，曲强．宠物解剖生理．北京：化学工业出版社，2020.
[30]白彩霞．动物解剖生理．北京：北京师范大学出版社，2021.
[31]黑龙江农业工程职业学院教师张磊负责的宠物解剖生理在线课网址：
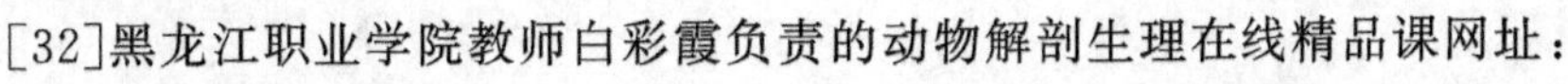
[32]黑龙江职业学院教师白彩霞负责的动物解剖生理在线精品课网址：

参考文献